“十二五”国家重点出版物出版规划项目

现代气象业务丛书

空间天气

主　编　王劲松　吕建永

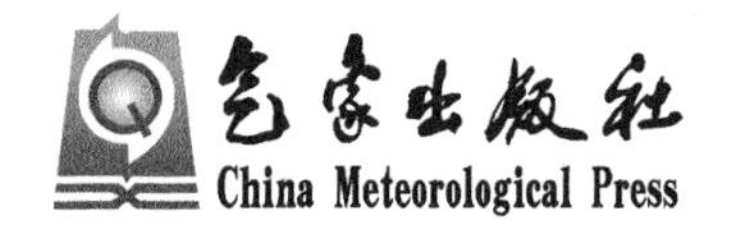

内容简介

本书描述了我国空间天气业务的设计理念与框架，介绍了空间天气科学的基本知识，指出了我国空间天气业务在未来一段时间的努力方向，可为国家级业务的细化与改进提供指导，为省级业务的设计提供基础。全书共分六章，第1章对空间天气业务进行了综述；第2章对空间天气业务中涉及的主要科学概念进行了介绍；第3章讲述了空间天气现象对相关技术系统的影响以及空间天气服务的技术方向；第4章叙述了天地一体化监测的规划和已有能力；第5章介绍了空间天气预报的主要内容、方法以及预报结果检验；第6章简要介绍了空间天气灾害及其初步防御和减缓建议。

本书可作为空间天气业务人员培训教材，也可为高等院校和科研院所相关专业的学生及科技人员提供参考。

图书在版编目(CIP)数据

空间天气/王劲松等主编. —北京：气象出版社，2009.12(2021.1重印)
(现代气象业务丛书)
ISBN 978-7-5029-4914-3

I. ①空… Ⅱ. ①王… Ⅲ. ①空间科学：天气学 Ⅳ. ①P44

中国版本图书馆CIP数据核字(2009)第237468号

出版发行：气象出版社
地　　址：北京市海淀区中关村南大街46号　　**邮政编码：**100081
电　　话：010-68407112(总编室)　010-68408042(发行部)
网　　址：http://www.qxcbs.com　　**E-mail：**qxcbs@cma.gov.cn
责任编辑：王桂梅　　**终　　审：**章澄昌
封面设计：博雅思企划　　**责任技编：**吴庭芳
责任校对：赵　瑗
印　　刷：北京中石油彩色印刷有限责任公司
开　　本：889 mm×1194 mm　1/16　　**印　　张：**11.25
字　　数：372千字　　**插　　页：**4
版　　次：2010年3月第1版　　**印　　次：**2021年1月第6次印刷
定　　价：50.00元

《现代气象业务丛书》编写委员会成员

《现代气象业务丛书》审定专家组成员

（按姓氏笔画为序）

《现代气象业务丛书》编写委员会办公室成员

《空间天气》分卷编写人员

主　编　王劲松　吕建永

撰稿人（按姓氏笔画排列）

毛　田　王云冈　王家龙　乐贵明　刘丹丹
刘立波　佘　涛　张绍东　张效信　李嘉巍
杜　丹　杨光林　陈　博　陈鹏飞　赵明现
唐云秋　徐寄遥　柴志琴　黄　聪　敦金平
谢　伦　薛炳森

总 序

《国务院关于加快气象事业发展的若干意见》(国发〔2006〕3号,以下简称"国务院3号文件")明确要求,新时期气象事业发展要以邓小平理论和"三个代表"重要思想为指导,全面贯彻落实科学发展观,坚持公共气象的发展方向,按照一流装备、一流技术、一流人才、一流台站的要求,进一步强化观测基础,提高预报预测水平,加快科技创新,建设具有世界先进水平的气象现代化体系,提升气象事业对经济社会发展、国家安全和可持续发展的保障与支撑能力,为构建社会主义和谐社会,全面建设小康社会提供一流的气象服务。到2020年,建成结构完善、功能先进的气象现代化体系,使气象整体实力接近同期世界先进水平,若干领域达到世界领先水平。

发展现代气象业务,是气象现代化体系建设的中心任务。为此,中国气象局党组认真总结中国特色气象事业发展改革的经验,深入分析我国经济社会发展对气象事业发展的需求,坚持"公共气象、安全气象、资源气象"发展理念,扎实推进业务技术体制改革,加快推进现代气象业务体系建设,努力实现国务院3号文件提出的实现气象现代化的战略目标,并下发了《中国气象局关于发展现代气象业务的意见》(气发〔2007〕477号)。

现代气象业务体系主要由公共气象服务业务、气象预报预测业务和综合气象观测业务构成,各业务间相互衔接、相互支撑。现代气象业务体系建设要以公共气象服务业务为引领、气象预报预测业务为核心、综合气象观测业务为基础。做好现代气象业务体系的顶层设计,扎实推进现代气象业务体系的建设,是当前和今后一个时期气象现代化体系建设,推动气象事业科学发展的重点任务。而编写一套能够体现现代气象科技水平和成果的《现代气象业务丛书》(以下简称《丛书》),以满足各类从事气象业务、科研、管理以及教育培训等人员的实际需要,是中国气象局党组推进现代气象业务体系建设的具体举措。

《丛书》遵循先进性、实用性和前瞻性的原则,紧密围绕建设现代气象业务体系的总体要求,以适应新形势下气象业务技术体制改革需要和以提高气象业务科技水平和气象服务能力为宗旨,立足部门,面向行业,总结分析了国内外现代气象科技发展的最新成果和先进的业务技术体制与流程。《丛书》的编写过程是贯彻落实科学发展观和国务院3号文件的具体实践,也是科学推进现代气象业务体系建设的重要内容。

《丛书》共计十五分册,分别是《现代天气业务》、《现代数值预报业务》、《现代气候业务》、《气候变化业务》、《现代农业气象业务》、《大气物理与人工影响天气》、《大气成分与大气环境》、《气象卫星及其应用》、《天气雷达及其应用》、《空间天气》、《航空气象业务》、《综合气象观测》、《气象信息系统》、《现代气象服务》和《气象防灾减灾》。

《丛书》编写工作是在气象部门科研业务单位、高等院校和科研院所以及气象行业管理专家、科技工作者的参与和大力支持下，在《丛书》编委会办公室的精心组织下进行的，凝聚了各方面的智慧。在此，我对为《丛书》编写工作付出辛勤劳动的专家、学者及参与编写工作的单位和有关人员表示诚挚的谢意！

郑国光

2009 年 12 月于北京

前 言

空间天气业务是一项新业务，这个“新”不仅是指空间天气业务本身开展的时间很短，也指其学科基础相比其他业务的学科基础而言十分年轻。鉴于目前还不曾见到系统讨论和介绍空间天气业务的书籍，因此本书自然具有两个特性：出版意义很大；编写难度也很大。

从2002年国家空间天气监测预警中心成立以来，空间天气业务开始按照气象业务公共服务、预报预测和综合观测的框架进行设计和建设。在中国气象局党组的精心呵护和全力扶持下，在同行的大力支持和业务人员的共同努力下，中国气象局的空间天气业务已经基本完成了业务系统的设计，形成了基本框架，并且建成了雏形。目前，国家空间天气监测预警中心不仅在国内空间天气界的地位日渐重要，在国际平台上的影响力也日益凸显。但是应该清醒地看到，与其他气象业务相比，空间天气业务的不成熟性是显然的。空间天气监测规划的实施刚刚起步不久，预报的客观标准和规范体系还在设计之中，特别是服务的能力和效益还亟待大力提高。另外，虽然省级空间天气业务随着地基监测系统的建设已经开始出现，但其业务目标与流程都还缺乏清晰的表述。因此，本书所描述的业务系统更多地体现在已经完成的设计和构想，所指出的是目前认识到的业务发展方向，而不是已经成型的业务本身。

鉴于上述情况，本书被命名为《空间天气》而非《空间天气业务》，其定位是用于描述空间天气业务的设计理念与框架，介绍空间天气科学的基本知识，指出空间天气业务在未来一段时间的努力方向，对国家级和省级业务人员进行培训，为国家级业务的细化与改进提供指导，为省级业务的设计提供基础，同时也为高等院校和科研院所相关专业学生和科技人员提供参考。为达到此目的，本书第1章 绪论：对空间天气业务进行了综述，包括空间天气业务的范畴、需求分析、发展的紧迫性、国内外发展现状与趋势、未来的建设原则和目标，以及我国空间天气业务现有布局和流程等；第2章 空间天气因果链：对空间天气业务中涉及的自然对象、科学概念和空间天气事件发生发展的因果链条进行了必要的介绍和综述；第3章 空间天气效应与服务：讲述了第2章中提到的空间天气现象对相关技术系统的影响，指出了空间天气服务的技术方向；第4章 空间天气监测：从天基和地基两个方面叙述了比较完备的空间天气业务监测系统所具备的主要内容，同时也介绍了我国已有和规划中的业务监测能力；第5章 空间天气预报：介绍了空间天气预报的要素与时效、目前常用的技术方法与检验手段，以及较完备的业务预报应该涉及的主要内容等；第6章 空间天气灾害：从防灾减灾的角度对著名的空间天气灾害事例进行了分析，并提出初步的防御和减缓建议。

本书由王劲松和吕建永主编，相关院校的专家和国家空间天气监测预警中心的部分业务人员参与了编写。第1章由王劲松根据国家空间天气监测预警中心相关的调研报告、业务规划和战略设计等背景材料综合而成，杨光林参与了整理，预警中心空间天气室的全体人员参与了这些背景材料的编写工作。第2章由吕建永负责，各节的撰写人员依次为2.1：陈鹏飞（南京大学）；2.2：吕建永；2.3：谢伦（北京大学）；2.4：张效信、杜丹；2.5：刘立波（中国科学院）、吕建永、毛田；2.6：张绍东（武汉大学）、徐寄遥（中国科学院）。第3章由薛炳森在相关课题的调研和研究成果基础上提炼而成，其中与通信、导航定位相关的部分由余涛撰写。第4章由余涛负责，张效信、薛炳森、敦金平、李嘉巍、黄聪、毛田和王云冈参与编写。第5章由吕建永负责，乐贵明、王家龙（中国科学院）、陈博、黄聪、刘丹丹、杜丹参与了编写。第6章由张效信负责，杜丹、唐云秋参加了编写。王劲松和吕建永多次对全书进行了统稿，刘丹丹、黄聪、余涛、杜丹、毛田、赵明现、柴志琴为本书做了大量细致和繁琐的整理、修改及其他辅助工作（以上未注明单位的人员均为国家空间天气监测预警中心的工作人员）。丛书编委会、气象培训中心以及相关职能司的领导和工作人员为本书的编写和出版付出了辛勤的努力，气象出版社的王桂梅同志为本书的最后成型作出了很大的贡献。

在本书的编写过程中，局内外专家给予了大力的支持，并提出了很多极好的建议和意见，在此编写组向这些专家表示衷心的感谢！特别是涂传诒院士、肖佐教授、徐文耀研究员、李黄研究员、刘玉洁研究员、冯学尚研究员、曹晋滨教授等。另外，本书大量参考了国内外的众多正式出版物和内部调研材料，在此对其作者表示衷心的感谢。但确有一些因归属不明或因我们的工作遗漏而没有列出的文献，编写组谨致以深深的歉意。

空间天气科学还是一门年轻的学科，空间天气业务是一项刚起步的业务，限于编写者的水平与能力，本书中值得进一步商榷，甚至错误的内容在所难免，敬请读者不吝指出，以便修订和改进。

编者

2009 年 12 月

目 录

第 1 章　绪论/1

1.1　空间天气业务的范畴/1
1.2　空间天气业务的需求分析/2
　1.2.1　经济社会的需求/2
　1.2.2　国家安全的需求/2
　1.2.3　空间天气学及相关学科发展的需求/3
1.3　空间天气业务发展的紧迫性/3
　1.3.1　空间天气灾害对人类的影响日益严重/3
　1.3.2　国家对空间天气业务的需求日益迫切/4
　1.3.3　业务能力和水平亟待提高/4
1.4　国内外空间天气业务发展状况/4
　1.4.1　国外空间天气业务发展状况/4
　1.4.2　国内相关单位的发展状态/6
　1.4.3　国家空间天气监测预警中心的发展状况/7
　1.4.4　业务和科学计划的衔接/7
　1.4.5　空间天气业务发展存在的问题/7
1.5　空间天气业务的发展趋势/8
　1.5.1　空间天气监测发展趋势/8
　1.5.2　空间天气预报发展趋势/8
　1.5.3　空间天气服务发展趋势/8
　1.5.4　空间天气业务研究发展趋势/8
1.6　空间天气业务建设的原则和目标/9
　1.6.1　基本原则/9
　1.6.2　发展目标/9
1.7　我国空间天气业务布局及流程/10
　1.7.1　空间天气业务布局/10
　1.7.2　空间天气业务构架/12
　1.7.3　国家级业务流程/12

第 2 章　空间天气因果链/14

2.1　太阳/14
　2.1.1　太阳的基本结构/15
　2.1.2　太阳活动与爆发/16
　2.1.3　太阳活动周/21
2.2　太阳风/22
　2.2.1　太阳风的起源/22

2.2.2 太阳风的结构和成分/23
2.2.3 宇宙线/30
2.3 地磁场/32
2.3.1 地磁场的基本形态与演化/32
2.3.2 地磁场扰动/36
2.4 磁层/39
2.4.1 磁层的基本形态/39
2.4.2 磁暴/41
2.4.3 亚暴/41
2.4.4 辐射带的形成和基本特征/42
2.5 电离层/43
2.5.1 电离层的形成/44
2.5.2 电离层的基本形态/45
2.5.3 电离层的变化性/46
2.5.4 电离层扰动/48
2.5.5 磁层-电离层耦合和极光/53
2.5.6 电离层与热层的耦合/55
2.6 中高层大气/56
2.6.1 中层大气/56
2.6.2 热层/56
2.6.3 中高层结构参数/57
2.6.4 热层大气的暴时响应/59
2.6.5 中层大气闪电/61

第3章 空间天气效应与服务/63
3.1 概述/63
3.2 航天器空间天气效应/65
3.2.1 卫星空间天气效应概述/66
3.2.2 空间辐射效应/67
3.2.3 高层大气效应/67
3.2.4 表面材料的化学损伤效应/68
3.2.5 地球磁场对姿态的影响/68
3.3 辐射效应机理/69
3.3.1 单粒子事件/69
3.3.2 总剂量效应/70
3.3.3 太阳电池辐射损伤/70
3.4 充放电效应/71
3.4.1 深层充放电效应/71
3.4.2 表面充电效应/71
3.4.3 空间等离子体致高电压太阳阵（HVSA）的电流泄漏效应/72
3.5 地磁场效应/72
3.6 空间碎片/73
3.6.1 空间碎片的来源及其影响/73

3.6.2　避免空间碎片危害的措施/73
3.6.3　碎片对地面系统的威胁/74
3.7　原子氧剥蚀效应/75
3.7.1　原子氧的形成和分布/75
3.7.2　原子氧的剥蚀作用/76
3.7.3　撞击掏蚀效应/77
3.8　航天员生物学效应/77
3.9　航空机组人员辐射效应/79
3.10　地面系统效应（管线 GIC 效应）/80
3.11　电离层效应/82
第 4 章　空间天气监测/83
4.1　空间天气监测的主要对象/83
4.1.1　太阳/83
4.1.2　行星际和磁层/85
4.1.3　电离层与中高层大气/86
4.2　天基监测/87
4.2.1　成像探测/87
4.2.2　粒子探测/97
4.2.3　主要业务探测卫星/101
4.3　地基监测/102
4.3.1　太阳监测/102
4.3.2　地磁场监测/105
4.3.3　宇宙线监测/106
4.3.4　中高层大气监测/106
4.3.5　电离层监测/112
4.3.6　组网监测/118
4.4　天地一体化监测/120
4.4.1　地基观测/120
4.4.2　天基观测/120
第 5 章　空间天气预报/122
5.1　预报要素与时效/122
5.1.1　太阳活动预报/122
5.1.2　行星际天气预报/122
5.1.3　磁层天气预报/123
5.1.4　电离层天气预报/123
5.1.5　中高层大气天气预报/123
5.2　预报方法和预报检验/123
5.2.1　统计预报/123
5.2.2　数值预报/124
5.2.3　预报检验/124
5.3　预报内容/127
5.3.1　太阳活动预报/127

5.3.2 行星际天气预报/129
5.3.3 磁层天气预报/135
5.3.4 电离层天气预报/138
5.3.5 中高层大气预报/140
5.4 美国的空间天气业务预报/142
5.4.1 空间天气机构和预报能力/142
5.4.2 目前美国主要的业务预报模式/142
第6章 空间天气灾害/146
6.1 灾害性空间天气/146
6.1.1 基本概念/147
6.1.2 主要类型/147
6.1.3 影响领域/147
6.2 空间天气灾害/150
6.2.1 基本概念/150
6.2.2 主要类型/150
6.3 空间天气灾害事例分析/150
6.3.1 航天安全/150
6.3.2 航空安全/152
6.3.3 通信、导航、定位故障/152
6.3.4 长距离管网系统故障/153
6.4 空间天气灾害防御/155
参考文献/156
附录1 国内空间天气地基监测仪器情况简表/162
附录2 名词缩略语/164

第1章 绪论

本章对空间天气业务进行了综述，包括空间天气业务的范畴、需求分析、发展的紧迫性、国内外发展现状与趋势、未来的建设原则和目标以及我国空间天气业务现有布局和流程等。

1.1 空间天气业务的范畴

按照美国《国家空间天气战略计划》的定义：空间天气指的是"太阳上和太阳风、磁层、电离层和热层中可影响天基和地基技术系统的正常运行和可靠性，危及人类健康和生命的条件或状态"。空间天气可能引发空间天气灾害，最终影响人类的活动，特别是影响到高科技依赖的经济社会和国家安全。人类已经认识到，日地空间环境与地球固体、海洋和大气环境一样，与人类的生存发展息息相关。空间天气业务的出现是人类文明（科技和社会）发展的必然结果，它正迅速成为国际科技活动的热点之一。

空间天气业务是指涉及空间天气有关的业务技术活动，包括空间天气监测、预警预报、应用服务、研发以及相关的基础设施建设等，是国家基础设施现代化的重要标志之一。

空间天气业务在我国的出现是空间天气学在我国蓬勃发展的结果之一。1999 年中华人民共和国科学技术部等 10 部委提出了《国家空间天气战略规划建议》，标志着我国大规模空间天气研究的开始；2002 年国务院批准中国气象局成立"国家空间天气监测预警中心"，标志着我国国家级空间天气业务的开始。2006 年 1 月 12 日国务院正式下发《关于加快气象事业发展的若干意见》，对中国气象局的空间天气监测预警工作提出了更加明确的要求，表明我国空间天气业务进入全面启动阶段，并从政策法规层面上将空间天气业务确定为气象事业的重要组成部分。

空间天气业务是传统气象领域的拓展，是随着人类活动领域拓展到外层空间以及人类对高技术的依赖性日益增强而必然产生的业务。空间天气和其他气象业务的配合，可以实现从太阳到地球表面气象环境的无缝隙监测和预报，并成为相关气象综合服务的基础。

中国的空间天气业务是我国气象事业的公益性、现实性、基础性和前瞻性的具体体现之一，其战略定位是：

（1）满足经济社会和国家安全对空间天气服务的需求，增进社会公众对空间科技和气象事业的理解和关注。

（2）提升我国防御与减缓空间天气灾害的能力，为国家的可持续发展提供保障。

（3）牵引空间天气学及相关学科的发展，促进科技生产力的进步。

（4）提高我国在相关领域的国际地位，为人类和平利用太空作出贡献。

1.2 空间天气业务的需求分析

空间天气对人类活动具有深刻影响，并关系到经济社会发展和国家的安全，空间天气业务面临着广泛的日益增长的用户需求。

1.2.1 经济社会的需求

空间天气是国家重要的基础设施安全运行的保障，国家经济生活的方方面面（如通信、广播、导航、航空航天、气象预报业务以及长距离油气管线、输电网和金融服务等）都可能受到空间天气的影响（图1.1），同时，这种需求还在日益增长（图1.2）。

图 1.1　空间天气对人类活动的影响示意图

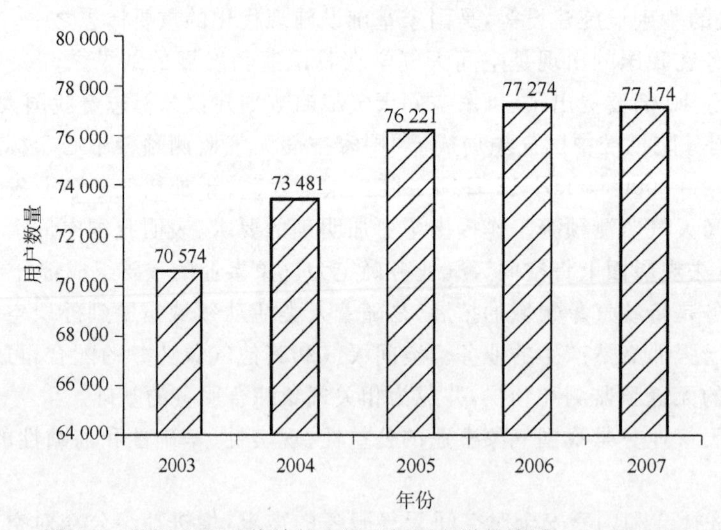

图 1.2　美国 SWPC 统计的空间天气用户增长情况（NOAA/SWPC）

1.2.2 国家安全的需求

随着现代科技的发展，各种依赖空间天气状况的高技术武器装备陆续投入使用，这在大幅度提高作战效能的同时，也增强了武器装备对空间天气的依赖，使得空间天气业务成为服务国防建设的新亮点。遇到灾害性空间天气发生时，常造成通信中断、卫星工作异常以及导弹预警系统失效等，这不但增加了各种信息化设备对现实战场的感知困难，而且也严重影响了整体作战效能的发挥。因此，对空间天气的研究也是国家安全保障的需要。

1.2.3 空间天气学及相关学科发展的需求

1.2.3.1 科学数据获取的需求

空间天气学的发展必须基于不断获取的对日地空间不同时空尺度的观测数据，其发展需要持续的对于关键区域的相互可对比的观测作为支撑。以科学研究为目标的探测是间断的，问题导向是难以相互匹配的。而业务中的观测是连续的，区域导向且相互配合的。因此空间天气业务观测是空间天气学及相关学科研究不可替代的数据源。科研部门不可能投入足够的人力物力来建设和维护空间天气综合监测网，要全面提升我国空间科学的研究水平，实现跨越式发展，取得重大原创性科学成果，必须依靠空间天气业务部门为其提供持续可靠的、天地一体化的空间天气监测数据。

1.2.3.2 科技成果转化的需求

伴随着国家对空间天气基础与应用研究力度的不断增大，我国科学家在空间天气的各种基本物理过程和机理研究，特别是在灾害性空间天气因果链的发生、发展和传播研究等方面不断取得显著进展。但是，这些研究大都侧重于科学与技术层面，在向业务服务能力的转化方面，还远远不能直接满足经济社会与国家安全的需求，因而不能体现其应用价值。因此，目前迫切需要实现相关科技成果向现实生产力的转化。在促进科技成果的转化过程中，要考虑处于科技成果形成与转化不同环节或单位的“有所为、有所不为”，着眼点放在宏观上的整体化与一体化，而不是科研院所、高等院校自己搞成果产业化，这就需要空间天气业务部门来牵头将空间天气科研成果转化为现实生产力，在科研成果的形成部门与用户需求之间建立起联结供需的桥梁。

1.2.3.3 学科交叉发展的需求

多学科交叉是空间天气业务的一大特点。空间天气学所覆盖的学科领域，包括太阳物理、空间物理、大气物理、地球物理、流体力学、等离子体物理、核物理等多学科交叉，也包括正在迅速拓展中的航天、信息、材料、生命和国家安全等领域的交叉性学科。但从研究的角度形成的交叉又无法发展形成系统的框架。要形成这种框架必须有一个从本质上就需要这种交叉作支撑的体系来牵引，这种体系就是空间天气业务体系。

1.3 空间天气业务发展的紧迫性

1.3.1 空间天气灾害对人类的影响日益严重

随着人类对空间开发与利用的规模加剧和程度加深，空间日益成为维护国家安全的“战略高地”，空间产业逐渐成为促进国民经济持续发展的重要“支柱”。人类的日常生活越来越依赖于无线通信、卫星通信、卫星电视、卫星导航定位等卫星高技术系统，而这些技术系统在空间天气灾害面前又显得非常脆弱。一次卫星失效就可能造成大范围的通信中断、电视转播中断、金融交易停止、信用卡结算中断，甚至计算机网络中断……恶劣的空间天气会给人类活动带来巨大损失，例如：1989 年 3 月发生的历史上罕见的空间天气灾害事件，造成卫星提前陨落、无线电通信中断、轮船、飞机的导航系统失灵、美国核心电站变压器烧毁、加拿大北部电网烧毁等，引起国际社会的震惊。从此以后，几乎每年都有重大的空间天气灾害事件发生。国内外航天实践表明，人类在开发和利用空间的过程中遭遇到空间天气的巨大威胁，而灾害性空间天气是卫星在轨故障的主要原因之一，雄居各种故障因素的首位。国际上和我国卫星异常或故障近 1/3 是由变化的空间天气所造成。而且空间活动规模越大、空间技术水平越发达，空间天气灾害的危害越突出、越严重。

1.3.2 国家对空间天气业务的需求日益迫切

随着科技的不断进步,人类对空间的依赖性进一步增大,经济社会对空间天气保障的需求日趋紧迫。在未来几十年内,我国各类卫星、宇宙飞船、空间站发射升空等空间活动将不断增加。在我国航天事业蒸蒸日上的同时,亟需空间天气业务为之保驾护航。在军事领域,为抢占21世纪的战略制高点,发达国家目前都在加紧筹备和组建"天军"。严酷的事实表明,继陆、海、空三维战场之后,外层太空已成为名副其实的"第四维战场"。现代军事中的侦察、监视、预警、导航、高精度打击武器等极易受空间天气的干扰,我国的国防安全对空间天气业务提出了更加紧迫的需求。

1.3.3 业务能力和水平亟待提高

当前空间天气预报的水平与实际需求还有较大差距,预报的水平估计相当于气象天气预报20世纪五六十年代的水平,远远满足不了经济社会与国家安全的需求。国外空间大国(以美国为首)在20世纪60年代就开展了空间天气监测和预报工作,在随后的40年中相继开展了一系列空间天气探测和研究计划,并成立了专门的空间天气应用部门。我国目前没有专门的空间天气监测卫星,空间天气预报在很大程度上还是依赖国外卫星的数据来开展工作,使得我国在空间天气预报方面与国外空间大国有较大的差距。借鉴天气预报发展历史,亟需大力开展空间探测,针对日地空间关键的区域和空间天气连锁变化过程进行监测。在自主监测数据的基础上,提高空间天气预报能力和水平,以满足日益增长的需求。

1.4 国内外空间天气业务发展状况

1.4.1 国外空间天气业务发展状况

随着人类文明的飞速发展,人类活动越来越多地依赖各种天基和地基系统,而这些系统却在极端空间天气面前显得非常脆弱。一些国家逐渐意识到极端空间天气的危害,纷纷制订空间天气计划,开展空间天气服务。

美国于1995年率先制订"国家空间天气战略计划",随后又分别于1997年、2000年发布了美国"国家空间天气执行计划"。在该计划的指导下,美国的空间天气业务在近10年中发展迅速,初步建立了较为完整的业务技术体系,空间天气服务广泛而深入。美国航空航天局(NASA)执行一系列空间天气观测使命和信息服务;美国国家海洋大气局(NOAA)的空间天气预报中心(SWPC,原空间环境中心 SEC)和美国空军第55天气中队分别为民间用户和军方提供空间天气服务。欧洲空间局(ESA)以市场为引导,主持制订了欧洲空间天气计划。法国、德国、英国、意大利、俄罗斯、加拿大、瑞典、日本和澳大利亚等数十个国家也都制订了各自的空间天气起步计划。

1.4.1.1 美国 NOAA 空间天气预报中心

2007年10月1日,"空间环境中心(SEC)"正式更名为"空间天气预报中心(SWPC)"。"空间环境"一词的出现曾经促进了政府部门和社会公众对日地空间的理解,而"空间天气"更能体现空间区域物理特性的动态特征和不同物理要素之间的内在联系。另外,新的名称清晰地传达了空间天气预报中心的职能和业务范围及其可操作性,并与其他8个美国国家环境预报中心(NCEP)保持一致。名称的更改体现了空间天气业务与传统气象业务之间天然的联系,更能体现空间天气的内涵,以及 SWPC 作为美国国家空间天气业务机构的主导地位。

2001年,SWPC 开始真正进入使用数值预报的新阶段。目前,SWPC 空间天气服务的业务化已经较为完善,产品的时间尺度涵盖了实时、短期(2~5 d)、周、月、季,内容包括了空间天气的各种指数预报和警报,逐日空间天气事件的实况资料、评价、专家建议以及事后分析,这些资料和信息每15 min 就更新一次,基本上做到了连续滚动发布。2005年1月,SWPC 正式加入国家天气局(NWS),标志着美国的空间天气业务正式成为日常气象服务的一部分。

1.4.1.2 欧洲空间局的相关策略

欧洲空间局(以下简称欧空局)的“空间环境和效应分析部”主持制订了欧洲空间天气计划。在分析执行空间天气计划所能够获得的效益后,欧洲确定了以市场为引导来开展空间天气研究和服务,做到了空间环境的描述、预报和效应分析的有机结合。

欧空局初步开展了空间天气业务,发展重点定位在空间天气监测卫星及相关探测仪器装备、空间天气研究、空间天气预报和服务等方面。并确定了空间天气领域三个专项任务:内部磁场监测卫星(IMM)计划、太阳风监测卫星(SWM)计划和太阳活动监测卫星(SAM)计划。

然而此前,欧空局科学部却一直不愿使用“空间天气”一词,认为该词不够科学。直到2007年欧空局科学部组织了广泛的调研,最后发现“空间天气已经渗透到超出想象的范围”。据此,欧空局开始规划空间天气服务,逐渐将空间天气确定为空间研究与应用中的一个重要部分。

欧洲空间天气计划的特点是以市场为引导,围绕市场需求开展空间天气研究和服务,从而更贴近用户,更能满足用户需求。

目前,欧空局尚没有完整的空间天气业务系统。

1.4.1.3 国际合作及机构

空间天气服务的国际合作始于1928年国际无线电科学联盟(URSI)定期发布无线电环境预报,随着1957—1958国际地球物理年(IGY)期间“世界日”日历的制定以及一系列区域预警中心(RWC)和全球预警机构的建立,国际合作逐步深入。1962年这些机构重组合并,命名为“国际空间环境服务机构(ISES)”。

国际空间环境服务机构是天文与地球物理数据分析服务联盟(FAGS)在国际无线电科学联盟(URSI)、国际天文联合会(IAU)和国际大地测量和地球物理联合会(IUGG)的联合资助下的常设服务机构。ISES目前拥有12个区域预警中心,分别位于澳大利亚、比利时、加拿大、中国、捷克、法国、印度、日本、波兰、俄罗斯、瑞典和美国。位于南非和巴西的新的区域预警中心目前正在积极准备加入国际空间环境服务机构。而作为“全球预警机构”的SWPC,扮演着全球数据交换和预警的重要角色。

ISES由ISES官员、每个ISES中心的代表以及来自于诸如IAU,IUGG和URSI等国际科学协会理事会的联络代表组成的执行委员会管理。执行委员会由推选的主任领导,并每年举行一次例会。

ISES是一个十分松散的研究特征明显的组织,无法从实质上协调各国的空间天气服务。

1.4.1.4 世界气象组织开始涉足空间天气

不久以前,空间天气尚不属于世界气象组织(WMO)关心的范畴,然而,空间天气却对气象卫星有着直接影响,并且与气象观测、模拟和服务发布等WMO机构之间存在着潜在的巨大协同作用。2007年6月15日,世界气象组织收到一封ISES的来信,信中明确表达了ISES希望与WMO合作、并协助WMO定义空间天气领域的机构的意愿。

近年来,空间天气已经从研究开发发展到业务服务,ISES需要向更加可操作层面上发展重组其机构。在这一点上,WMO可以在协调需求、观测、数据格式和信息交换等操作问题的国际合作方面提供足够的平台。并且,WMO在与各应用领域用户交互方面的经验可以给空间天气服务以重要的启示,尤其WMO与国际民航组织(ICAO)和国际电信联盟(ITU)之间的联系有助于引导航空和通信部门的空间天气服务。

2008年6月,WMO通过了ISES提交的《世界气象组织在空间天气领域的潜在作用》报告,开始涉足空间天气事务。

1.4.1.5 国外空间天气业务发展态势

20世纪80年代以来,国际上许多科学组织积极推进国际合作,实施了一系列重大计划进行空间天气探测和研究,如国际日地物理计划(ISTP)、日地能量计划(STEP)、国际与星同在计划(ILWS)、日地连接计划(SEC)、日地系统空间气候与天气计划(CAWSES)等,对近地空间系统和整个日地系统进行全结构和全过程的探测和研究,并将日地系统各圈层作为一个有机系统,定量地了解发生在其间的各种耦合过程与因果关系。在未来30年(2006—2035年)的空间物理和太阳系空间天气探测领域中规划了规模宏大的从太阳到行星际再到地球空间的探测计划,日地联系的探测成为国际空间探测的主要方向。这些大型国际研究计划的实施,大大加深了人们对日地系统整体行为及各种空间天气现象之间物理联系的认识,推动了空间天气监测、分析、研究和预报一体化的进程。

发展全方位、多要素综合、天地配合、立体的空间天气观测能力,并据此建立大型空间天气数据库,特别是具有在线数据发布能力的空间天气数据库及其共享服务系统,开发空间天气预报模式和加强空间天气效应分析是以美国为首的航天大国在空间天气领域发展的总趋势。这一趋势的主要特点如下:

(1) 注重发展空间天气数据资源的获取能力。近20年来,以美国为主的世界上许多国家发展了大量先进的天基和地基空间天气观测系统。

(2) 大力发展空间天气数据库及其共享服务系统。不仅注重数据库系统的建设,不断扩充新的数据库,更注重数据共享服务平台的建设。

(3) 集中优势力量着力开发基于物理过程的空间天气集成预报模式。在过去的十年中,国际上的预报模式和方法开始从多以统计平均的经验关系为基础转向以物理过程为基础,从内容单一的研究转向多目标的集成与综合。随着对空间天气事件观测能力的快速提高,以及与之相伴随的对空间天气主要物理过程认识的深化和积累,空间天气预报研究领域向着更具有物理基础、更高集成性和更高预报精度的空间天气因果链集成预报模式方向发展。

(4) 进一步加强了空间天气效应分析。发展辐射效应产生过程的全程计算机模拟技术是进行合理卫星防护、提高卫星可靠性和降低成本的必要手段,国际上在细化粒子与物质相互作用、辐射效应产生原理方面做了大量的工作。

1.4.2 国内相关单位的发展状态

国内有能力开展综合和部分的空间天气业务相关工作的单位有十余家,在不同的研究领域和应用领域具备相对优势。这些单位可分为三类:综合型单位、特色型单位和研究型单位。

1.4.2.1 综合型单位

国内实质性地开展综合空间天气研究并提供相关服务的单位:国家空间天气监测预警中心和中国科学院空间科学与应用研究中心。前者以空间天气业务为基本职能,后者则以项目带应用。

中国科学院空间科学与应用研究中心依托载人航天任务,开展了与空间环境保障相关的研究和服务工作,形成了较为完善的专业服务体系和有经验的预报员队伍,其服务产品涉及预报和效应评估。通过多年的努力,已经得到了相关用户的认可。为弥补自主监测缺乏等不足,中国科学院以该中心为主体,成立了一个非法人机构——中国科学院空间环境预报研究中心。

国家空间天气监测预警中心以“三带六区”规划为指导,在监测、预报和服务等方面发展比较平衡。风云系列卫星轨道是空间天气监测最有利的轨道,相当于NOAA的“POES+GOES”,已经初步具备了天基监测的能力;地基监测系统正在有条不紊的建设中。国家空间天气监测预警中心已经初步具备了业务化运行能力,形成了比较完善的业务流程规范和预报技术规范,能够提供系列的空间天气服务产品,已经多次为航天任务和重大任务提供空间天气保障服务,积累了经验,提高了部门信誉。目前,中心正在深入发掘服务潜力,发挥资源优势,在提升服务水平的基础上,争取为更多的用户提供服务。

另外,军方也组建了相应的业务机构。

1.4.2.2 特色型单位

一些研究单位依托其监测设备和研究力量,在其所擅长的领域开展了一些空间天气服务,并形成了稳定的用户群,称为特色型单位,其中最为典型的是中国电波传播研究所。该所长期以来致力于电波传播理论研究,建立了电离层综合监测网,并在此基础上成立了电离层预报研究中心(北京)。该所不仅实现了电离层参数预报的业务化,还为用户提供区域电离层特征及效应的服务。

中国科学院地质与地球物理研究所的电离层研究特色十分鲜明，服务则是作为其研究成果的展示窗口。国家天文台的相关重点是太阳活动预报，有着广泛的国际交流，其预报能力主要通过非法人机构在载人航天服务中体现。

其他特色型单位还有中国极地研究中心等。

1.4.2.3 研究型单位

研究型单位主要是高校和相关研究所，以教学和研究为主的定位决定了他们不可能专业从事空间天气业务，但他们的研究和监测数据可成为空间天气业务的重要基础。

1.4.3 国家空间天气监测预警中心的发展状况

国家空间天气监测预警中心作为国务院授权的国家级空间天气业务部门，得到了国家政策的明确支持，得到了国家自然科学基金委员会、中华人民共和国科学技术部、国家国防科技工业局以及国家其他相关科技部门的经费支持，得到了整个空间天气行业的大力支持，得到了主管部门中国气象局的全面支持。中国气象局作为气象预报的发布部门，在监测、预报、服务以及技术支撑等方面形成了完整的体系，为空间天气业务的全面开展提供了强有力的保障。风云卫星已经成为空间天气业务天基监测的良好平台，遍布全国的气象监测网络为空间天气地基监测的建设提供了坚实的基础，完善的气象信息传输网络可以直接用于空间天气信息的收集、传输与发布，气象预报完善的业务流程、严格的技术规范以及先进的预报技术为空间天气预报提供了良好的借鉴，日益细化和完备的气象服务体系可以直接指导空间天气的服务。此外，中国气象局丰富的科技资源以及结构合理的人才队伍为空间天气的自主科技创新和可持续发展提供了良好的氛围。

1.4.4 业务和科学计划的衔接

空间天气业务是在空间天气科学研究取得长足进展、经济社会和国防技术现代化程度显著提高的前提下应运而生的。因此，空间天气业务除了直接满足国家需求之外，与空间天气及其他相关学科的发展也是密不可分的。

在我国，空间天气业务是国家重大的空间天气科学工程和计划（如“子午工程”、“夸父计划”等）的最终应用领域。相关科学计划的实施，将在理论研究、技术支撑、监测方法和业务服务等各种业务能力方面提供强有力的指导和建议，将极大地推进空间天气业务的发展。反过来，通过空间天气业务所获得的知识，将从应用角度牵引并推动我国空间天气基础研究。对常态的和突发性的空间天气事件监测的需求，不仅能够为重大空间天气工程项目提出监测需求，空间天气预报还推动着空间天气学的研究，而空间天气服务则可为未来的科学计划找出部分拟解决的关键问题。

1.4.5 空间天气业务发展存在的问题

由于我国空间天气业务的发展起步较晚，与国际先进水平相比，在监测、预报、研究和服务方面，空间天气业务的开展还不完善，面临着巨大的挑战。存在问题主要表现在以下几个方面：

(1)空间天气业务发展的顶层设计需进一步完善，尚未形成系统的业务管理流程。

(2)天地一体化监测体系建设尚处于起步阶段，远不能满足业务需求。

(3)空间天气预报能力不足，预报预测的规范性及准确率亟待提高，尤其是对灾害性空间天气事件的预报水平较低。

(4)空间天气服务体系亟待构建，决策服务缺乏针对性，公众服务缺乏有效性，专业服务缺乏指导性。

(5)空间天气业务专业人才严重不足，队伍结构缺陷明显，导致科技成果向业务的转化明显滞后，大大制约了空间天气业务的全面均衡发展。

(6)对空间天气行业资源的协调能力不足，对空间天气学研究的牵引不够。

(7)国际交流与合作不够充分，国际影响力亟待提高。

1.5 空间天气业务的发展趋势

1.5.1 空间天气监测发展趋势

空间天气业务必须实现对整个空间天气因果链的完整监测，即对太阳、行星际、磁层、电离层、中高层大气、地磁等各个空间天气区域进行实时的、连续的定量监测。为实现这一目标，必须建立天地一体化的监测体系。

目前，就用于业务的天基空间天气监测而言，主要有如下发展趋势：

(1)多点联合监测：关注日地系统的关键区域，建立现象或参数之间的相关关系。

(2)局地和成像联合监测：关注日地系统中多时空尺度的整体行为、局地效应及其相互关系。

(3)因果链监测：关注空间天气因果链关键节点，以监视空间天气事件发生、发展、传输及其地球物理效应的因果联系。

目前，就用于业务的地基空间天气监测而言，主要有如下发展趋势：

(1)组网监测：在已有监测台站的基础上发展成监测链和监测网，如“子午”工程等。

(2)小型自动化监测：小型、低成本、自动化的大空间覆盖面的地基探测，如规划中的 DASI(小型仪器分布式阵列)等。

(3)无缝隙监测：对地球大气进行无缝隙监测，将传统的气象监测领域和空间天气监测领域衔接起来，如 NOAA 自有的地基大气、高空大气和电离层观测系统等。

1.5.2 空间天气预报发展趋势

(1)空间天气因果链关键节点多参数、多手段预报：主要节点包括太阳、太阳风、地磁、近地空间辐射环境、高层大气、电离层等。

(2)空间天气因果链集成预报：将上述各个节点的预报汇集在一起，进行从源头到效应的完整预报。

(3)数值预报：发展模块式和集成式的空间天气因果链数值预报。

1.5.3 空间天气服务发展趋势

空间天气业务服务已经开始沿着“决策服务、公众服务、专业服务”的思路进行，其发展趋势如下：

(1)决策服务：规范和凝练服务信息，做到及时、准确、有效。

(2)公众服务：以公众需求为牵引，服务与科普相结合。

(3)专业服务：以效应为线索，细化专业用户分类，按需设计产品，提供从预报到评估的完整服务；同时，为科研部门提供监测产品和数据服务。

1.5.4 空间天气业务研究发展趋势

随着空间天气业务清晰地从空间科学研究中分离出来，也就明确了对空间天气业务的定位。其定位就是建立服务型的空间天气业务。针对空间天气业务的研究主要集中在如下几个方面：

(1)灾害性空间天气事件现象与机制研究：包括太阳爆发活动、地磁暴及磁层亚暴、电离层或中高层大气扰动等。

(2)空间天气监测研究：包括天地一体化监测布局，业务型监测设备的技术指标、定标方法、数据应用等。

(3)空间天气预报研究：包括空间天气预报方法、预报结果检验方法、预报规范等。

(4)空间天气效应研究：包括航天系统、无线通信链路系统、地面技术系统、生物系统的空间天气效应研究等。

(5)空间天气服务研究：包括空间天气服务的对象、内容、形式、途径以及服务效果评估方法等。

(6)空间天气与气象关系的研究：深入研究空间天气与气象的关系，加深对整个日地系统的了解。

1.6　空间天气业务建设的原则和目标

1.6.1　基本原则

以满足空间天气业务需求为导向，以提高空间天气监测预警能力为目标，以发展自主监测手段和强化专业服务为突破口，建立较为完善的空间天气业务科技创新体系，形成引导空间天气行业的跨部门互动合作机制，提升空间天气业务的整体实力，促进全行业协调发展。

空间天气业务发展的基本原则是以服务引领业务，在监测、预报、服务、科技创新、人才队伍建设方面分别遵循如下原则：

(1)天基监测与地基监测一体化的原则。

(2)统计预报与数值预报相结合的原则。

(3)需求牵引与用户培养相结合的原则。

(4)自主创新与引进吸收相结合的原则。

(5)自主培养与人才引进相结合的原则。

1.6.2　发展目标

1.6.2.1　总体目标

空间天气业务适应经济社会发展和国防现代化的需求，建立具有国际领先水平的国家空间天气业务技术体系，包括天地一体化的空间天气监测系统、统计预报和数值预报相结合的空间天气预报系统、面向经济社会和国家安全的空间天气服务系统以及支撑空间天气业务的科学研究与技术开发系统。形成以国家空间天气监测预警中心为主体，多层次、多部门共同协作的空间天气业务发展格局，增强防御灾害性空间天气的能力，努力实现空间天气业务系列化、规范化和现代化。

1.6.2.2　近期目标

未来5年左右空间天气业务发展的阶段目标是建立具有国内领先水平的空间天气业务技术体系，包括：

(1)完成天地一体化的空间天气监测系统规划，并开始实施。

(2)建成较为规范的预报系统，实现对空间天气因果链关键节点主要参数的定量预报和模式集成预报，开展数值预报试验。

(3)初步构建面向经济社会和国家安全的空间天气服务系统，实现规范化的从预报到效应的航天系统空间天气保障服务。

(4)形成支撑空间天气业务的科学研究与技术开发体系雏形，初步构建研究、开发、应用相结合的技术框架。

(5)凝聚并培养一批学术带头人，初步形成学科、层次结构合理的科技人才队伍，着手培养省级空间天气业务专业人员。

(6)初步形成以国家空间天气监测预警中心为主体的全行业共同协作的空间天气业务发展格局，在国际同行中获得普遍认同。

1.6.2.3　中期目标

未来10年左右空间天气业务发展的阶段目标是建立具有国际先进水平的空间天气业务技术体系，包括：

(1)基本形成天地一体化的空间天气监测系统框架，开始构建“九章”空间天气虚拟星座。

(2)完善空间天气预报系统，初步实现统计预报与数值预报的结合，进行集合预报试验。

(3)完善空间天气服务系统,实现针对不同用户的精细化的空间天气保障服务。

(4)形成支撑空间天气业务的科学研究与技术开发体系,完善研究、开发、应用相结合的技术框架。

(5)形成学科、层次结构合理的科技人才队伍,培养一批省级空间天气业务专业人员。

(6)初步形成以国家空间天气监测预警中心为主体的多层次、多部门共同协作的空间天气业务发展格局,国家空间天气监测预警中心成为世界上最主要的空间天气业务机构之一。

1.6.2.4 远景规划

利用15～20年左右的时间,建立初步的天地一体化空间天气监测系统,建成统计预报与数值预报相结合的空间天气预报系统,建立比较先进的空间天气服务系统,基本满足经济社会、国家安全和科学研究对空间天气业务的需求。

1.7 我国空间天气业务布局及流程

1.7.1 空间天气业务布局

1.7.1.1 "三带六区"

空间天气对地球系统的影响在全球各地不尽相同,也不同时。一次空间天气事件在赤道区、极区和极区—赤道过渡区造成的影响不尽相同。我国幅员辽阔,从地理纬度和地磁纬度上来说,跨越从赤道到极区的广阔范围。根据空间天气影响的区域特性和国家相关需求,将我国的空间天气业务按照"三带六区"来进行布局。"三带六区"的划分见图1.3(彩图见插页)及表1.1。

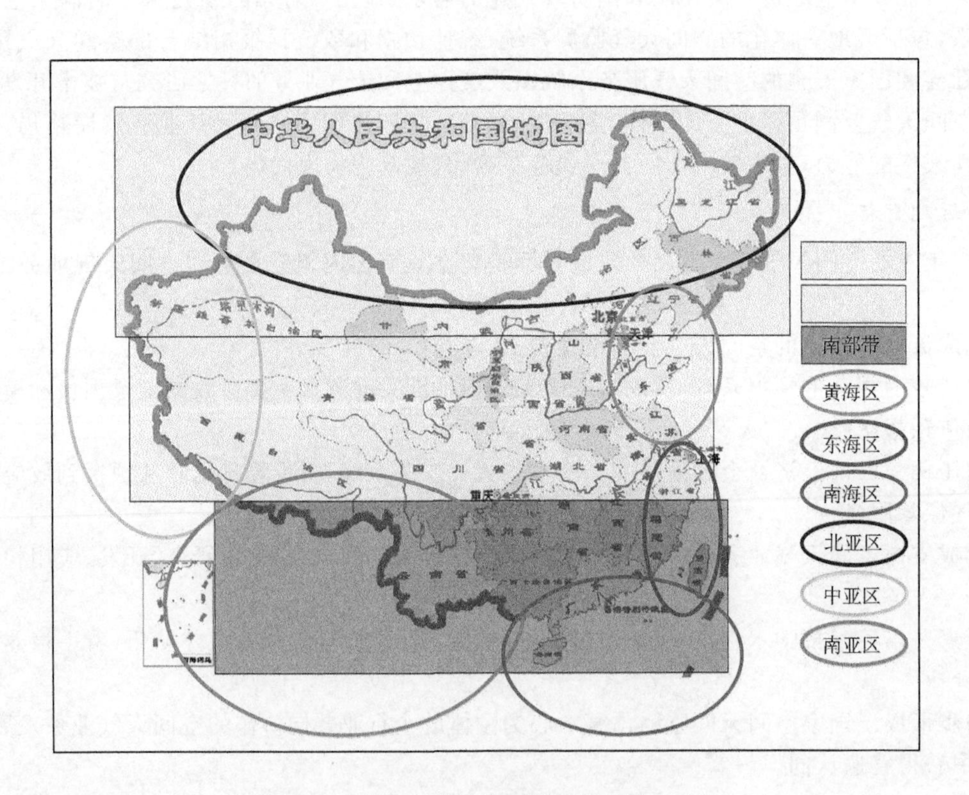

图1.3 空间天气业务"三带六区"布局示意图
(引自空间天气业务发展规划(2008—2020))

表1.1 空间天气业务“三带六区”的划分

（引自空间天气业务发展规划(2008—2020)）

带 区	范 围	主要依托台站	特 点
北部带	40°N以北	北京	极区过程影响区
中部带	30°～40°N	上海、武汉、拉萨	极区—赤道过渡区
南部带	30°N以南	广州	赤道过程影响区
黄海区	东北亚海区	青岛、威海	日本海区域
东海区	台湾海峡附近区域	厦门	台湾海峡区域
南海区	南海海域	三亚	南海与东南亚海区
北亚区	俄蒙区域	佳木斯(漠河)	俄罗斯、蒙古区域
中亚区	中亚区域	喀什(乌鲁木齐)	中亚各国区域
南亚区	南亚区域	昆明	东南亚陆区

1.7.1.2 业务分工

(1)分工原则：按照业务任务和需求的不同，空间天气业务分工遵从如下原则：监测的属地负责原则、预报的集约统一原则、服务的专业分工原则、研发的业务牵引原则和人才的梯队布局原则。

(2)国家级业务：国家级空间天气业务依托国家空间天气监测预警中心开展。国家级业务的总体任务是：根据国家战略需求，提出和拟定我国空间天气业务的总体规划建议和实施方案；建设国家级空间天气业务系统，以此为基础，开展空间天气监测、预报、服务和研发，满足国家安全、国民经济、社会生活对空间天气服务日益增长的需求。

国家级空间天气业务的主要内容包括：

①建设国家级空间天气业务监测、预警与服务系统；建立空间天气业务规范和评估体系。

②负责国内空间天气天基、地基监测系统设计，负责天基监测系统建设，组织地基监测系统建设。分别针对太阳、行星际磁层、电离层以及中高层大气等进行观测布局规划，组织开展相关的基础建设。

③负责观测数据的汇集与处理，建立空间天气监测数据库。设计数据收集与传输方案，对相应的观测数据进行业务开发应用。

④开展空间天气日常预报，发布空间天气预报、空间天气周报、空间天气月报、空间天气年报等常规产品。

⑤开展空间天气决策服务、公众服务和专业服务。在重大空间天气灾害事件发生前和发生期间或在重大社会活动、政治活动期间，向政府决策部门提供决策服务；面向公众发布空间天气预报、警报，开展科普教育；面向专业用户提供定制的专业服务和用户咨询。

⑥对突发性灾害性空间天气事件开展应急服务，进行灾情调查和评估。

⑦引导行业研究方向，组织开展空间天气应用研究和模式开发，参与空间天气现象和规律的基础研究。重点开展空间天气预报方法和效应相关的研究，集中力量研究并开发空间天气预报模型。

⑧对省(区、市)级空间天气业务试点单位提供业务指导和技术支持。

(3)省(区、市)级试点业务：根据空间天气“三带六区”的业务布局，结合地方特点，先期在上海、广东、厦门、山东、海南、云南、四川、山西、内蒙古、广西、黑龙江、新疆、湖北、青海等省(区、市)气象局开展空间天气试点业务。随着用户需求的增加及业务能力的加强、监测网络的建设和完善，条件成熟的试点省(区、市)可以逐步承担区域中心的职能。

各省(区、市)试点业务的主要内容包括：

①负责开展本区域地基空间天气监测网络的日常维护和数据收集，保障本区域内地基空间天气监测设备的运行、维护、数据传输等日常业务工作。

②负责生成本区域地基监测产品和数据产品。

③负责向本区域用户解释国家空间天气监测预警中心发布的空间天气产品，使空间天气产品在区

域内得到更好的应用。

④负责本区域的空间天气灾情调查。在灾害事件过后，协助国家空间天气监测预警中心调查统计灾害造成的损失，评价服务效益。

⑤在国家空间天气监测预警中心指导下开展和拓展本区域空间天气服务。根据“三带六区”的特点，结合不同区域空间天气特征和相应的空间天气效应，开展各有特色的服务，例如：在低纬度地区，侧重于通信、导航等服务；在高纬度地区，侧重于地面管网服务。尤其要充分利用本区域内的空间天气监测数据，开发适合本区域特点和需求的空间天气服务产品。

⑥征集本区域用户和公众对空间天气产品的反馈意见，并提供给国家空间天气监测预警中心。

1.7.2 空间天气业务构架

空间天气业务包括监测、预报、服务、信息与技术保障等四部分，如图 1.4 所示。其中，服务是根本，预报是核心，监测是基础，信息与技术是保障。

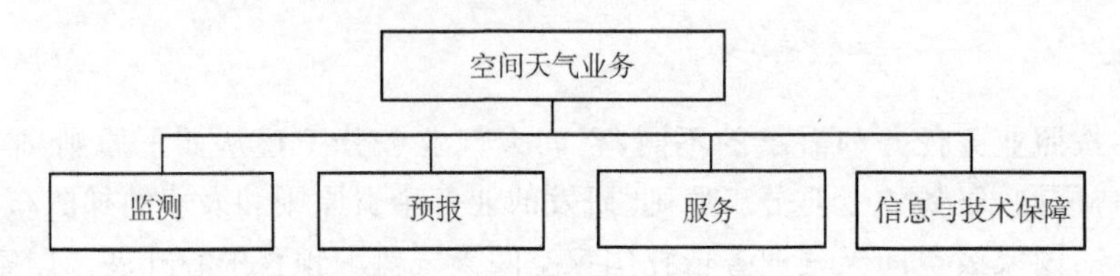

图 1.4 空间天气业务构架

服务是空间天气业务工作的根本动力所在，是空间天气业务工作的出发点和归宿，也是空间天气业务为国民经济社会发展提供技术支撑的重要窗口和桥梁，是空间天气业务工作最终体现社会价值的关键环节。

预报是空间天气业务的核心，以服务为目标，以监测为基础。空间天气预报业务是要建立空间天气预报技术规范，实现预报流程和服务产品的标准化；建立各预报节点和要素的预报模式，并进行集成，实现预报和服务的模式化；系统地开展预报效果检验，确立预报结果的检验标准，实现预报技术的优选；针对服务需求，建立预报产品的定制平台；把握预报技术发展趋势，建立预报新技术的试验评价体系，开展新方法试验的评价和优化，实现新技术研发和预报业务的互动。

监测是空间天气业务的基础。实时可靠的监测数据是准确可靠地开展空间天气预报、优质高效地提供空间天气服务的基础，以满足空间天气预报和服务对空间天气数据的需求为牵引，建立天地一体化空间天气业务监测体系，是我国空间天气业务的重要内容和主要发展思路。

信息与技术保障是通过建立高效快捷的数据通信网络，收集对空间天气监测预警和研究有价值的信息资源，对复杂的空间天气信息进行整编分类，建立分布式的网络数据库，满足空间天气监测预警业务和应用研究的需要，为公众的数据共享和应用服务提供基础的平台。

1.7.3 国家级业务流程

国家级空间天气业务流程如图 1.5 所示。

监测系统：规划、建设和管理中国气象局所属的空间天气地基、天基监测设备，或者参与我国其他空间天气地基和天基空间天气监测设备建设，对空间天气所涉及的太阳、磁层、行星际、电离层、中高层大气等区域进行多要素监测，得到开展预报、服务和研究所需的空间天气基本数据。目前主要的监测系统包括中国气象局自建的地基监测系统、风云系列气象卫星的空间探测仪、“子午工程”地基监测仪器等。有关部门正在努力推动深空探测计划“夸父计划”的实施。

预报系统：对监测数据进行综合处理和分析，实现数据的可视化，利用国内外空间天气物理机制和预报方法、预报模式的研究成果，预报员在应用预报模式、预报方法、预报技术和预报规范等的基础上，得出空间天气形势分析，给出空间天气中长期预报、短期预报、警报、现报和专报等各类预报产品。

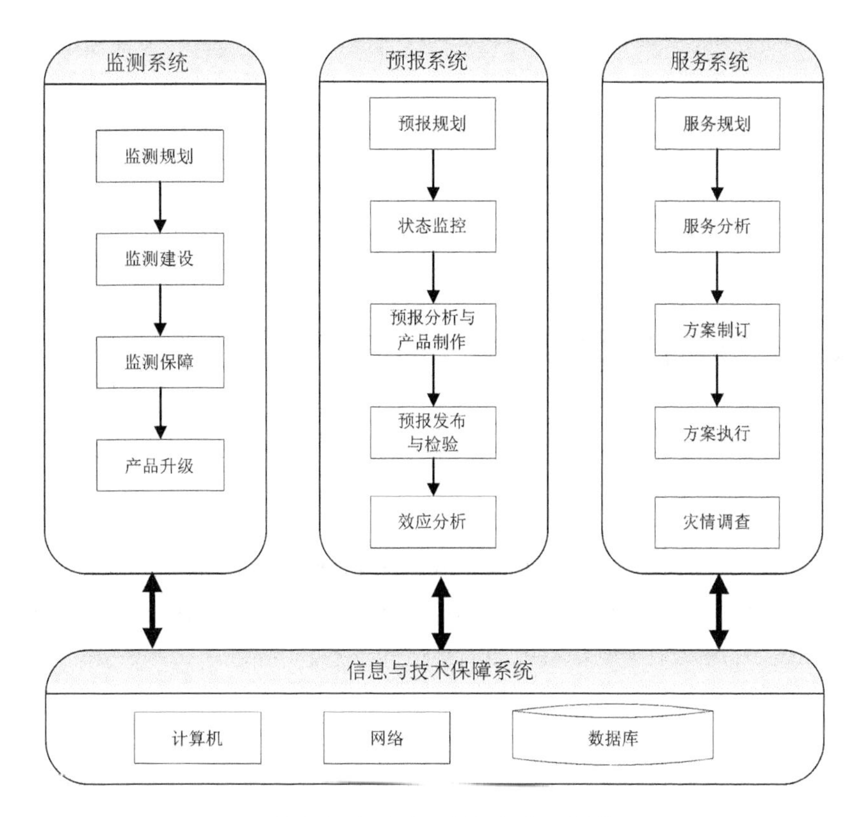

图1.5 国家级空间天气业务流程

服务系统:收集用户信息,开展用户需求分析和不同技术系统的空间天气效应研究,接收用户反馈,在此基础上,讨论制定针对各个部门的服务规范,设计相应服务产品的内容、形式、发布渠道等。对其他系统生成的数据产品、监测产品、预报产品、空间天气综述等进行进一步的加工制作,生成不同的服务产品,并按照相应的服务渠道,提供优质、高效的空间天气服务。同时,根据用户需求对监测和预报提出要求。

信息与技术保障系统:对监测系统所获取的数据和其他国内外可收集到的空间天气数据进行稳定、实时、高效的收集与存储,预报系统从该系统获取数据进行预报方法研究和预报产品制作,服务系统根据用户需求获取数据进行相关分析与服务产品设计、制作,该系统为其他三个系统提供显示与发布的平台,是整个业务系统数据存储、检索与分发的数据中心。

第2章 空间天气因果链

本章介绍了空间天气涉及的主要空间天气区域及在这些区域内发生的主要空间天气现象与过程，简要阐述了这些现象的基本形态特征和变化、主要物理规律及其相互联系，试图给读者揭示空间天气发生、发展及影响地球系统的因果链的形态。

2.1 太阳

太阳为地球生命的起源和延续提供了至关重要的条件。在各个古老文明中，太阳都被当作神灵来敬仰和膜拜。此外，由于她到地球的距离是其他恒星中离我们最近的恒星——半人马座α星到我们的距离的28万分之一，所以她是宇宙中唯一的一颗可以让我们进行详细观测和研究的恒星。

太阳是在约45亿年前由星云在自引力作用下塌缩而形成的，目前处在比较平稳的主序星阶段，其总辐射亮度仅受以11年为周期的太阳活动变化的影响而出现约±1‰的浮动。因此，虽然我们常说太阳每天都是新的，但对肉眼而言，太阳几乎天天不变化。不过，如果通过可见光里面的一些谱线（如氢线6563 Å[①]）或紫外线、X射线等波段去看太阳，就会发现太阳其实是随时都处在不停的动力学演化之中的。而且，即使是可见光，如果通过高分辨率的望远镜去看太阳，也会发现太阳表面其实分布很多像沸腾的开水一样的对流元胞，即被研究人员称为“米粒”的结构。这些“米粒”处于不断产生、消亡的动态演化之中。有时还可以在可见光波段看到太阳表面的一些黑子结构。黑子的出现数目呈现约11年的周期，黑子数最多的年份称为太阳活动极大年，如2001年；黑子数最少的年份称为太阳活动极小年，如2008年。黑子比周围温度低，原因是黑子处的磁场非常强，达2000～3000 Gs（高斯）[②]，大大超过其他地方。黑子的变化对应太阳磁场的演化，而磁场与磁场之间相互作用（如发生磁重联），并在满足一定条件时，将磁场的能量转化成物质的动能、热能，这就是太阳爆发现象（图2.1，彩图见插页）。太阳爆发活动包括太阳耀斑、日冕物质抛射等众多现象。这些现象发生时经常伴随强烈的辐射，并有大量携带磁场的物质及高能粒子向行星际空间抛射，其中一部分会传到地球附近的空间，导致地球空间环境状态的改变。这种变化统称为空间天气。除太阳爆发活动外，来自相对宁静的冕洞里的高速太阳风也会导致空间天气的变化。这些活动现象除了会导致美丽的极光外，也会对人类高科技活动产生一些干扰。由此可见，太阳是空间天气变化的源泉（方成等 2008）。

---

① $1\ \text{Å}=10^{-10}\text{m}$，下同。

② $1\ \text{Gs}=10^{-4}\text{T}$，下同。

(a)

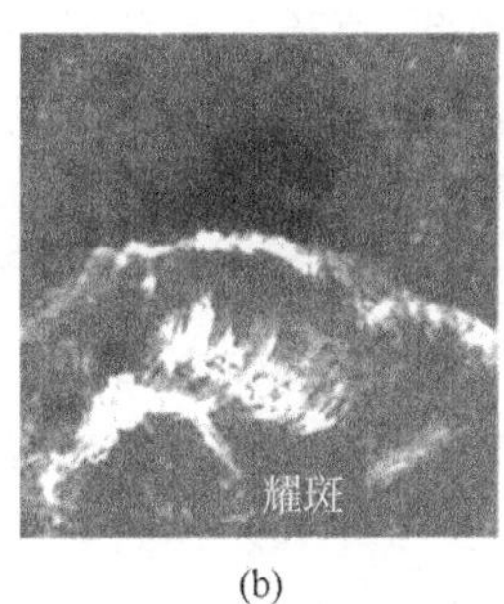

(b)

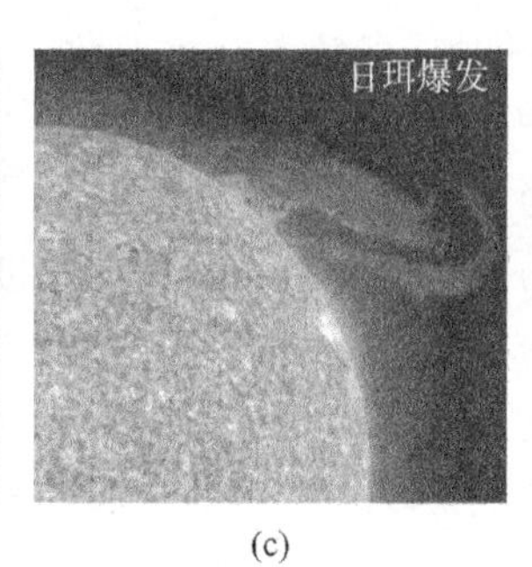

(c)

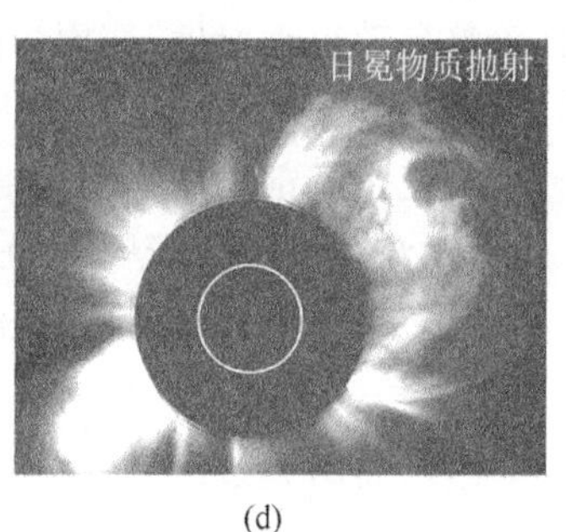

(d)

图 2.1　各种太阳爆发现象

(b)增亮的耀斑上方的黑色区域为太阳黑子；(d)的白圈标示日面边缘

2.1.1　太阳的基本结构

太阳是一个在自引力作用下收缩并聚合在一起的巨大等离子体球，主要由氢(90%)和氦(10%)组成，碳、氮、氧等其余元素仅占约 0.1%。由于太阳具有很高的不透明度，我们看不到太阳的内部，而仅能观测到它的表层大气。通常有两种方法让我们可以洞察太阳内部的结构：①根据恒星演化方程可以计算出目前太阳的结构及组成成分；②利用最近几十年发展起来的日震学诊断理论，可以证实理论预言中的太阳内部结构，这与通过研究地震波来诊断地球内部的结构相同。

太阳总体结构的示意图如图 2.2 所示。太阳内部分为三个区域：核心、辐射层和对流层。它们由不同的物理过程所支配。核心质量仅为太阳质量的一半，体积占太阳的 1/50，但其内部的核反应却产生了太阳 99%的能量。核反应产生的高能 γ 射线光子在太阳内部经历了大量的碰撞(包括吸收和再发射)，经过大约 10^7 年以后才能到达太阳表面，并主要以可见光波长的光子的形式辐射出去。该核反应也产生中微子，它和其他物质的作用截面非常微小，可以几乎不受阻碍地穿过太阳内部而逃逸出来，因此是唯一可用来直接诊断太阳核心的媒介。

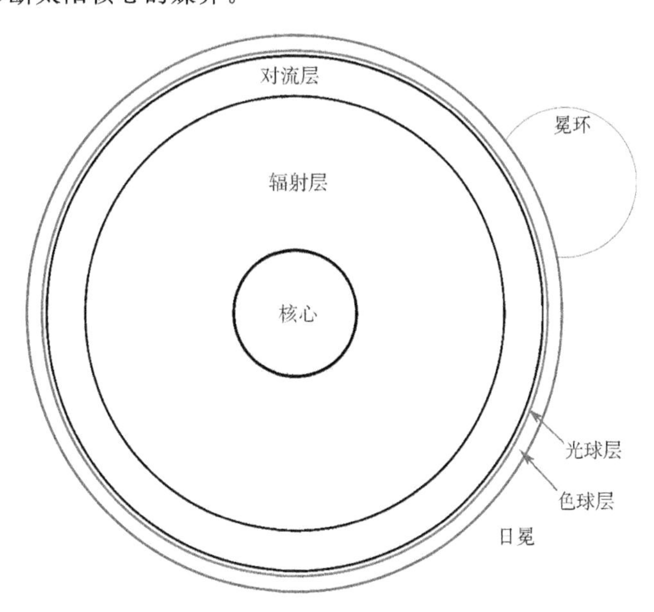

图 2.2　太阳的径向结构示意图

由太阳中心向外超过 $0.71R_\odot$(太阳半径)时，温度降低，原子核冷却且热运动速度下降，从而可以束缚电子，因此出现了离子。离子能显著改变光子的传播特性，并将 γ 光子转变为紫外光子。紫外光子更易被吸收，太阳的不透明度开始快速增长，光子辐射传导率降低。根据能量平衡的要求，温度梯度就要增加。当温度梯度大于绝热温度梯度时，发生对流不稳定性，于是形成了对流区。此时，对流是输运能量的主要方式。根据日震学的研究，太阳内部直到辐射区顶部几乎以刚体形式自转，而从对流区开始，较差自转出现，自转速度均随径向和纬向开始变化。因此，对流区底部对应强剪切层。根据发电机理论，这里是太阳磁场产生的主要地方。对流区也表现出全球尺度的子午环流，在太阳表面沿极区运动，到对流区底部则向赤道运动。它很可能和太阳的11年活动周期密切相关。

由对流区向外，便是太阳的大气。它由光球、色球、过渡区和日冕组成。通常定义波长5000 Å处光学厚度为1的地方为光球底部。由此向外，温度逐渐减小到4170 K的极小值。这一光球层厚约500 km，质子数密度的典型值为$10^{22}/m^3$。再往外，便进入色球层。温度在厚度约2000 km的色球层逐渐上升，然后跨越过渡区后急剧上升到达日冕的1百万～2百万K。它们的质子数密度的典型值分别为$10^{17}\sim10^{18}/m^3$（色球中层）和$10^{15}/m^3$（日冕低层）。

日冕通常分为K冕和F冕，其中K冕的连续谱和光球很像，但不存在夫琅和费线，且高度偏振，它来自于自由电子对光球辐射的汤姆孙散射；F冕分量在$2\sim3R_\odot$之外为主，其连续谱和光球也很像，且存在光球谱中的夫琅和费线，辐射呈弱偏振，它来自于行星际空间灰尘对光球辐射的散射。辐射线的贡献有时也称为E冕，它比K冕和F冕弱很多。日冕中存在很多结构，如冕环、盔状冕流、暗条等。它们都是强烈受磁场线的影响而形成的。日冕主要辐射极紫外和X射线，其白光亮度仅为光球的百万分之一左右，因此通常在日全食期间可见，也可通过日冕仪观测。

2.1.2 太阳活动与爆发

太阳磁场在对流区底部产生之后形成很强的磁流管。由于不稳定性，这些磁流管在某些地方开始向上运动。当磁流管拱出太阳表面后，即形成太阳黑子对。磁流管的不断浮现以及太阳表面的持续运动，使得太阳大气中的磁场分布越来越复杂，并形成一个个活动区。

太阳活动区是指日面上各主要的太阳活动现象（如黑子、耀斑和活动日珥等）频繁活动的区域。一个充分发展的活动区跨度可达20万km，并且从光球一直延伸到日冕。在光球上，它表现为由光斑所围绕的黑子群，在色球中表现为谱斑，在日冕处则呈现为冕环和X射线增强区。大部分黑子在形成后几天或一二周后消失，退化为弥散的磁场区。但如果不断有磁场浮现出来，特别是当它出现在已存在的活动区内或在活动区的残余部分内发展起来，则活动区将继续扩大，并且呈现复杂的极性分布。新浮磁流与老磁场的相互作用导致磁场剪切和变形，磁场能量不断累积。随着磁场复杂性的增强，在达到某种条件后，积累的电流急剧耗散，将累积的磁场能量（可高达10^{25} J）在较短的时间（数十分钟至数小时）内释放出来，导致太阳爆发现象。大部分太阳爆发发生在充分发展而极性复杂的活动区内。这类活动区倾向于发生在一些称为活动经度的经度带上。这些经度带可持续数年之久，并以27 d的周期随太阳自转。

太阳活动区表现出很多活动特征结构和一些爆发现象。其主要的活动特征有黑子、光斑、谱斑、暗条等；主要的爆发现象有太阳耀斑、暗条抛射、日冕物质抛射等。此外，还有一些规模较小的爆发现象，如X射线亮点、日浪、日喷、过渡区爆发事件等。这些爆发现象除了会加热太阳大气、抛射出部分物质外，也会将电子、质子及重离子等粒子加速到很高的能量，这些都可能对空间天气环境产生危害。

2.1.2.1 活动特征

（1）黑子：黑子是光球层中的一种活动现象，由于温度约3000多K，比周围光球要低1000～2000 K，所以看起来成为暗黑的斑块，如图2.3所示。活动区的发展阶段是由光球中出现黑子来表征的。它代表磁场的高度集聚，极强磁场抑制了对流区能量向上传播，从而导致光球层在该区域的低温。发展完全的黑子由本影（位于黑子中心，由于温度比太阳宁静区约低1500 K而表现为暗黑的区域）和半影（环绕本影的结构，由于温度比太阳宁静区约低800 K而表现为灰色的区域）组成。本影中心磁场是垂直的，强度约为2000～3000 Gs，有时可高达4000 Gs。磁场强度向外逐渐减小，在半影—光球边界处约为1000～1500 Gs，一个大黑子的磁通量典型值为10^{21} Mx（麦克斯维）①。黑子常成对产生，组成黑子群。

① 1 Mx=10^{-8}Wb，下同。

约有53%的黑子群是双极的，只有1%的黑子群具有复杂的极性，即不同极性的黑子混杂相处。这类黑子群所在的活动区具有最强的活动性。

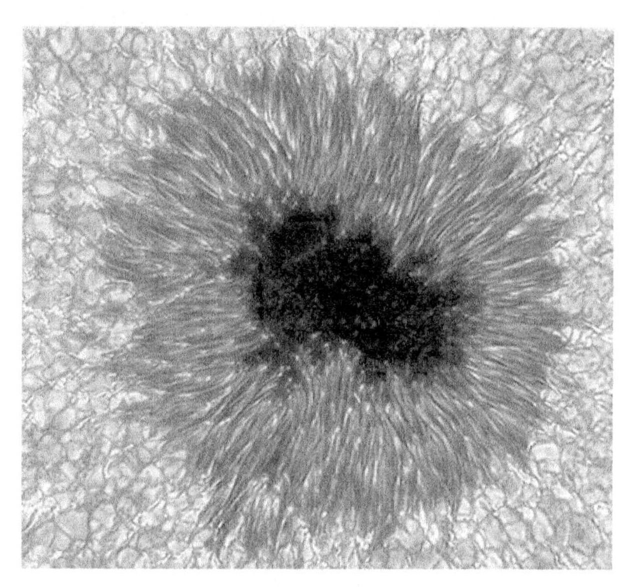

图2.3 太阳黑子的高分辨观测
其中暗黑色的中心区域为黑子本影，周围含灰色纤维的区域为黑子半影。黑子之外是宁静太阳的“米粒结构”
(http://www.nso.edu/press/archive/DALSA/)

(2)光斑：在太阳活动区内有一些区域的光球温度较高，因而持续明亮，称为光斑，如图2.4所示。光斑的磁场强度约为几百高斯，具有与黑子群类似的偶极特性。由于光斑温度比周围光球温度仅高100～200 K，亮度仅大10%左右，因此，只有在距日面中心0.6$R_\odot$以外才较容易看到。光斑常出现在黑子周围。

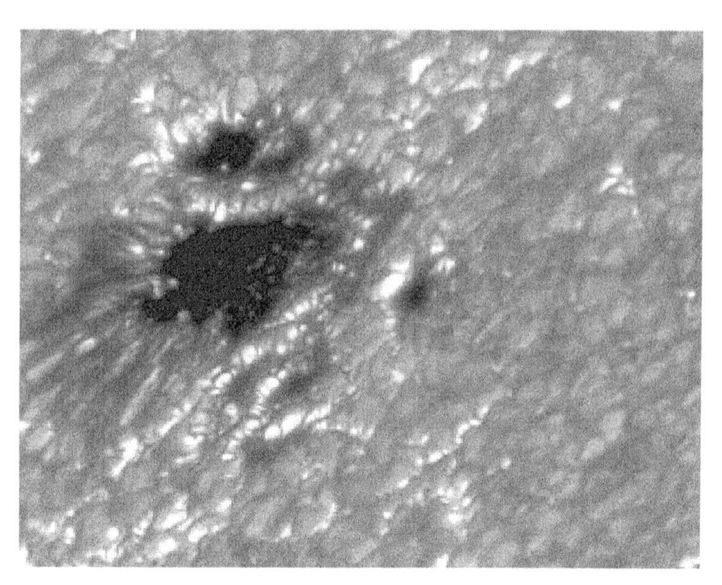

图2.4 太阳黑子(黑色结构)周围的光斑(Berger等2007)

黑子和光斑对空间天气的直接影响是分别减少和增加太阳的总辐射流量，它们的消、涨能解释太阳总光度变化的主要部分(Solanki等2002)。

(3)谱斑：在太阳活动区的色球内温度较高且持续明亮的区域，称为谱斑，如图2.5(彩图见插页)所示。实际上它们是光斑向上延伸至色球内的活动体。谱斑与黑子密切相关，往往出现在黑子周围，且黑子多的活动区内谱斑多，面积大，也更明亮。所以，谱斑也是对活动区活动程度的一种很好的指示。谱斑的亮度与其磁场强度大致成正比。亮谱斑的磁场可达数百高斯。

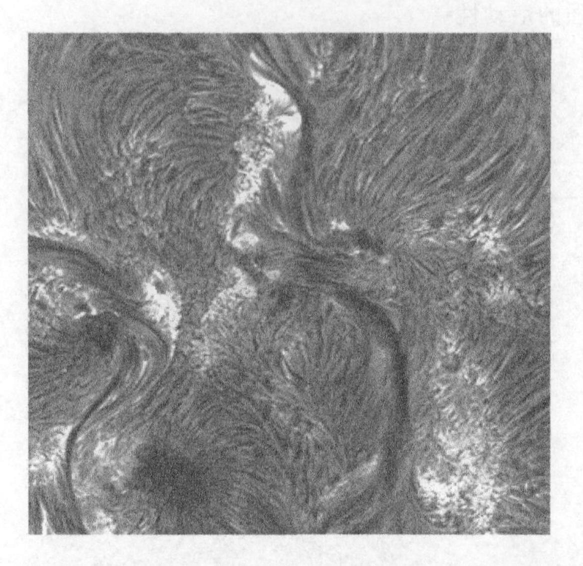

图 2.5　Hα 谱线单色像观测到的色球谱斑(亮结构)

图中的黑斑状结构为黑子,而粗而黑的条状结构为暗条(http://dot. astro. uu. nl)

(4)暗条:暗条是在高温日冕中局部区域出现的低温、高密度结构,如图 2.6 所示。其温度仅是日冕的 1%,而密度则是周围日冕的上百倍。暗条存在于日面上时,由于吸收太阳光球的辐射,因此表现出暗的结构,其 Hα 谱线表现为吸收线;当暗条出现在日面边缘之上时,由于突出日面之外像人的耳饰,故称为日珥。由于没有背景的辐射,日珥表现出亮的结构,其 Hα 谱线表现为发射线。暗条有两种基本类型:宁静区暗条和活动区暗条。前者十分稳定,可存在几个月;后者有激烈的运动,寿命从几分钟到几小时。活动区日珥一般比宁静区日珥要小 3~4 倍,在日冕中的高度也比较低,温度比宁静日珥略高,密度大一些,磁场也较强。

2.1.2.2　爆发现象

(1)耀斑:耀斑是太阳大气局部突然变亮的活动现象,如图 2.1(b)所示。它是宇宙中跨越辐射波段最宽(从长波长的射电到短波长的 γ 射线)的爆发现象,并伴随粒子发射。太阳耀斑最早在 1859 年 9 月 1 日被英国科学家卡林顿等观测到,是观测历史最悠久的爆发现象。

耀斑可以在各个波段被观测到,因此有很多分类方法。1966 年国际天文学会第十委员会认可了根据耀斑面积(日心坐标中的平方度)来分类的光学分类体系,见表2.1。每个级别号之后还可以加上子

表 2.1　按面积对耀斑分类的方法 (Zirin 1988)

面积(平方度)	面积(10^{-6}太阳面积)	等级	5000 MHz 处的典型流量(sfu)	典型的 GOES 级别
≤2.0	≤200	S	5	C2
2.1~5.1	200~500	1	30	M3
5.2~12.4	500~1200	2	300	X1
12.5~24.7	1 200~2 400	3	3 000	X5
>24.7	>2 400	4	30 000	X9

类标识(f,n 和 b),分别表示耀斑亮度比较弱、中等和强。这里,耀斑的面积须作投影改正,但日心角超过 65°时误差较大(Zirin 1988)。光学观测受天气影响太大,而射电则无此缺点。单个频率的射电流量通常以太阳流量单位(sfu,其中 1 sfu 等于 10^{-22} W/(m^2 · Hz))为量度。在频率高于2 GHz处,几乎每个流量大于 1 sfu 的事件都是耀斑。对于脉冲型耀斑,面积的级别和微波流量大致有如下关系:

$$\mathrm{Imp} = \lg S - 0.5 \tag{2.1}$$

其中 Imp 为面积分类级别，S 为 5 GHz 的流量。一个经常取代光学级别的更广泛分类方法是基于 NOAA发射的 GOES 系列卫星观测到的耀斑软 X 射线(1～8 Å)流量将耀斑分为 A，B，C，M 和 X 级，对应的流量密度分别为 10^{-8}，10^{-7}，10^{-6}，10^{-5} 和 10^{-4} W/m^2(在地球附近的测量)，如 M3.6 级耀斑是指 GOES 卫星测量到其 1～8 Å 软 X 射线的流量密度为 3.6×10^{-5} W/m^2。耀斑也可以按照其持续的时间分为脉冲型的和长时间事件，前者持续的时间约几分钟到几十分钟，而后者则从几十分钟到数小时；在形态上，耀斑则分为致密耀斑和双带耀斑，前者的形状发生很小的变化，而后者则表现出软 X 射线环的表观上升，环的足点和色球的 Hα 亮带的表观分离。

耀斑爆发后，日冕大气在短时间内加热到几千万 K。部分高能粒子和热能沿着磁力线传到耀斑环的足部，使色球(有时甚至光球)加热和电离，产生了光学耀斑(如 Hα 耀斑)。同时，使得色球物质蒸发，物质又向上运动填充耀斑环，使软 X 射线辐射大大增强。高能电子的回旋同步辐射和轫致辐射分别激发了射电暴和硬 X 射线暴。此外，高能离子和可能的核反应还产生 γ 射线辐射等。

(2)暗条抛射：由于太阳表面持续的磁流浮现以及运动，暗条会逐渐演化到某种亚稳定状态或变得不稳定，从而开始抛射，如图 2.1(c)所示。此时，日珥很快上升并最后在视场中消失。一部分物质从太阳逃逸出去形成日冕物质抛射；另一些物质沿着磁力线下落到色球。2/3 的暗条爆发事件在经过 1～7 d后又在同一地方以几乎相同的形状重新形成。也有一些暗条的消失是因为热平衡破坏，并不对应爆发现象。

(3)日冕物质抛射：日冕物质抛射是太阳大气中出现的最大规模的快速抛射现象，其英语简称为 CME。它在短时间内从日冕抛射出 10^{14}～10^{16} g 携带磁场的物质进入行星际空间，表现在白光日冕仪的观测图像中为明显亮于背景日冕的瞬变现象，如图 2.6(彩图见插页)所示。

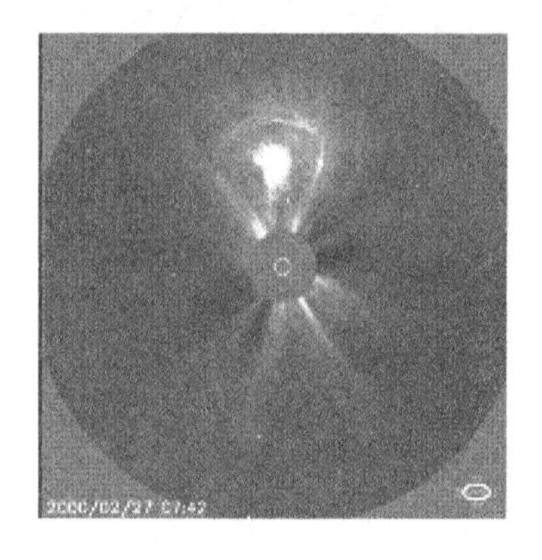

图 2.6　SOHO 卫星 LASCO 日冕仪观测到的典型日冕物质抛射(取自 SOHO 网站)
图中白圆圈标示日面边缘

日冕物质抛射是在 1971 年 12 月 14 日由美国海军实验室的 OSO—7 卫星首次观测到，当时称之为日冕瞬变事件。到 20 世纪 70 年代末和 80 年代初，研究者逐渐确立了“日冕物质抛射”这一名词，用于描述白光日冕仪观测到的运动着的、独立的亮结构。20 世纪 70 年代以来，人们通过人造卫星和地面仪器已观测到一万多个 CME，其中 1995 年底发射的 SOHO 卫星搭载的 LASCO 日冕仪以前所未有的分辨率观测到了大量的 CME 事件。2006 年欧美国家发射的 STEREO 双星首次从两个不同方向来同时观测日冕物质抛射现象。

日冕物质抛射主要由白光日冕仪观测，其白光辐射源于自由电子对光球辐射的汤姆孙散射，辐射强度正比于电子的密度。由于日冕的百万度高温，其大气也出现一些禁线发射，如铁 5303 Å 线。因此，也可以通过这些日冕禁线对日冕物质抛射进行观测。电子的热轫致辐射将产生米波及更长波长的射电辐射。而且，CME 爆发过程中伴随磁场的变化以及激波的出现，在低频射电波段产生强烈的辐射。因此，射电辐射是另一个非常适合日冕物质抛射观测的波段。

CME具有许多不同的表观形态和结构，其形状也会随时间而变化。但单点观测到的CME结构只是在天空平面的投影，表观的形状并不代表其真实的结构。国内外学者虽然在努力尝试利用单个卫星的偏振观测和STEREO双星的两个角度观测对CME进行三维重构，但其结果强烈依赖于模型的假定。理论研究者相当普遍接受的一个比较能反映CME主要物理特征的模型是所谓的三分量模型，即CME由亮的外环、其下面的低密度暗腔，以及暗腔内的高密度亮核（对应爆发暗条）组成，但这类CME仅占实际观测的30%左右。

日冕物质抛射的速度和其磁场一样，都是严重影响其地磁效应的物理参量。目前，日冕磁场的测量并没有很有效的手段，一般可以通过太阳光球层的磁场进行外推，估算爆发前日冕中磁场的分布；而根据不同时刻CME亮环顶点的位置即可得出CME的爆发速度。观测表明，CME的速度主要在20～2000 km/s之间，而且服从对数正态分布。年平均速度从太阳活动极小年到极大年变化可达1倍。以第23太阳周（1996年5月至2008年底左右）为例，年平均速度极大值发生在2002年，比黑子数极大期要迟。不过需要指出的是，这只是CME在天空平面的投影速度。根据其亮度可以估计CME的质量，结合速度测量以及磁场位形的假设，CME的各种能量（如磁能、动能、势能）便可以估算出来。一些研究表明，大的CME的总能量大约为10^{22}～10^{25} J（Vourlidas等2000）。观测到的CME的角宽度差别也很大，从几°到360°不等。同样，观测到的角宽度也受投影效应的影响。大多数CME的中心轴分布在±50°的纬度内，并且随太阳活动周而变化。极小年时CME中心轴主要集中在赤道面附近，而到了极大年则在纬度方向分布弥散。CME的发生率也由极小年附近时的平均每天1个左右增加到极大年附近时的平均每天5个左右（Gopalswamy等2003）。

研究人员早期认为耀斑爆发是产生地磁扰动的主要源泉。随着对日冕物质抛射研究的深入，更多的人认为，日冕物质抛射和其伴随的粒子加速，才是灾害性空间天气的扰动源。不过，需要指出的是，太阳耀斑和日冕物质抛射经常是不可分割的爆发综合体，它们在演化过程中相互耦合。而且耀斑对应的磁重联过程也能将粒子加速到很高的能量，并在合适的磁场位形中传播到地球附近的空间环境。

(4)日冕物质抛射伴随的其他现象：作为一种大尺度的爆发，日冕物质抛射伴随很多爆发现象。最主要的是射电暴、高能粒子事件和极紫外波及暗区。

在CME的触发阶段，射电频谱表现出噪暴的出现或已有噪暴的突然消失；CME加速后产生的激波也产生Ⅱ型射电暴，该射电暴从低日冕向行星际空间传播，频率从200 MHz左右缓慢向低频漂移；紧随激波的等离子体团则激发运动Ⅳ型暴。

太阳高能粒子（英语简称SEP）事件是空间天气研究与应用中的一个重要现象。观测表明，存在两类太阳SEP事件：缓变型和脉冲型（Reames 1999），如图2.7所示。一般认为，脉冲型事件中的高能粒子由耀斑中的磁重联过程加速，加速的机制可能是直流电场和湍流；而缓变型事件中的粒子是由CME驱动的激波加速。尽管存在这种分类，观测上发现很多事件应该属于混合事件，即既有脉冲分量，也有缓变分量。高速太阳风与低速太阳风交界处的共转相互作用区也会产生SEP（见2.2节）。

日冕极紫外波（或称为EIT波）及暗区是CME在低日冕的对应特征。目前，国际上很多学者认为EIT波是一种快模磁声波，但该模型很难解释EIT波的一些观测特性，如速度在300 km/s左右，低的甚至仅10～50 km/s。为此，陈鹏飞等提出了另外一种解释，认为EIT波源于CME爆发过程中闭合磁力线的逐渐拉升过程：磁绳上方的磁力线在CME爆发过程中势必由下而上逐个被向外推开，每条磁力线首先在顶部被推，尔后传到“腿”部。每条磁力线的这种扩展便在其外部压缩日冕大气，导致一个EIT波前的出现，而在扩展的磁力线所包围的体积内，日冕大气由于体积增加而密度变小，即形成极紫外暗区（Chen等2002，2005）。

需要指出的是，太阳经常被分成宁静区、冕洞和以黑子为主要成分的活动区。在以前的认识中，宁静区的太阳几乎是不变化的。但近年来的观测研究表明，宁静区和冕洞也处在不断演化的动力学过程之中，如即使在太阳极小年，日面上也存在3万个以上小尺度的过渡区爆发事件，而且也存在千高斯强度的小尺度磁流浮现。来自冕洞的高速太阳风则更是产生中小型地磁暴的一个因素（Tsurutani等2006）。

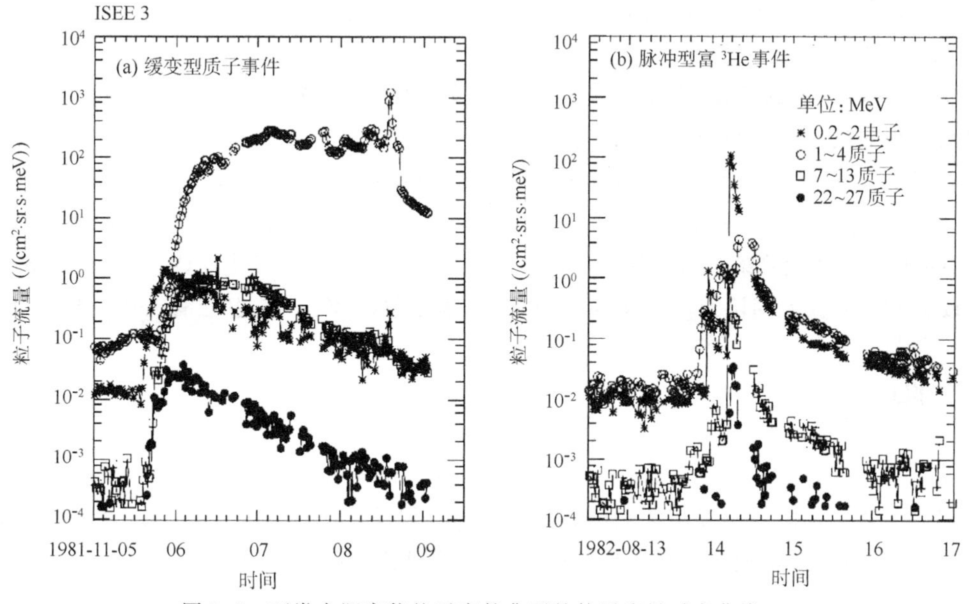

图 2.7　两类太阳高能粒子事件典型的粒子流量时变曲线

2.1.3　太阳活动周

中国具有世界上最早的黑子观测记录。《汉书·五行志》被认为是最早的黑子观测记录，但事实上，殷商甲骨文中就有与黑子有关的记载。1609 年望远镜被发明以来，黑子便有了更准确的观测，尤其是自 1749 年开始，苏黎世天文台开展了太阳黑子的日常观测。对于史前的太阳黑子数演化，研究人员可以通过树的年轮、碳 14(^{14}C)同位素或是格陵兰岛冰块中铍 10(^{10}Be)的含量反演数千，甚至上万年前的黑子数变化。1843 年德国天文学家史瓦贝发现黑子数随时间呈现准周期变化，如图 2.8 所示。其周期在 11 年左右，但也可能短到 8 年或长到 14 年。1848 年瑞士天文学家沃尔夫提出太阳黑子相对数的概念，为更定量地描述太阳活动强度提供了一个标准参数。太阳黑子相对数 R 定义为

$$R = K(10g + f) \tag{2.2}$$

其中 g 为黑子群数，f 为孤立的黑子的数目，K 为根据观测设备及条件而定的校正因子。

太阳黑子相对数达到最大时称为太阳极大期；达到最小时称为极小期。一个太阳活动周定义为从一个太阳极小期到下一个极小期。效仿沃尔夫的做法，传统上将 1755—1766 年这 11 年期间编号为第一个太阳周。2008 年底左右，太阳开始了其第 24 活动周。1908 年美国天文学家海尔开始观测到黑子的磁场，发现黑子对的极性每经历一个太阳周便反转一次。太阳极区磁场极性亦然。

从图 2.8 可以看到，太阳活动周的强度一直在变化，甚至会出现 1645—1715 年期间日面上鲜有黑

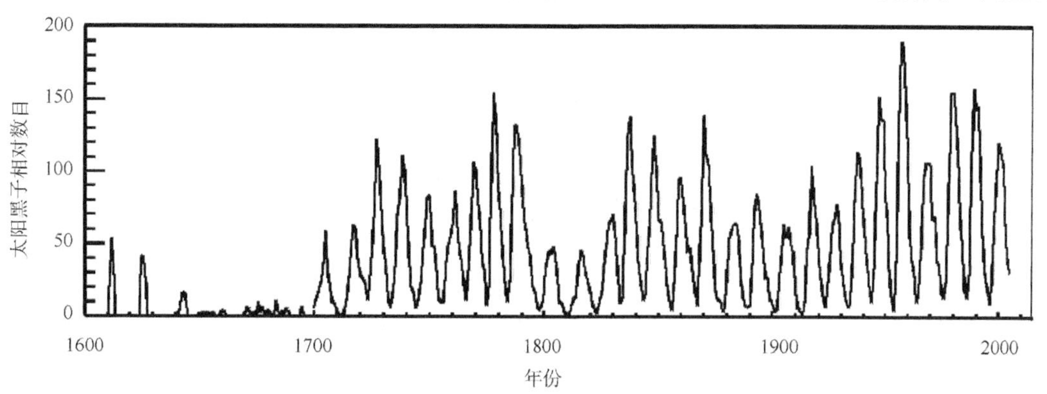

图 2.8　太阳黑子数随时间的变化

子出现。这段时期对应小冰期，被英国天文学家蒙德深入研究，故此命名为蒙德极小期。黑子数除了11年左右的周期外，还有80年的周期以及更长的周期。当然，也存在1年以内的短周期。由于黑子对应着强磁场，随着黑子数的变化，太阳的爆发活动也呈现周期性，如耀斑和CME也随着黑子增减而增减。而冕洞大小的演化则和黑子数反相位。

最近70余年太阳活动的总体趋势是越来越活跃，但不排除个别活动周(如第20太阳活动周)变得特别地弱，因为太阳活动既有周期性，也具有混沌性。由于其混沌性，太阳活动的长期预测变得很不确定。如目前太阳物理学家在预测第24太阳活动周强度的问题上分成几派，有些人认为，下一活动峰年会很强，黑子相对数达140；有些人则认为，下一峰年会比较弱，黑子数在80左右，甚至有人认为会在40左右。

2.2 太阳风

由于太阳大气不处于静态平衡，太阳日冕向行星际空间扩展，形成所谓的“太阳风”，即从太阳向外流动的等离子体流。太阳风不仅将太阳的物质和能量“吹”向行星际空间，还携带着太阳磁场。当该磁场为南向时，太阳风能量将较容易注入地球磁层空间，因此行星际太阳风的监测对地球空间天气的预报具有重要意义。

2.2.1 太阳风的起源

著名太阳物理学家E. N. Parker在1958年提出了“太阳风”的概念(尽管Ludwig Biermann在1951年研究彗尾时提出存在太阳风流的猜测)，并且从理论上证明了太阳风存在的可能性。他认为，太阳大气的最外层——日冕不是处于静止平衡状态。日冕大气同时受到向着太阳内部的太阳引力的作用和向外的热压力的作用，由于日冕的高温，太阳的引力不足以把日冕气体牢牢地吸引在太阳周围，日冕因而处于动力平衡，日冕气体在热压力的作用下连续不断地向外膨胀，形成了太阳风。在日冕底部，由于太阳引力的限制，膨胀速度较慢；随着高度增加，引力的控制作用减弱，膨胀速度增加。在某个临界距离，膨胀速度接近于声速；在这个临界点以外，太阳风就是超声速了。在1960年，苏联飞船Lunik 2和Lunik 3首次观测到太阳风的存在，1962年Mariner 2进一步证实了Parker的超声速太阳风理论预言。

太阳和太阳风影响的区域叫做日球层。日球层以外的区域叫做局地星际介质(LISM)。图2.9给出了日球层结构示意图。由于日球层内外压力的不同，日球层存在类似于磁层的结构(见2.4节)：日球层顶(Heliopause)把太阳风等离子体与星际起源的等离子体分开，大约位于50～150 AU；日球层顶之外可能有弓激波存在；日球层顶内还有一个太阳风终端激波(termination shock)。

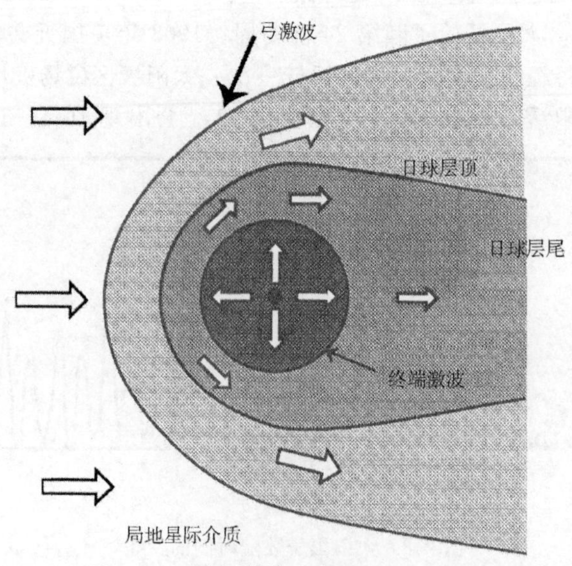

图2.9 日球层结构示意图(Cravens 1997)

2.2.2 太阳风的结构和成分

太阳风的成分主要由太阳日冕的成分决定。由于日冕温度很高(达 10^6 K),日冕气体是完全电离的,重粒子成分高度电离化,所以太阳风等离子体也具有这种特点。图 2.10 显示了太阳风的观测成分(Bame 1972)。由图 2.10 可以看出,太阳风的主要成分除了自由电子以外,主要包括质子(氢原子核)和 α 粒子(氦的原子核)。

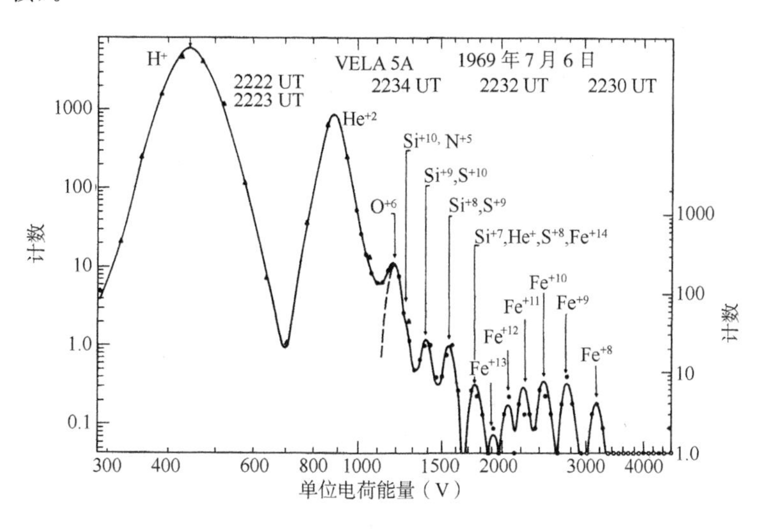

图 2.10　太阳风的观测成分(Bame 1972)

2.2.2.1 太阳风径向和纬向结构

由于太阳大气的不稳定性,太阳风速度和温度的变化范围很大。太阳大气压力梯度随径向距离下降比引力下降缓慢,太阳风被加速和加热,Parker(1963)提出的拉维尔喷管模型奠定了太阳风由亚声速到超声速的理论基础。图 2.11 给出了飞船 VELA3 和 HEOS1 在 1 AU 的观测结果,可以看出,太阳风速度在 200～700 km/s 之间(所以,太阳风低速流和高速流都存在),密度在 2～20/cm^3之间。表 2.2 给出了太阳风的平均密度、温度和磁场强度。观测表明,太阳风到达 1 AU 时典型速度大约为 400 km/s,密度大约为 5/cm^3,行星际磁场约是 5 nT。

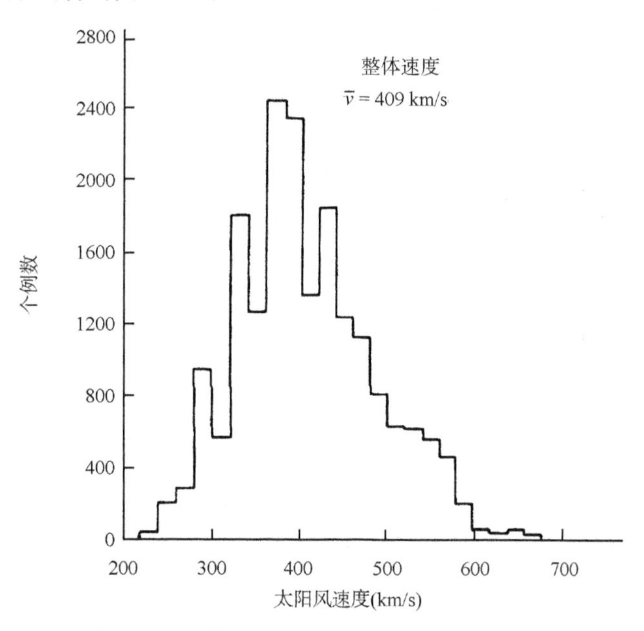

图 2.11　飞船 HEOS1 在 1 AU 观测的太阳风速度直方图(Wolfe 1972)

理论和观测均表明，太阳风密度反比于日心距离的平方，而速度在临界点以外基本上是常数（Belcher 等 1993）。太阳风温度的径向变化相对来说要复杂一些。图 2.12 给出了 Pioneers 10 和 11 测量到的质子温度随径向距离的变化，可以近似为 $1/r^{0.57}$（r 为日心距离）。

表 2.2 太阳风特性

$R/R_{\odot}$	$n/(\mathrm{m}^3)$	T(K)	B(T)
1.01	10^{15}	10^6	10^{-4}
1.04	10^{14}	1.5×10^6	10^{-4}
3.00	4×10^{11}	10^6	10^{-5}
10.0	3×10^9	5×10^5	10^{-6}
214(1 AU)	10^7	10^5	10^{-8}

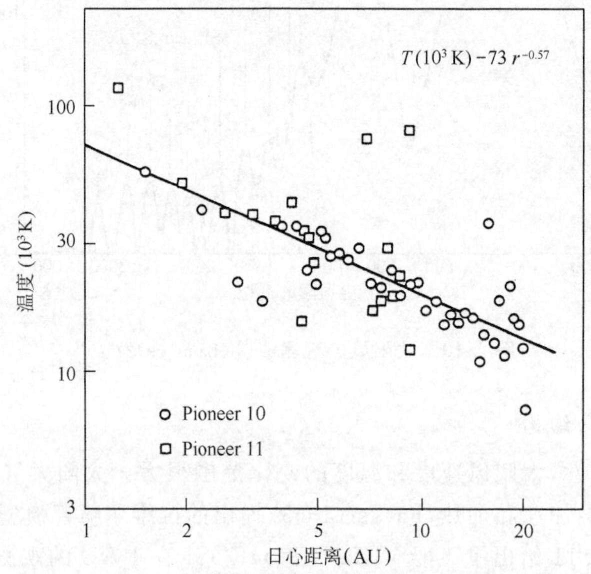

图 2.12 Pioneers 10 和 11 测量的质子温度随径向距离的变化（Smith 等 1983）

图 2.13 是人类历史上第一个能到达太阳高纬的飞船（Ulysses）观测到的太阳风速度和质子密度随纬度的分布。典型太阳风速度从低纬度的 450 km/s 到高纬度的 750 km/s。遥感测量（如行星际闪烁）提供的 0.4～1 AU 的高纬度太阳风特性也表明，太阳风在赤道平面附近最慢（420 km/s），在极区最快（560 km/s），这是由于太阳风来自不同的太阳表面区域造成的（见日球电流片部分）。

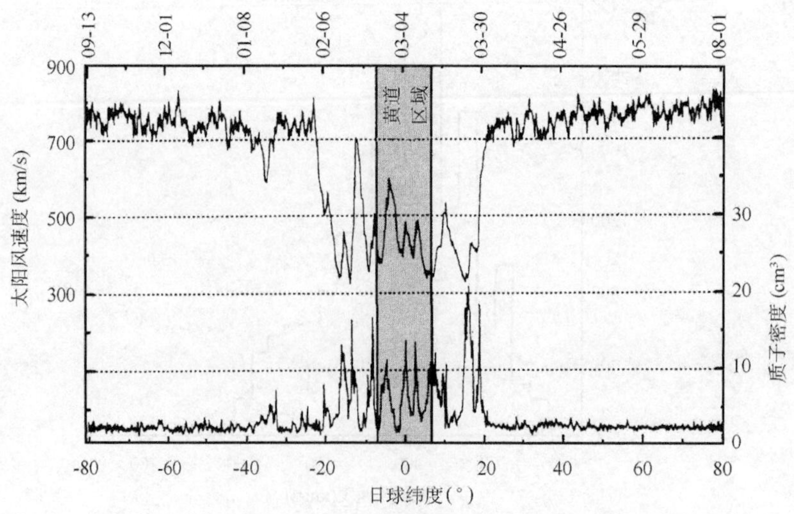

图 2.13 人类历史上第一个能到达太阳高纬的飞船（Ulysses）观测到的太阳风速度和质子密度随纬度的分布（Phillips 等 1995）

从图 2.13 可以看出，从赤道到 30°S 范围内，太阳风速度在一个太阳自转周（约 27 d）内往往有明显的变化。这意味着，不同经度日冕发出的太阳风，其速度也不大相同。但是，在 40°S 以上，太阳风速度基本上不随经度变化。此外，来自高、低纬度区域的快、慢太阳风在化学成分上也有明显的不同。比如，镁和铁的含量比，在快速太阳风中大约是 0.08，而在慢速太阳风中则高达 0.17，相差一倍多。

2.2.2.2　行星际磁场

行星际磁场（IMF）是由太阳风携带传输到行星际空间的太阳磁场。图 2.14 所示为黄道面内最大的行星际磁场分量。在 1 AU 处，太阳平静期观测的行星际磁场方向平均来说偏离日地连线（x 方向）约 50°（图 2.15）。

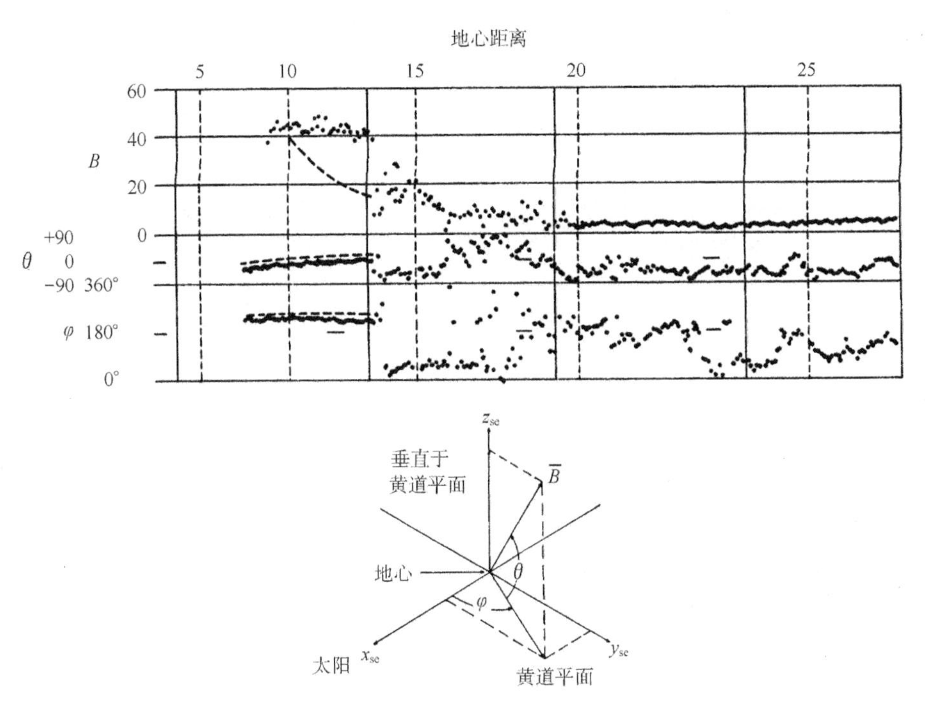

图 2.14　磁层外行星际磁场的观测（Ness 1965）

（图中 B，θ 和 φ 见图 2.15 的示意）

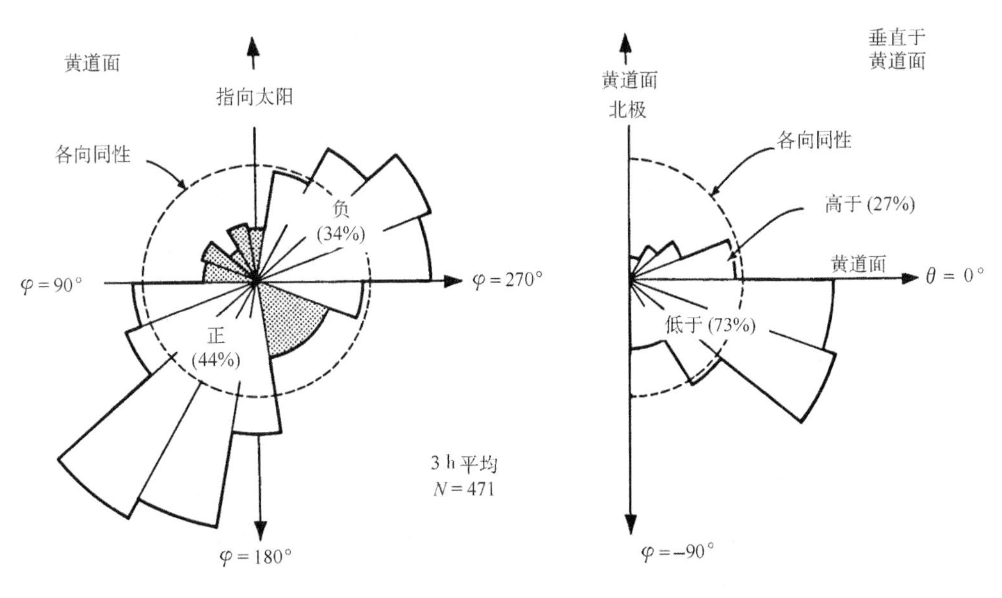

图 2.15　近地黄道面内观测到的行星际磁场相对于地球—太阳连线的方向（Wilcox 等 1965）

太阳风等离子体基本是径向向外流动的，但磁场线靠近太阳的一端仍在随着太阳一起自转，因而场线将不再是径向，而是形成螺旋形，即所谓的阿基米德螺旋线(图 2.16)。由于美国科学家 E. Parker 第一个用这个模型解释了行星际磁场的结构，因此也称为 Parker 螺旋线。

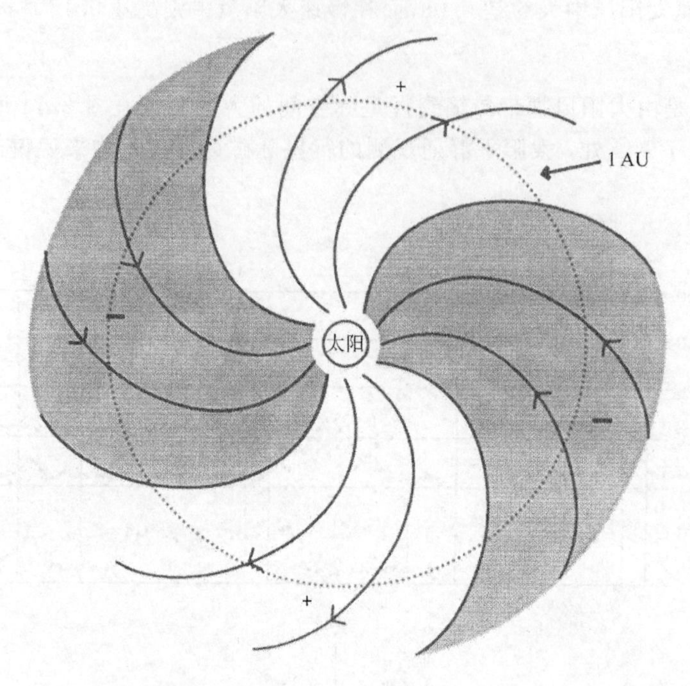

图 2.16 太阳风扇形结构示意图(AU:为距离单位，是太阳到地球的距离，约等于 1.49 亿 km)

地球轨道飞船的观测表明，行星际磁场主要在黄道面内，但垂直于黄道面的分量也是存在的。在直角坐标系中，这一分量由 B_z 来表示。1 AU 处 B_z 的典型值是几 nT(纳特)。B_z 的值是正的，就称为北向；反之则称为南向。

2.2.2.3 扇形和流结构——日球电流片

假如源表面的磁场有极性相反的区域，太阳风将携带着磁场从太阳向外传播，这种扇形结构也会被带到行星际空间。

图 2.16 显示了赤道面内有四个扇形瓣的太阳风。扇形瓣是按行星际磁场的方向来区分的，典型的瓣数目少则两个，多到四个。由于太阳有 27 d 的旋转周期，所以对于固定的观察者，行星际磁场也有 27 d 的周期。图 2.16 中的观察者每 7 d 看到一次极性转变。要指出的是，扇形结构是尺度最大的 IMF 结构，它与平均的太阳源表面场结构相吻合。

图 2.17 显示了 Mariner 2 飞船观测到的太阳风速度和密度随时间的变化，在每一个旋转周期既有低速度的区域(约 350 km/s)，又有速度高的区域(约 700 km/s)，分别称为低速流和高速流。同一个流区有 27 d 的重现性，即与太阳的旋转相关联。质子温度在 $1\times10^4\sim2\times10^5$ K 之间，其中高速流前边沿温度较高。太阳风密度和行星际磁场在高速流前边沿也有较高的值。低速太阳风来自向日面磁场闭合的区域，高速太阳风来自磁场开放的区域(图 2.18)。

一种简单的情形是两个区域的情况为假如近太阳是偶极场，而且源表面附近和更远距离上有一个电流片。由于太阳磁极通常偏离旋转轴，就是说，日球电流片不完全在黄道面内，如图 2.19 所示。与这样一个斜向偶极子加电流片结构相关的日冕亮度如图 2.20 所示。在较大的日心距离上，磁中性线将与磁赤道一致，随太阳纬度和经度的变化呈现正弦结构，日冕亮区与磁赤道附近的闭合磁力线相关，极洞(在南北半球磁极性相反)位于高纬度。

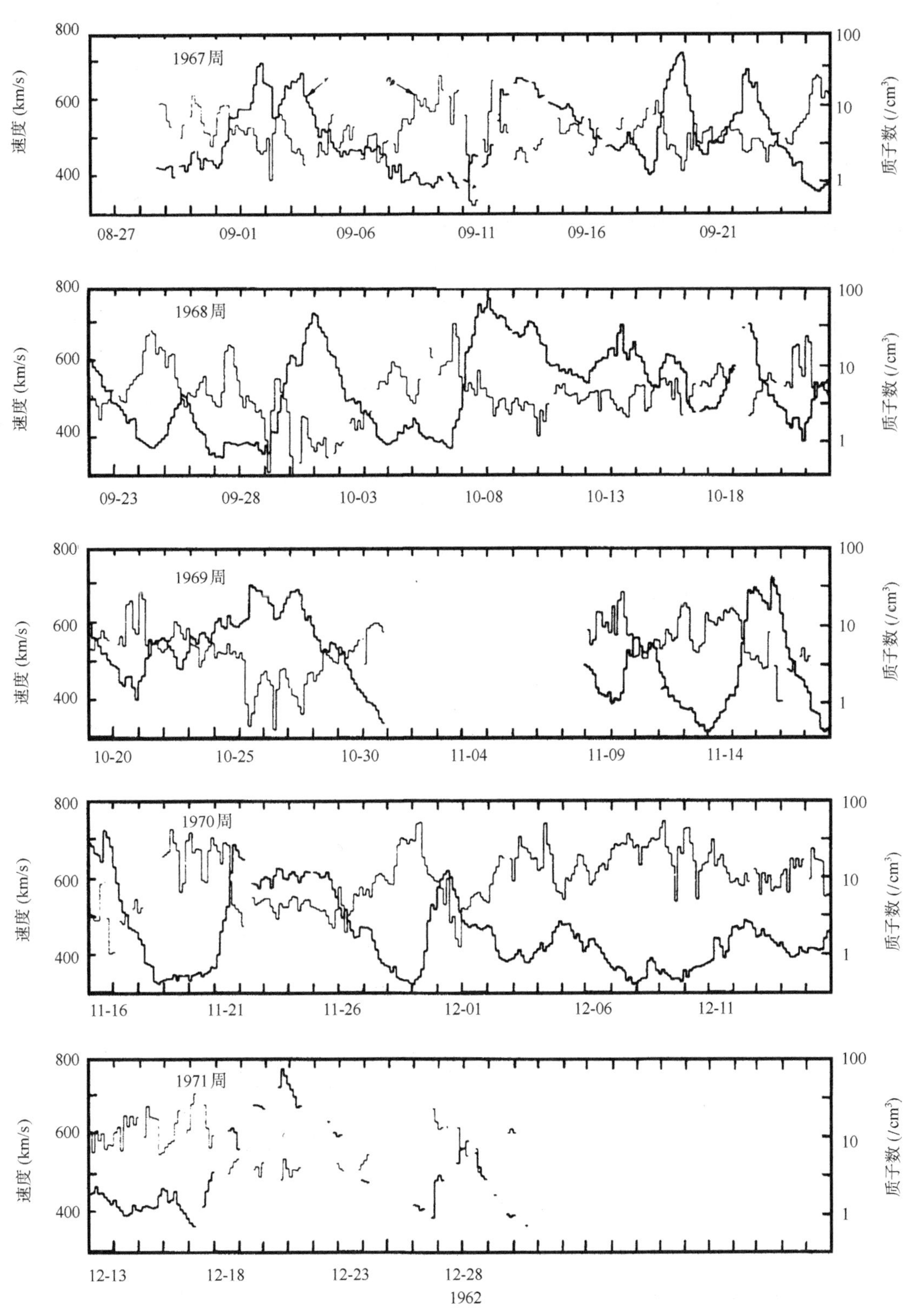

图 2.17　Mariner 2 飞船的太阳风数据(Neugebauer 等 1966)

粗线和细色线分别为速度和密度的 3 h 均值

2.2.2.4 行星际激波与小尺度太阳风结构

与上面介绍的大尺度扇形结构和流结构相比，太阳风中还有多种小尺度的结构，如扇形边界、流-流边界、行星际激波和磁流体波以及湍动等。其中，等离子体波和太阳风湍动这类小时间尺度以及更小时间尺度或空间尺度的结构，由于产生的空间天气效应和灾难至少目前看来并不明显，这里不予介绍。而行星际激波是太阳风中的主要瞬变现象，是行星际天气的重要内容，与行星际介质中的许多大尺度现象有关，行星际激波的两个著名起因是：流-流相互作用和日冕物质抛射。

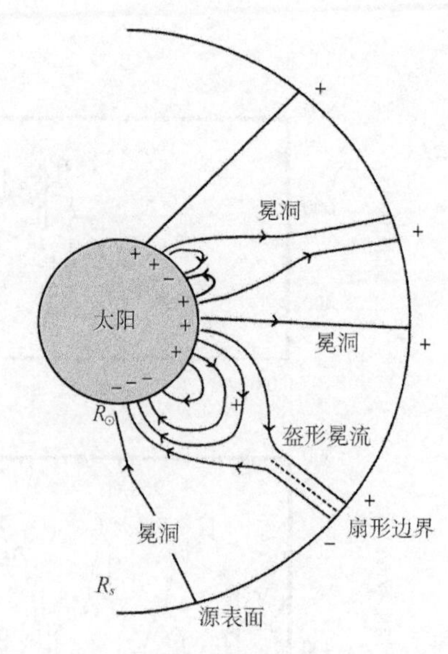

图 2.18　源表面内日冕磁场位型示意图

(Cravens 1997)

流流相互作用：快速太阳风等离子体（来自冕洞）在传播时会追赶上慢速太阳风流，在快速流和慢速流两个区域之间会形成一个光滑的界面，即相互作用区。随着这个相互作用区远离太阳向外的传播，界面处的密度梯度会变陡，从而形成激波。在相互作用区形成的激波有两个：一个前向激波和一个后向激波（图 2.21）。前向激波相对于它前面的背景太阳风（慢速流）而言，是向外传播的，而后向激波相对于它前面的背

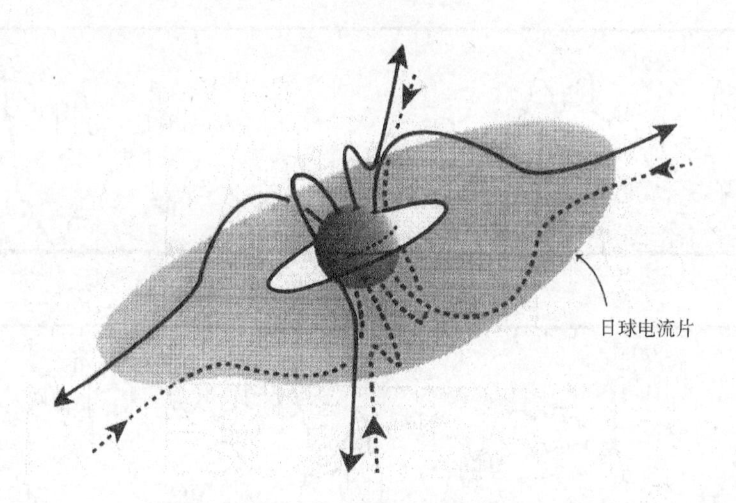

图 2.19　简单情形下太阳磁场示意图

显示了倾斜磁偶极子和日球电流片(Cravens 1997)

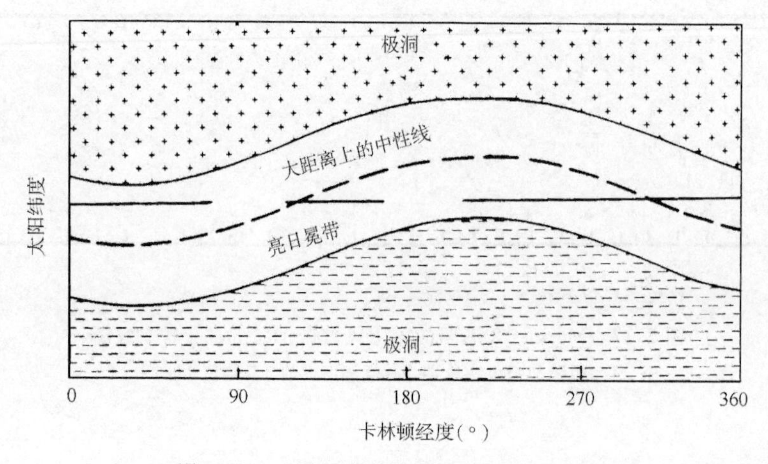

图 2.20　日冕 X 射线亮度(Hundhausen 1977)

景太阳风(高速流)是向内传播的。在两个激波之间的相互作用区里的密度被压缩增强。对于远距离上的与太阳一起共转的观察者而言,理想的相互作用区将出现,所以在共转坐标系中相互作用区是静止不动的。这也就是为什么把这一现象又叫做共转相互作用区(CIR)的缘故。可以想见,在非常大的日心距离上,由于行星际磁场旋转角很大,CIR 看起来就像是以太阳为中心的同心圆。在距离太阳 10 AU 以外,主要观测到的就是共转激波以及与其伴随的激波压缩区。

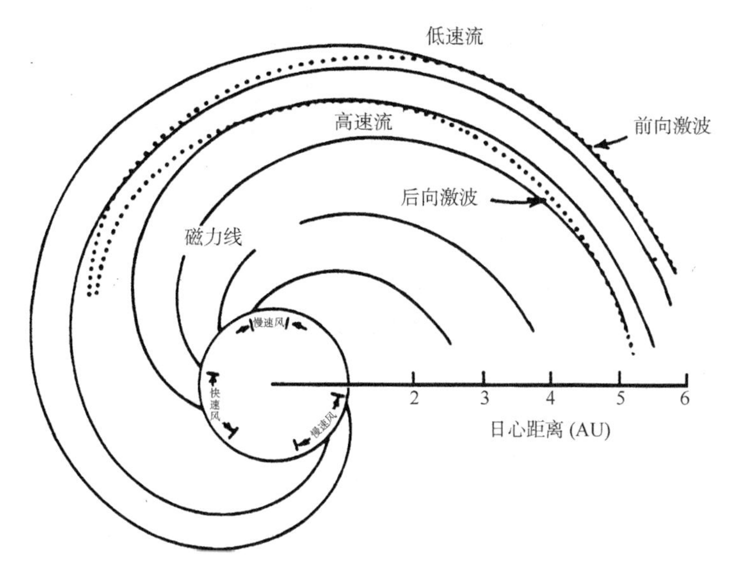

图 2.21　流-流相互作用区(CIR)示意图 (Fisk 1982)

与 CIR 相关的行星际激波(共转激波):激波前太阳风速度约 390 km/s(慢速流),激波后太阳风速度为 470 km/s。在太阳坐标系中激波以 500 km/s 的速度运行,相对于其传播的背景介质运行速度为 110 km/s。背景介质的磁声速约为 50 km/s,磁声马赫数 $M_{MS}\approx 2.2$。对于激波而言,气流速度是超声速超磁声速的(所以激波才会存在)。太阳风上游的地球弓激波马赫数大于 5(见 2.4 节),显然弓激波远强于行星际激波。尽管如此,由于行星际激波的横向尺度很大,太阳风中一次又不只是一个激波,激波的粒子加速效应对空间天气和环境的影响还是很重要的。

日冕物质抛射(CME):在 2.1 节中已经提到,太阳上大的日珥或盔形冕旒有时会变得不稳定,将能量转换成大块日冕气体的整体加速,即日冕物质抛射(CME)。CME 常常发生在太阳冕洞区域附近。这类抛射活动会以每秒数百千米的速度将数十亿吨、温度高达百万 K 的气体抛射到行星际空间(图 2.22)。在太阳活动极小时期,喷流射线常常在太阳低纬度区域发生。

尽管人类观测到太阳日冕已有数千年的历史,但 CME 的存在直到空间时代才被人们所认识。第一次清楚地观测到 CME 的是 1971 年的 OGO—7 飞船。目前,正在服役的 SOHO 飞船上的 LASCO 日冕仪已经观测到大量的 CME。

CME 常常伴随着太阳耀斑和日珥喷发,但也会单独出现。太阳活动高年比低年有更多的 CME 事件发生,平均来说每天的事件数目可从 0.5 增加到 2.5。有些 CME 伴随的行星际扰动由 CME 前面的太阳风等离子体和行星际磁场堆积所造成。在行星际传播的 CME,常常被称为行星际 CME,简称 ICME。CME 传播时会扰动太阳风流,撞击地球后引起地球地磁环境的变化,严重时会带来灾难性的后果(见第 6 章)。目前,CME 已经被认为是产生大地磁暴的主因,在空间天气研究和预报中占有重要地位。

CME 的磁结构通常是很复杂的。图 2.23 显示的是磁云状 CME 的示意图。CME 通常也伴有激波(瞬变激波),是由 CME 驱动的高速等离子体与背景太阳风相互作用形成的,是在距离太阳 1 AU 以内观测到的主要激波种类,它可以产生粒子加速。

太阳高年期间 CME 的频繁爆发,可能造成复杂的行星际结构,限于篇幅,本书不再介绍。

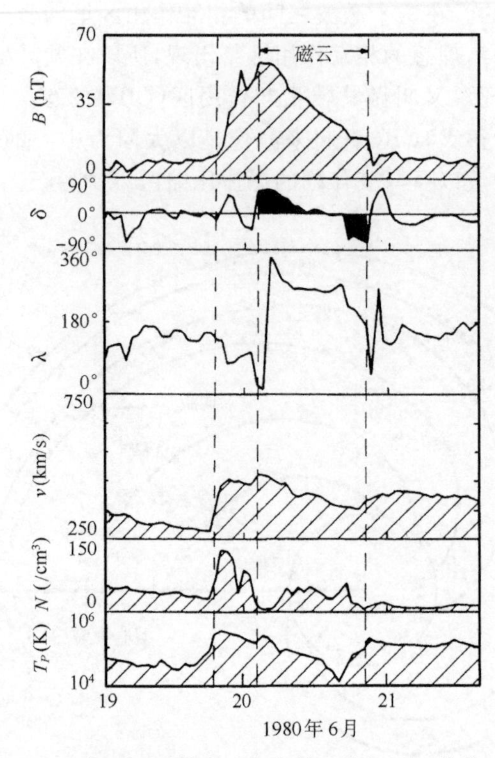

图 2.22 Helios 1 飞船观测到的磁云和它前面的行星际激波(Burlaga 等 1982)。
δ 为太阳风磁场方向与坐标系 z 轴的夹角，λ 为太阳风磁场方向在坐标系 xy 平面投影与 x 轴夹角，
v 为太阳风速度，N 为太阳风数密度，T_p 为太阳风质子温度

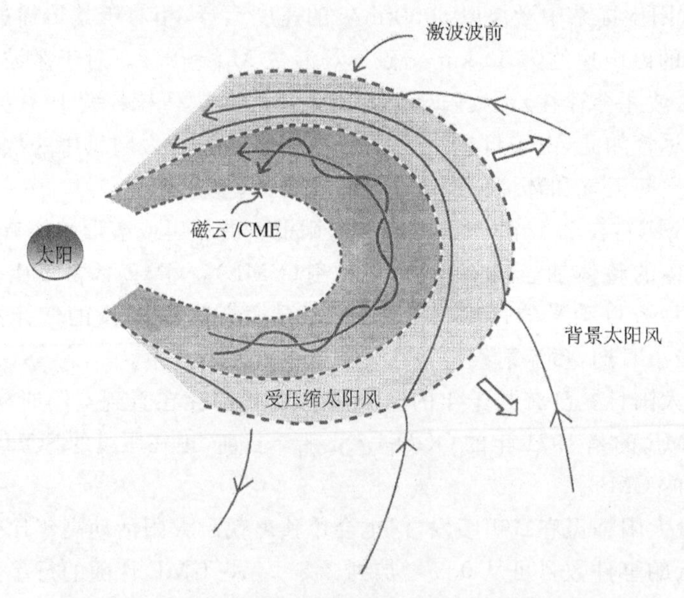

图 2.23 磁云状 CME 内部结构示意图(Burlaga 等 1991)

2.2.3 宇宙线

宇宙线(CR)是能够到达地球的很高能量的粒子辐射，而不是真正的射线。它们源自空间，有几个不同的源，如太阳、其他恒星和其他体，如超新星、中子星、黑洞、射电星系等。宇宙线粒子以接近光速的速度从各个方向向地球袭来，所观测到的能量最高的粒子大约有 20 J 的动能。宇宙线通常是指源自太阳系以外遍布于银河系的银河宇宙线(GCR)，但现在这个词也包括了空间的其他高能粒子，即源自太阳耀斑的太阳宇宙线(SCR，或太阳高能粒子 SEP)和源自日球层顶以外的星际空间的异常宇宙线

(ACR)。

地球大气保护着人类免受这些高能量粒子的伤害。当宇宙线进入大气层,它将与大气中的粒子(通常是氮或氧分子)发生碰撞或与这些分子相互作用,进而影响地球环境。宇宙线在近地空间产生与辐射带同样有害的效应,还可以影响极区的电波通信,所以宇宙线也是空间天气研究和业务的一个重要组成部分。

宇宙线几乎包含了元素周期表中的所有元素,但大约89%为质子,10%为氦,1%为重元素(如Li和Fe核等)。电子约占银河宇宙线组成的1%。

宇宙线的能量通常用MeV或GeV度量。多数银河宇宙线能量在100 MeV(相当于43%的光速)～10 GeV(相当于99.6%的光速)之间。宇宙线如何加速到所观测的能量,特别是超高能范围,仍是一个没有解决的课题。关于这一问题,目前比较受重视的有两种机制:一种是Enrico Fermi在1991提出的费米加速;另一种是Hans Alfven提出的磁泵理论(magnetic pumping)。本书就不赘述了。

2.2.3.1 银河宇宙线

银河宇宙线(GCR)是最典型的宇宙线,也是到达地球的最高能量的粒子辐射。能量大于1 GeV的银河宇宙线质子穿越日球层到达地球时几乎不损失什么能量。在太阳系中GCR的流量受太阳活动的调制,GCR强度与太阳活动反相关,即在太阳活动高年,黑子数多时,地球的GCR强度反而低。GCR与其中一个辐射带的形成有关,详见2.4.4节。

2.2.3.2 太阳宇宙线

太阳宇宙线(SCR)也叫太阳高能粒子(SEP),大多源自太阳耀斑。日冕物质抛射和行星际介质中的激波也可以产生高能粒子。太阳宇宙线粒子的能量可达几百MeV/核子,有时甚至达几个GeV/核子。其成分与银河宇宙线相似:多为质子(90%以上),大约10%氦和不到1%的重元素(所以通常把它也称为太阳质子事件)。在强耀斑期间,地球轨道处宇宙线的能流可以在几小时或几天之间增加几百倍,导致SEP事件。观测到的太阳宇宙线常常与大的耀斑相联系,用于监测宇宙线的探测器有时会看到与太阳爆发相关的辐射强度的突然增加。随着加速过程结束以及被加速离子在行星际空间的色散,宇宙线强度返回到正常水平。太阳宇宙线可能会导致极盖吸收(PCA)事件。

SEP的强度单位用pfu表示。1 pfu=1个质子/(cm^2·s·sr)。目前国际上公认的太阳质子事件确认标准:能量大于10 MeV的质子在连续15 min以上的时间内数目超过10 pfu。

太阳质子事件与太阳活动周有着很好的相关。在太阳活动低年,太阳质子事件个数要少一些,有时候一年都没有;在太阳活动高年,太阳质子事件个数要多一些。第23太阳活动周太阳质子事件统计表明,1996和2007年没有太阳质子事件发生,而在太阳活动高年2000—2003年太阳质子事件个数就要多一些。

在太阳质子事件期间,高能质子瞬时最大强度可超过正常银河宇宙线三四个量级;每平方厘米接收到的能量大于30 MeV,粒子数达到10^9个。太阳质子事件是引起日地系统扰动的极重要的源,能造成近地空间的灾害性空间天气,是空间天气(特别是军事)保障的重要内容。

按形成机理,太阳质子事件可分为缓变型和脉冲型两类。按照质子能量大小,太阳质子事件可分为两类:能量大于500 MeV的称为相对论性事件;小于500 MeV的称为非相对论性事件。

太阳质子事件的强度分级依据是由同步轨道上粒子探测器获取的质子能量。按照质子流量的峰值大小,太阳质子事件分为弱太阳质子事件、中等太阳质子事件和强太阳质子事件。质子流量峰值小于100/(cm^2·s·sr)的称为弱事件,大于1000/(cm^2·s·sr)的称为强事件,介于二者之间的称为中等事件。

2.2.3.3 异常宇宙线

除上述宇宙线之外,还有异常宇宙线(ACR),它由星际空间的中性原子产生。异常宇宙线与其他宇宙线的不同之处在于其成分。在银河宇宙线和太阳宇宙线中,质子远比氦多,而氧和碳差不多;在异常宇宙线中,氦多于质子,氧远多于碳。

2.3 地磁场

地磁场是人类生存不可缺少的环境条件之一。地磁场包围在地球周围，像一道天然的屏障，保护着地球上的生命，使其免受高温、高速太阳风的威胁和宇宙高能粒子的轰击。地磁场伴随着地球的形成和演变过程，地球上的生命，包括人类在内，是在地磁场的环境中产生和进化的。地磁场的主要部分起源于地核，它穿过近 3000 km 厚的地幔和地壳到达地表，并远远地扩展到太空，从而把地球内部的信息携带出来，为人类认识无法到达的地球深部提供了有效的途径。地磁场的另一部分是由地壳岩石磁性产生的，它使人类有了一种强有力的探矿手段。地磁场中还有一小部分起源于地球周围空间的电流体系，所以地磁场也是地球空间环境探测和空间天气预报的重要内容。

2.3.1 地磁场的基本形态与演化

地磁场包括基本磁场和变化磁场两个部分，它们在成因上完全不同。地球的基本磁场是地磁场的主要部分，起源于地球内部，并且变化非常缓慢，这种缓慢的变化称为地磁场的长期变化。地球的变化磁场是指地磁场的各种短期变化，主要起源于地球外部。

2.3.1.1 地磁场单位及地磁要素

地磁场由空间中任意一点的磁场大小和方向来描述。磁场方向通常需要用两个方向参数（如地磁经度和地磁纬度）来描述；磁场大小则通常用三个相互垂直或者相互独立的分量来确定。角度的通用单位是度、分、秒；磁场大小的国际制单位是 Tesla（特斯拉），简称 T（特），用以表征磁通量密度。考虑到自然界中各处的磁场强度远小于 1 T，因此，在空间物理中 nT（纳特，$1\ \mathrm{nT}=10^{-9}\ \mathrm{T}=10^{-5}\ \mathrm{Gs}$）成为最广泛使用的磁场强度单位。

在描述地磁场时，一些常用的磁场角度和强度分量如图 2.24 所示。其中，F 为地磁场总强度，H 为水平强度，Z 为垂直强度，X 和 Y 分别为 H 的南、北向和东、西向分量，D 和 I 分别为磁偏角和磁倾角。F,H,X,Y,Z,D 和 I 统称为地磁要素。常用的地磁要素组合有 (H,D,Z)，(F,I,D) 和 (X,Y,Z)。

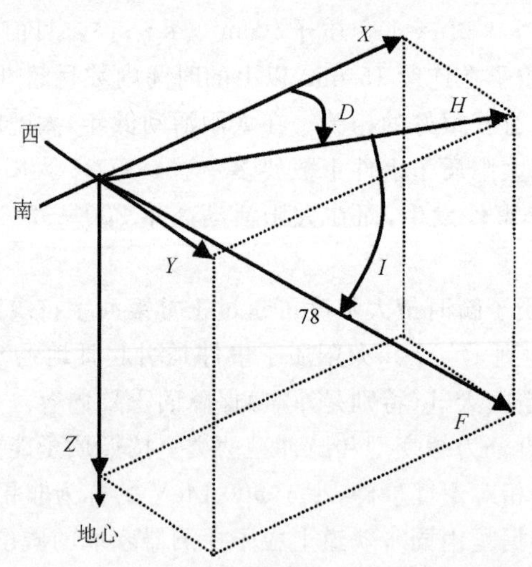

图 2.24　常用的磁场角度、强度分量示意图

2.3.1.2 地球主磁场及其起源理论

地球的基本磁场可分为偶极子磁场、非偶极子磁场和地磁异常几部分。偶极子磁场是地磁场的基本成分，其强度约占地磁场总强度的 90%，产生于地球液态外核内的电磁流体力学过程，即自激发电机效应；非偶极子磁场的场源是由地球的液态外核边界的湍流所产生的自激发电机效应，非偶极子磁场主要分布在亚洲东部、非洲西部、南大西洋和南印度洋等地域，平均强度约占地磁场的 10%；地磁异常又

分为区域异常和局部异常，与岩石和矿体的分布有关。当我们考虑地磁场的物理描述时，能量守恒往往是问题的有效切入点。磁场的任何改变都反映了能量流入或者流出磁场。关于地磁场起源的假说或理论大致可以分为五类：磁化理论、感应理论、电流理论、波动理论和发电机理论。所有地磁场起源理论都试图解释地磁场时空结构特征以及形成这些特征的物理机制，但其侧重点各不相同。下面对地磁场起源学说中最有希望的理论——发电机理论进行简单的介绍。

1919 年拉莫尔首次提出天体磁场起源的发电机假说，他在《像太阳这样的旋转天体怎样成为磁体?》一文中写道："太阳表面发生的现象显示，在太阳内部(主要在子午面内)存在着残余的环流。这种内部运动将因感应而产生电场，电场又作用于运动介质。如果环绕太阳轴的一个导电回路是连通的，则有电流绕太阳轴流动，此电流将使原磁场增强。于是，太阳内部环流运动就以自激发电机的方式，通过消耗内部环流运动的能量，维持一个永久磁场。"拉莫尔的思想也同样适用于导电流体的地球外核。

是否天体内部流体的任何运动都可以维持永久磁场？回答是否定的。1934 年柯林从理论上证明，轴对称磁场不可能由轴对称运动所维持，因而，他认为拉莫尔的设想是错误的。柯林的理论被称作"反发电机定理"。"反发电机定理"的证明引发了寻找更普遍的反发电机定理的热潮，直到 1970 年，奇尔德莱斯和罗伯茨证明不存在普遍的反发电机定理，这一热潮才停止。

对发电机理论的重要数学贡献最先是由埃尔萨赛(1946)和布拉德(1949)完成的。他们没有采用依赖于导线、刚性圆盘等部件的"单相发电机"方法，而是使用磁流体发电机理论来建立地核中的"自持发电机"模型，从而奠定了地球发电机理论的数学基础。

1942 年阿尔文证明，开尔文-赫姆霍兹定理适用于完全导电流体，通过随流体运动的闭合回线的磁通量保持不变。这个"冻结磁场"概念在地球发电机理论中起着核心作用。随着物理学、数学和计算机技术的发展，地球发电机理论和数值模拟研究迅速发展，成为地磁场起源学说中最有希望的理论。

2.3.1.3　主磁场的数学描述

地磁场研究中存在一个重要的问题——能不能找到一个适当的数学表达式把地磁要素的地面分布表示成地理坐标的函数。解决这一问题对磁场分布可以给出精确的、定量的表达形式。当一个区域内没有电流流动时，磁场有标量位存在，它满足 Laplace 方程。且在球坐标系中，Laplace 方程可以写成球谐级数的形式。建立主磁场模型所依据的地磁测量，大多是在地面和近地表的低层大气中进行的，我们可以合理地假定，这一空间范围是无磁性和绝缘的。1839 年高斯提出了地磁场的球谐分析方法，在球坐标系中得到主磁场标量位 $U(r,\theta,\lambda,t)$ 所满足的 Laplace 方程：

$$\nabla^2 U(r,\theta,\lambda,t) = \frac{1}{r^2}\frac{\partial}{\partial r}\left(r^2\frac{\partial U}{\partial r}\right)+\frac{1}{r^2\sin\theta}\frac{\partial}{\partial\theta}\left(\sin\theta\frac{\partial U}{\partial\theta}\right)+\frac{1}{r^2\sin^2\theta}\frac{\partial U^2}{\partial\lambda^2}=0 \tag{2.3}$$

式中，r 是地心距，θ 是地理余纬，$\theta=90^\circ-\phi$，ϕ 是地理纬度，λ 是地理经度，t 是时间。主磁场的磁感应矢量 $\boldsymbol{B}(r,\theta,\lambda,t)$ 可以表示为标量磁位的负导数：

$$\boldsymbol{B} = -\nabla U \tag{2.4}$$

对于起源于地球内部的主磁场，Laplace 方程的解可以写为球谐函数的形式：

$$U = a\sum_{n=1}^{\infty}\sum_{m=0}^{n}\left(\frac{a}{r}\right)^{n+1}(g_n^m\cos m\lambda + h_n^m\sin m\lambda)P_n^m(\theta) \tag{2.5}$$

式(2.5)中，g_n^m 和 h_n^m 叫做高斯系数或球谐系数，n 和 m 分别为球谐函数的阶和次。对式(2.5)球谐级数取不同的截断水平，即相当于对主磁场做不同近似程度的描述，于是也就产生了不同的地磁模型。适用于近地区域的有地心共轴偶极子模型、地心倾斜偶极子模型、偏心偶极子模型等；适用于描述磁层磁场的有 Mead-Williams，Cheo-Beard 和 Tsykanenko 等模型。与不同地磁模型对应的是不同的地磁坐标系，如地心偶极坐标系、偏心坐标系、倾角坐标系、B-L 坐标系及 GSM 和 GSE 等磁场坐标系。

2.3.1.4　国际参考地磁场

表示地球主磁场的国际标准叫做"国际参考地磁场(International Geomagnetic Reference Field，简称 IGRF)”它以球谐级数的形式表达,通常取最大的 $n,m=10$,共 120 个球谐级数。地磁和高空物理协会(IAGA)每 5 年根据地磁场的测量数据,给出一组以高斯系数表示基本磁场的模式。国际参考地磁场在科研、生产、通信、航天等领域有着广泛的用途,它更是陆地、海洋和航空磁测的基础。应该指出的是,由于观测资料以及分析方法有限,国际参考地磁场存在一定的误差,使用的时候需要特别注意。

2.3.1.5 主磁场的长期变化

早在 16 世纪,人们就注意到伦敦磁偏角经历着缓慢的变化。地球主磁场的强度和分布图案的缓慢变化叫做长期变化,其时间尺度为若干年。主磁场长期变化的时间特征可以由长期变化时间谱看出。主磁场长期变化显示出某些优势周期,在时间谱上表现为若干个峰值。11 年太阳活动周所引起的地磁场变化不属于主磁场的长期变化。13 年以上的变化主要有 58,450,600,1800,8000 和10 000年等周期变化。非偶极子场长期变化的尺度为世纪量级,而偶极子场的时间尺度为千年量级或者更长。主磁场长期变化的空间特征可以从等变图(地磁场年变率的等值线图)清楚地看出来。图 2.25 和图 2.26 所示为 2005 年的等变图,可以看出地磁场长期变化的空间分布有如下特征:

(1)尽管在地磁场中,偶极子成分远大于其他高阶项,但是在长期变化中,非偶极子部分的相对变化率比偶极子大得多。

(2)在等变图中,有若干个变化率最大的区域,叫做等变线焦点,这些焦点以每年零点几度的速度向西漂移。

(3)太平洋半球的长期变化比其他地区小,而且没有明显的等变线焦点。

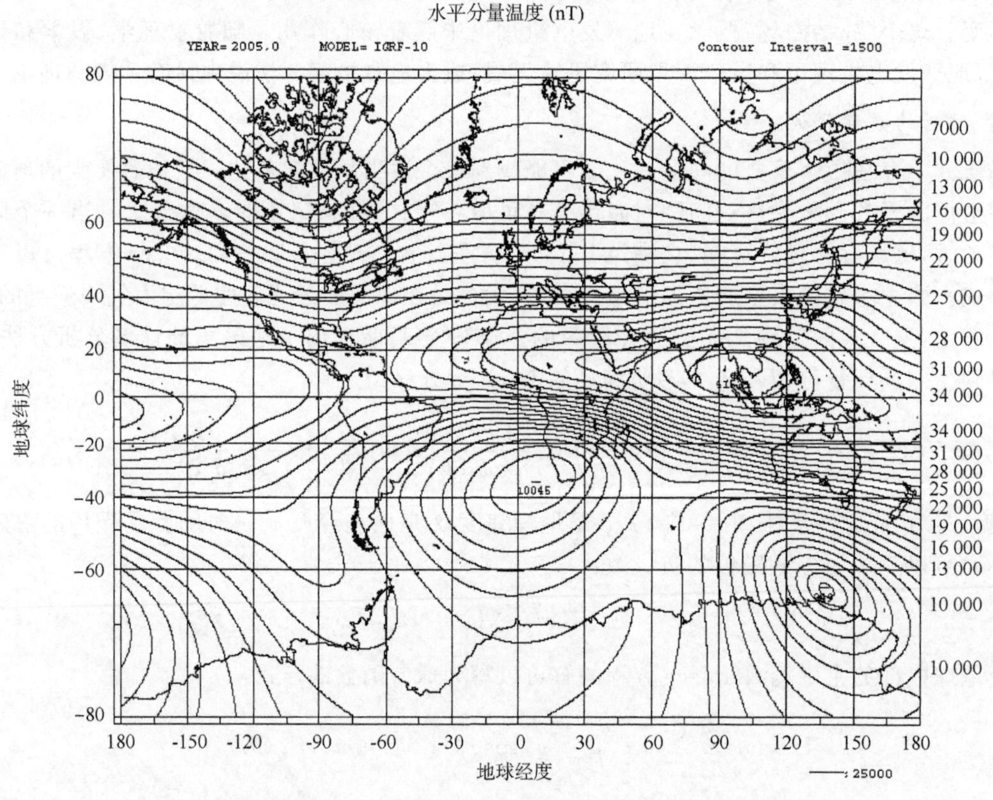

图 2.25 IGRF—10 模式下 2005 年全球地磁水平分量等值图(单位:nT)

(数据来源:http://swdcwww.kugi.kyoto-u.ac.jp/igrf/index.html)

2.3.1.6 主磁场的西向漂移

西向漂移是主磁场长期变化最重要的特征之一,也是地磁学中研究最早的一个课题。早在 1683 年,哈雷分析了当时能够收集到的地磁场测量资料,发现地磁场有一个整体西移的趋势,西移的速度平均约每年 0.5°,这就是吸引地磁学家研究了 300 多年的地磁场西向漂移现象。随着观测数据的迅速增

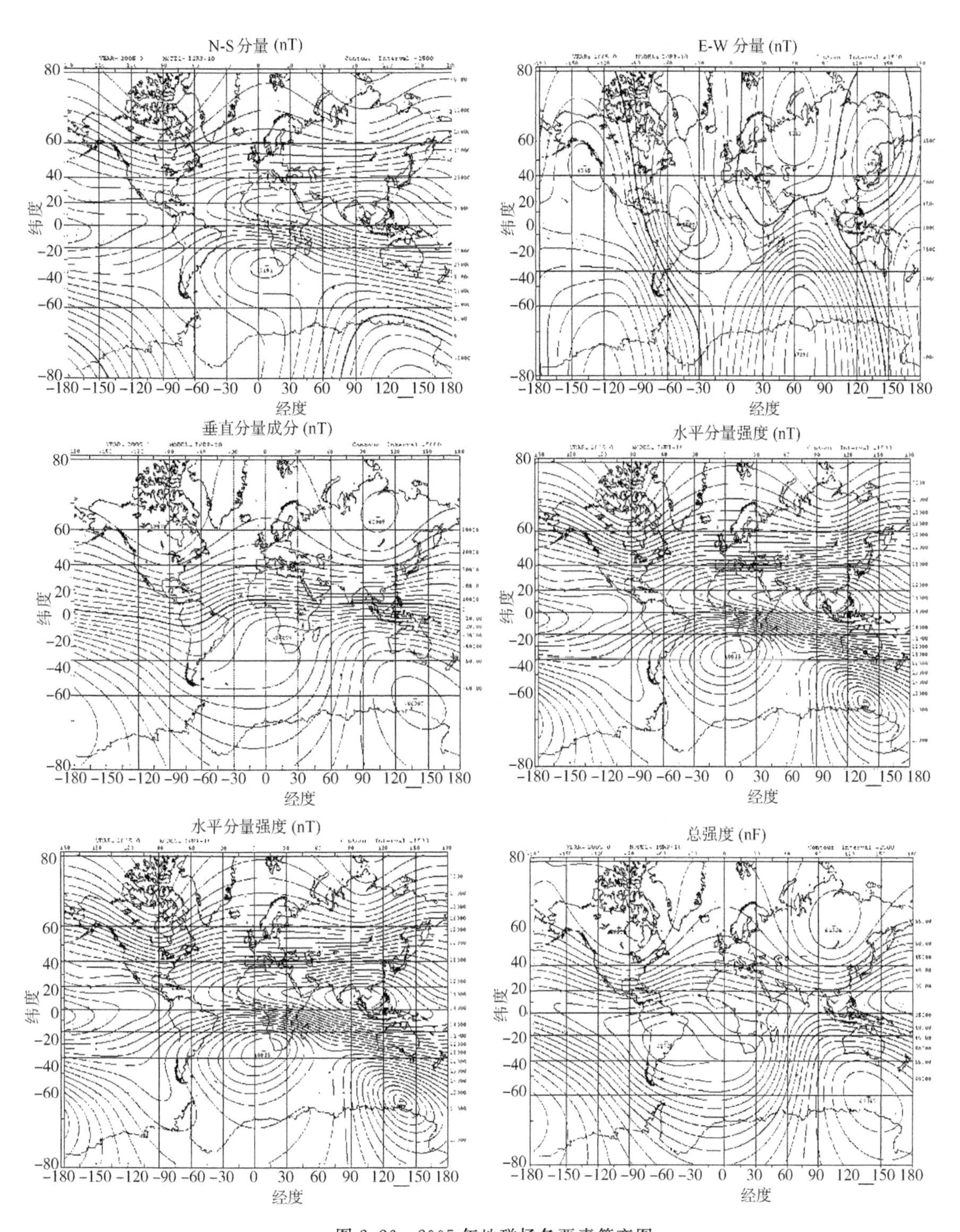

图 2.26　2005 年地磁场各要素等变图

(图片来源：http://swdcwww.kugi.kyoto－u.ac.jp/igrf/index.html)

加，地磁场西向漂移的事实被更确切的肯定下来，分析不同时期和不同地区的资料，发现了西向漂移的地区差异和时间演化。1893 年高斯把球谐分析法引入地磁场分析，指出地磁场主要起源于地球内部，其中偶极子磁场占主导地位，其余非偶极子部分描述了东亚、印度洋、大西洋等几块大尺度磁异常。1896 年卡尔海姆斯-吉林斯科尔德分析了地磁场球谐系数的变化，得到了地磁场西向漂移在球谐系数中的表现，并认为长期变化的大部分都是由西向漂移引起的。概括来讲，地磁场西向漂移主要有以下特征：

(1)全球磁场西向漂移的平均速度约为 0.2°/a。

(2)西向漂移不是全球一致的现象,不同地区西向漂移的速率存在很大的差别,最明显的西向漂移发生在大西洋、欧洲和美国,而东太平洋、西亚、加拿大、澳大利亚和南极洲西向漂移很慢。

(3)西向漂移的速率随时间变化,不同地区西向漂移速率的变化没有明显的相关性。

(4)西向漂移主要发生在地磁场非偶极子部分,正是几块大尺度磁异常的西向漂移构成了地磁场西向漂移的宏观表象。

(5)西向漂移不仅发生在主磁场中,也发生在主磁场的长期变化中。

2.3.2 地磁场扰动

地球变化磁场是指随时间变化较快的那部分地磁场,主要是由固体地球之外的空间电流体系所引起的,所以变化磁场通常又称为外源磁场。就全球平均来说,内源场占地球总磁场的99%,外源磁场仅占1%。然而,正是这1%的外源磁场对磁层空间天气的影响巨大。为了描述和研究的方便,一般按照形态特征,把变化磁场分为平静变化和扰动变化两大类:主要的平静变化有太阳静日变化(简称 S_q)和太阴日变化(简称 L),它们都是周期性变化。前者以 24 h 为周期,后者的周期约为 25 h。与周期性平静变化形成鲜明对比的是扰动变化,它们的主要特点是出现时间不规则,变化形态复杂,缺乏长期连续性。其中磁暴是最重要的一种扰动类型。在太阳活动低年,磁暴,特别是强烈磁暴很少出现。但在太阳活动高年,磁暴频繁发生,而且强度很大,变化剧烈。

地磁亚暴是另一种重要的扰动变化,它主要表现在极区和高纬度地区。亚暴通常持续几十分钟到一两个小时,有时一个接一个连续发生,有时孤立发生。亚暴的发生与日冕物质抛射和耀斑爆发等太阳活动过程有着密切的关系。

“钩扰”是偶尔能够观测到的一种扰动类型,出现的范围限于中低纬度白天一侧。形态规则呈“钩”状,幅度一般也不大。

比上述磁扰周期更短的是地磁脉动,这是经常出现的一种地磁扰动,幅度不大,周期范围很宽。在常规地磁台站只能看到长周期脉动,而短周期脉动要用快速记录才可得到。根据形态特征,脉动可以分为持续性脉动和不规则脉动两大类。

2.3.2.1 平静太阳日变化

地磁平静日的太阳周期变化叫做太阳静日变化(记作 S_q),这是最重要的地磁场平静变化类型。在中低纬度地区的磁照图上,只要没有磁暴,S_q 总是最主要的变化成分。为了从各种干扰中提取出 S_q,通常选择每月最平静的 5 d 磁记录,用时序叠加法计算该月的平均 S_q。在高纬度地区,则要选择特别平静的日子,才能得到较好的结果。

对比分析不同时段全球地磁台站 S_q 的变化,可以归纳出 S_q 场的主要特点:

(1)S_q 场基本取决于纬度和地方时两个坐标。

(2)S_q 场主要是白天现象,即磁场变化白天大而快速,夜间小而平缓。

(3)S_q 有明显的季节性变化,表现出夏季大、冬季小的特点。

(4)S_q 的变化幅度与太阳 11 年周期有一定关系。

(5)S_q 场的不同分量关于地磁赤道呈对称或者反对称分布。

(6)极区和高纬度地区的 S_q 表现出特有的时空特点,表明它的起源与中低纬度 S_q 的起源不同。

2.3.2.2 太阴日变化

太阴日变化以半个太阴日(地球相对于月球自转一周所需要的时间)为主要周期,其依赖于地方太阴时的变化。太阴日变化的一个突出特点是变化形态与朔、上弦、望、下弦这种月相变化相关,而一个朔望月的平均形态却具有很规则的正弦形。太阴日变化很弱,最大振幅是:磁偏角约为 40″,水平强度和垂直强度约为 1～2 nT。太阴日变化亦具有季节变化和依赖磁纬度而呈现规律性分布等特征。

2.3.2.3　磁暴

磁暴是一种剧烈的全球性的地磁扰动现象，是最重要的一种磁扰变化类型。从 1722 年格雷厄姆第一次观测到磁暴变化至今，磁暴一直是地球物理学界热烈讨论的课题，也是地磁和空间物理学中最富挑战性的课题之一。这不仅因为磁暴对全球地磁场形态有重大影响，而且因为磁暴是日地能量耦合链中最重要的环节。此外，由于磁暴对通信系统、电力系统、输油管道、空间飞行器等有严重影响，所以磁暴研究和预报也有重要的实际应用价值。

磁暴发生时，所有地磁要素都发生剧烈的变化，其中水平分量变化最大，最能代表磁暴过程特点。磁暴期间 H 分量的变化在中低纬度地区表现得最为突出，所以，磁暴的大部分形态学和统计学特征是依据中低纬度 H 分量的变化得到的。磁暴在全球几乎同时开始。磁暴分为急始型磁暴和缓始型磁暴。急始型磁暴的典型标志是水平分量突然增加，呈现一种正脉冲变化，变化幅度最大可超过 50 nT，这个变化称为磁暴急始，记作 ssc 或者 sc，相应的把这种磁暴叫做急始磁暴。有时在正脉冲前面有一个小的负脉冲，这种急始磁暴记作 sc^*。缓始型磁暴起始变化表现为平缓上升，叫做缓始磁暴，记作 gc。磁暴开始之后，H 分量保持在高于暴前值的水平上起伏变化，称作初相，持续时间为几十分钟到几个小时。在此阶段，磁场值虽然高于平均值，但扰动变化不大。初相之后，磁场大幅度快速下降，几个小时到半天下降到最低值，并伴随着剧烈的起伏变化，这一个阶段称为主相。主相是磁暴的主要特点，磁暴的大小就是用主相的最低点的幅度来衡量的。磁暴主相期间，主相最低点的值从几十到几百 nT，个别大磁暴可以超过 1000 nT。主相之后，磁场水平分量逐渐恢复到暴前水平，在此期间，磁场仍有扰动起伏，但总扰动强度逐渐减弱，一般需要 2～3 d 才能完全恢复平静状态，这一阶段叫做恢复相（图 2.27）。

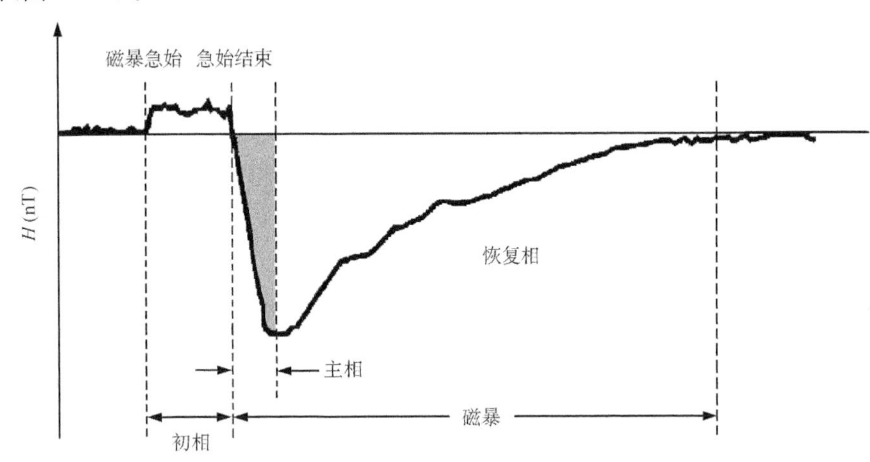

图 2.27　一次典型磁暴的 H 分量变化过程（引自 Kivelson 等 1995）

2.3.2.4　地磁亚暴

地磁亚暴是主要出现在高纬度地区的一种地磁扰动现象。亚暴期间，整个高纬度地区，特别是极光椭圆带，磁场发生剧烈扰动。磁扰的方向和大小随地点而改变，相距几百千米的两处变化相位可能完全相反，不同经纬度的扰动幅度可以从几十 nT 到几百 nT，有时可以超过 1000 nT。一次亚暴的持续时间从半小时到几个小时不等。亚暴在所有台站上几乎同时开始，但是不同台站磁扰变化的形态和幅度相差很大。于是，专门设计了一套描述亚暴变化的地磁活动指数：AU、AL，而 $AE=AU-AL$，$AO=(AU+AL)/2$，其中 AE 指数是最常使用的亚暴指数。沿极光带选择经度间隔大致均匀的若干地磁台，先从这些台站的水平分量变化中消去平静变化，然后按世界时把这些变化曲线重叠地绘在一起。水平分量扰动曲线族的上、下包络线就是 AU 和 AL，它们分别表征东、西向电集流的强度，上下包络线之差是 AE，上下包络线的平均值是 AO 指数，典型的例子如图 2.28（彩图见插页）所示。按照 AE 指数的变化，亚暴过程可分为三个阶段：增长相、膨胀相和恢复相。在增长相期间，AE 指数平缓上升，变化不太显著。在紧接着的膨胀相期间，AE 指数急剧变大，并且伴随着剧烈起伏，这是亚暴最主要的阶段。此后,扰动起伏减缓,AE 指数逐渐回落到暴前平静水平,这是亚暴的恢复相。有关亚暴的形态和触发机制,见 2.4.3 节。

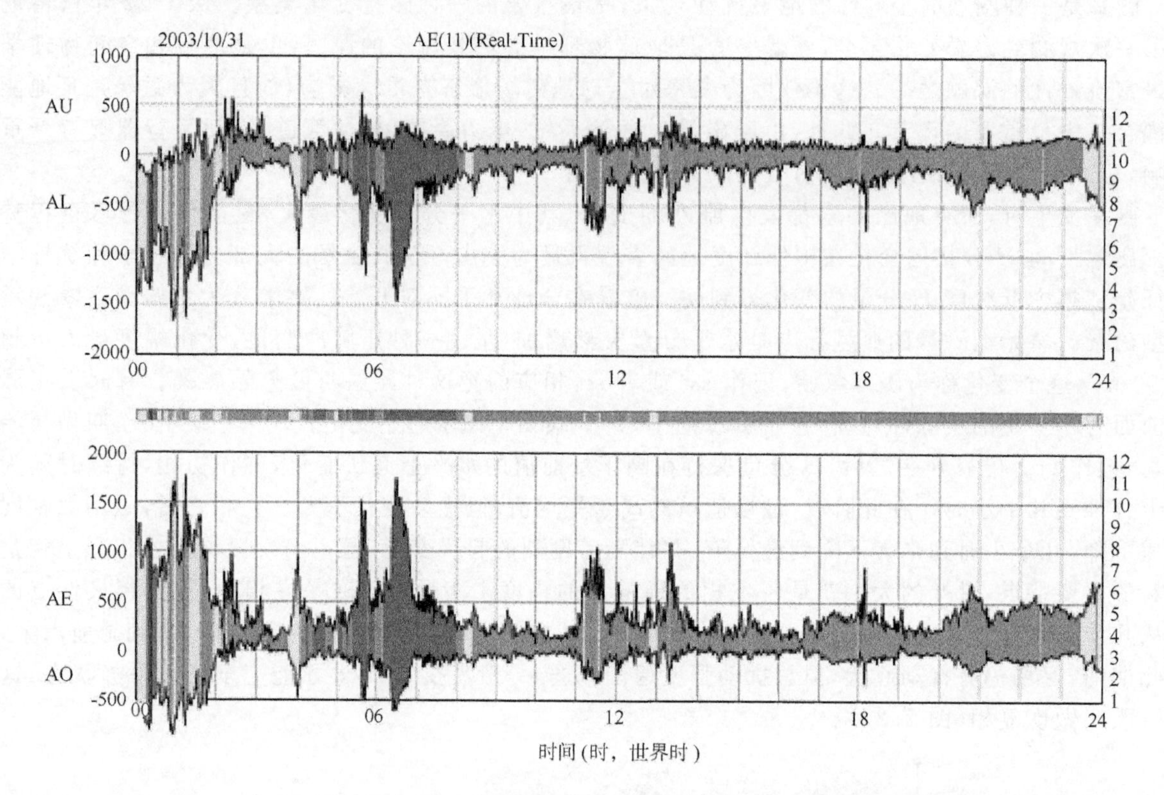

图 2.28　2003 年 10 月 31 日磁暴期间的 AE 指数(图片由东京世界地磁资料中心提供)(纵坐标单位:nT)

地磁亚暴发生时,极光活动明显加强,特别是亚暴膨胀相的开始正好对应着极光的突然增亮,而亚暴的恢复相对应着极光活动的逐渐减弱。这种极光活动增强事件又叫做极光亚暴。

2.3.2.5　地磁脉动

观察标准磁照图时会发现,即使在磁场平静的时段,地磁记录曲线也会有一些短周期的起伏变化。在快速记录中,这些起伏变化类似于一串一串的波动,这种特殊的磁扰类型叫地磁脉动。按照形态的规则性和连续性,脉动分为两大类:第一类是具有准正弦波形,且能稳定地持续一段时间的连续性脉动,用 Pc 表示;第二类是波形不太规则和持续时间较短的脉动,叫做不规则脉动,用 Pi 表示。按照周期的长短,这两类地磁脉动又各分为 6 类和 3 类(表 2.3)。Pc 型脉动的振幅和周期具有一定关系。周期越长,振幅一般越大,并且在各个周期段内振幅还具有极大值和极小值。其中,Pc1 振幅小于 0.1 nT,而 Pc6 振幅可达 500 nT 以上。在 Pi 型脉动中,Pi1 振幅一般小于 0.5 nT;Pi2 振幅平均约为 1 nT;Pi3 振幅一般为 10 nT 左右,在个别情况下也可达到 100 nT 以上。这种分类不是任意的,不仅各种脉动有着不同的时空分布特征,而且 Pi 型脉动和磁扰还具有密切关系。

表 2.3　不同类别地磁脉动的周期分类

类别	Pc 型地磁脉动的分类(时间单位:s)						Pi 型地磁脉动的分类(时间单位:s)		
	Pc1	Pc2	Pc3	Pc4	Pc5	Pc6	Pi1	Pi2	Pi3
周期	0.2～5	5～10	10～45	45～150	150～600	＞600	1～40	40～150	＞150

2.3.2.6　地磁活动指数

地磁活动指数是用来描述每一时间段内地磁扰动强度的指数或某类磁扰强度的一种物理量。时间段均按世界时划分,地磁指数可以分为两类。

第一类地磁指数(Kp 和 Ap)描述每一时间段内地磁扰动强度的指数。在中低纬度地区,扰动的强度是按地磁场水平强度的变化确定的。K 指数是单个台站三小时内地磁扰动强度的指数,称为三小时磁情指数。把一天按照世界时分为 8 个时间段每段三小时,每段都有一个 K 指数,从 0 到 10,数字越大表示地磁活动越强烈。显然各个台站有明显的地区特征,并且受季节和纬度的影响。为了得到全球的地磁活动指标,就在全球范围选了 12 个台站,首先求出每个台站的标准化指数 Ks,然后求出平均值得到 Kp,称为行星际或者国际三小时磁情指数,每天八个值。Kp 与 ap 对应关系见表 2.4,且 $Ap = \frac{1}{8}\sum ap$。

表 2.4　Kp 与 ap 的对应关系

(数据来源:http://www.ngdc.noaa.gov/stp/GEOMAG/kp_ap.html)

Kp	0_0	0_+	1_-	1_0	1_+	2_-	2_0	2_+	3_-	3_0	3_+	4_-	4_0	4_+
ap	0	2	3	4	5	6	7	9	12	15	18	22	27	32
Kp	5_-	5_0	5_+	6_-	6_0	6_+	7_-	7_0	7_+	8_-	8_0	8_+	9_-	9_0
ap	39	48	56	67	80	94	111	132	154	179	207	236	300	400

第二类地磁指数(Dst 和 AE 指数)是专门描述某类磁扰强度的指数。Dst 指数是描述磁暴时地磁变化的指数。在地磁赤道附近选取 7 个均匀分布在不同经度上的地磁台站,这些台站的每个小时内水平强度变化的平均值归一化到赤道的值就是 Dst 的数值,单位为 nT。这种指数主要是为了描述环电流扰动场的强度 AU,AL 及 AE 指数是描述极区磁亚暴强度,即描述极光带电急流强度的指数(见 2.3.2.4)。

2.4　磁层

2.4.1　磁层的基本形态

太阳风会对地球产生多方面的影响,突出的就是对地球磁场的影响。太阳风从太阳向外流动并撞击地球,而地球磁场则阻止太阳风的进入。在地球磁场的影响下,太阳风绕过地球磁场,继续向前运动,于是形成了一个被太阳风包围的、彗星状的地球磁场区域,这就是地球磁层(magnetosphere,图 2.29,彩图见插页)。地球磁层有效地阻止了太阳风长驱直入,是一道保护地球的屏障。

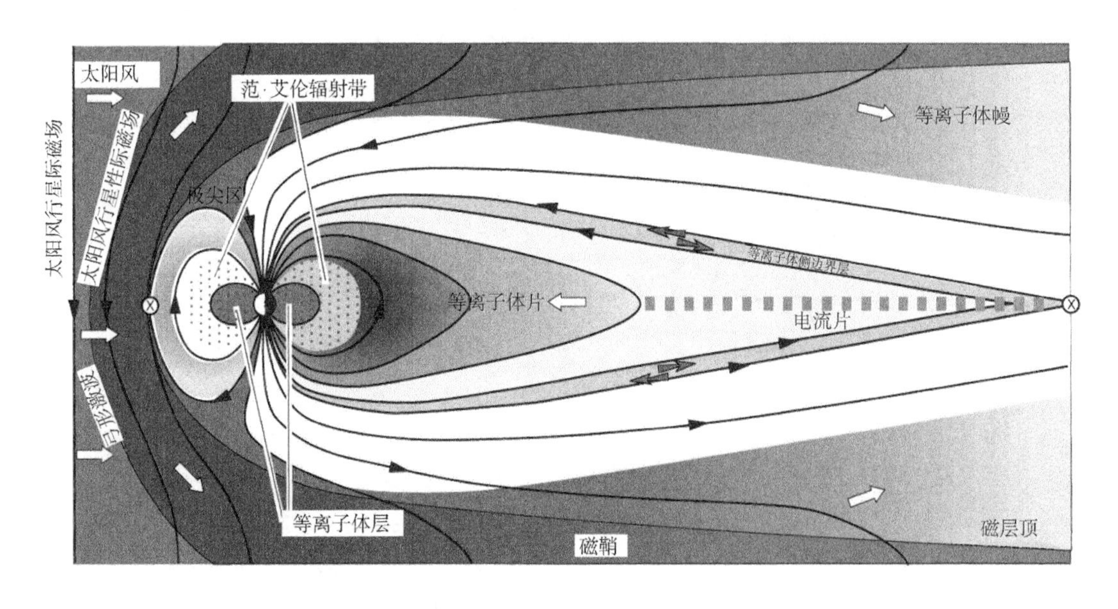

图 2.29　磁层的基本结构(源于 http://space.rice.edu/IMAGE/livefrom/sunearth.html)

地球磁层占据了地球空间绝大部分体积，它是太阳风与地球磁场相互作用形成的一个巨大的等离子体腔。磁层的基本结构分为弓激波与磁鞘、磁层顶、磁尾、内磁层。弓激波(Bow Shock)与磁鞘(magnetosheath)实际上并不是磁层本体的一部分，而是构成一个外壳将磁层嵌在其中。磁层顶(magnetopause)则是太阳风等离子体与磁层等离子体之间的边界层，控制着太阳风粒子的动量和能量输入到磁层的过程。磁尾(magnetotail)是背阳面磁层在太阳风的作用下延伸的尾状结构，其最远可达到几百个地球半径。内磁层(inner magnetosphere)与磁层其他部分的不同之处在于其具有偶极磁场结构，而且扰动相对较小。内磁层最里边的边界终止于电离层的顶部，内磁层充满来源于太阳风和电离层的等离子体。

超音速的太阳风流遇到类似行星的障碍物时就会形成激波。当行星存在很强的内禀磁场时(比如地球)，其磁层大大增加了与太阳风相互作用的截面，这样在地球附近就形成了范围很广的弓激波。弓激波和磁层顶之间的区域称为磁鞘，它在日地连线上的地心距离为 10^{-14} R_e。磁鞘等离子体来自经过弓激波加热的太阳风，平均速度由激波上游的 400 km/s 降低到约 250 km/s。密度随远离弓激波接近磁层顶而减少，但始终比磁层内高。由于行星际激波和间断面可穿过弓激波进人磁鞘，并且有很多种等离子体波可在这里激发，因而磁鞘等离子体和磁场处在不断的起伏状态中。

当行星际磁场或者说磁鞘内磁场南向时，与地磁场磁力线反向平行，磁场发生重联现象，将地磁场的磁力线与行星际磁力线连接起来，产生新的开放磁通量。沿着新的开放磁力线，粒子可以自由地进出磁层。同时，太阳风流又携带着开磁力线扫过磁层，最后堆积在磁尾，使磁尾的尺度增加，其储存的能量也相应地增加。向阳面磁层顶的磁场重联过程对整个磁层能量的累积有着很重要的作用。此外，触发向阳面磁层顶磁场重联，并不要求行星际磁场完全南向，只需要在日下点附近有足够强的南向分量。

在地球的白昼一侧，太阳风压缩地球磁场；而在地球的夜间一侧，太阳风则拉伸地球的磁场，使其向背着太阳一面的空间延伸到几百个地球半径以上，形成一条长长的尾巴，称为磁尾。磁尾存在着一个特殊的界面，在界面两边，磁力线突然改变方向，此界面称为中性片(即电流片)，它对来自太阳的带电粒子进入地磁场可能起着重要作用。

在内磁层，磁场可以近似地看做偶极子场，而且扰动较小。带电粒子被地球偶极磁场捕获，除了绕磁力线回旋运动外，还在地球南北半球镜像点之间来回弹跳。此外，在偶极磁场梯度和曲率的作用下，带电粒子还有缓慢的漂移运动，电子向东漂，质子向西漂，就形成了环电流(Ring Current)，如图 2.30 所示。磁层中的环电流是磁赤道面附近环绕地球的电流带，分布在一定纬度范围内，通常人们认为环电流南北呈对称分布，等效的环电流强度中心在赤道面上，因此又往往叫做赤道环电流。被地磁场捕获的高能粒子环绕地球形成了内外两个辐射带，又称“范·艾伦辐射带(Van Allen radiation belt)”。

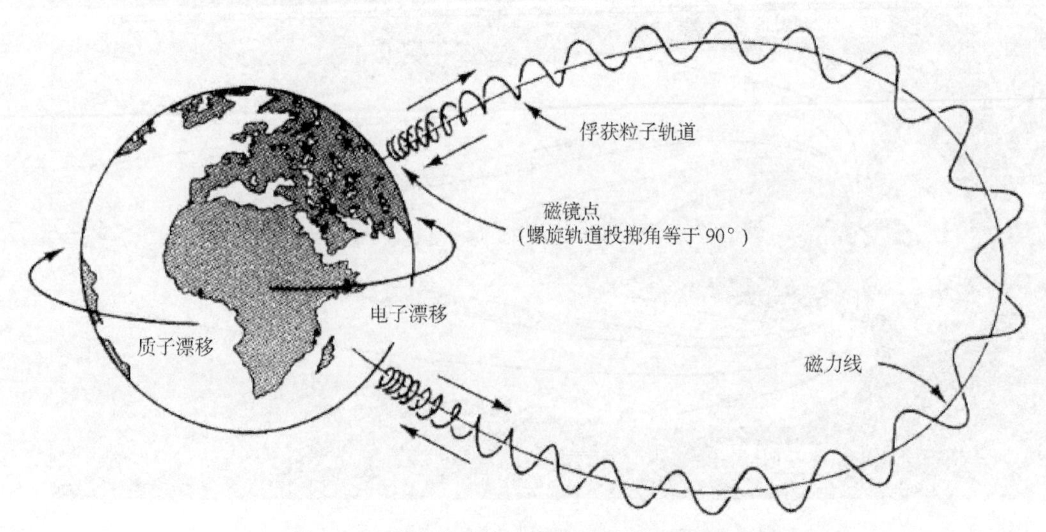

图 2.30　带电粒子的三种运动：自旋，弹跳和漂移运动

(引自涂传治等 1988)

地球等离子体层是围绕在 2～7 R_e 范围内的圆环状等离子体区域，其典型的电子密度为 10～10^4/cm^3，能量低于 1～2 eV，温度为 3000～5000 K。等离子体层的主要离子是氢离子，因此等离子体层也曾被称为质子层。等离子体层离子来源于电离层等离子体外流，并沿地球磁场线往外延伸。等离子体层外边界被称为等离子体层顶，其位置和形状根据不同的地磁活动而变化。

2.4.2　磁暴

如前所述，磁暴是指整个地球磁层发生的持续十几个小时到几十个小时的一种剧烈扰动。其主要特征是在地球的大部分地区，磁场的水平分量显著减小，然后逐渐恢复。磁暴期间，暴时变化扰动场主要是由赤道环电流引起的；此外，磁层顶电流、磁尾电流等电流体系也有一定贡献。在巴西参加国际“磁暴-亚暴关系”研讨会的空间物理学家于 1994 年联合给出了磁暴的定义：长时间的、足够强的行星际对流电场使磁层-电离层系统能量显著增加，导致环电流增强，使 *Dst* 指数超过了一些关键性的指标。

2.4.2.1　磁暴分类

为便于对磁暴进行分类统计和研究，常常按照磁暴的形态特点或者强度大小把磁暴分为不同类型。在按强度分类时，根据所用地磁指数的不同，又有不同的分类法（徐文耀 2003）。按照有无急始变化，磁暴可分为急始磁暴和缓始磁暴两类。磁暴越强，对人类的影响越严重。地磁暴通常按照 *Dst* 指数可分为 4 类：

小磁暴：-50 nT$<Dst\leqslant-30$ nT；

中磁暴：-100 nT $<Dst\leqslant-50$ nT；

大磁暴：-200 nT $<Dst\leqslant-100$ nT；

特大磁暴：$Dst\leqslant-200$ nT。

2.4.2.2　磁暴的行星际起源

磁暴产生的具体物理过程仍然不很清楚。一般认为，地磁暴是由行星际磁场南向分量通过磁场重联，从而使太阳风中的能量、粒子注入磁层内部而触发的。注入的粒子形成西向环电流，使得地球表面的磁场水平分量大幅度下降；随着粒子的不断注入，环电流会增强并接近某个临界值，使注入率等于损失率，环电流增强的这个阶段就是磁暴主相；当 IMF 减弱或向北旋转时，环电流就会停止增强，并开始减弱，这时就进入磁暴的恢复相。可见，在磁暴发展过程中太阳风速度、等离子体密度、行星际磁场南向分量以及其持续时间都起着重要的作用。另一方面，影响恢复相的因素主要为电荷损失机制，包括电荷交换、库仑散射和波粒相互作用等。

地磁活动受太阳活动制约，具有 11 年周期。在太阳活动低年，地磁扰动显著减弱，大磁暴很少，大部分是由共转相互作用区（CIR）引起的中等程度的重现型地磁暴。共转磁场的南向分量具有强的波动性，磁暴主相较弱并呈现出典型的不规则性。在太阳活动高年，地磁扰动的程度显著增强，大磁暴产生较频繁，ICME（特别是磁云）和激波后的鞘区成为引起地磁暴的主要行星际源。特别值得注意的是，激波对前方南向磁场的压缩、抛射物前的磁场覆盖、多重磁云等成为特大地磁暴（$Dst\leqslant-200$ nT ）产生的主要原因（汪毓明 2003）。

磁暴观测早已成为各地磁台站的一项常规业务。在所有空间物理观测项目中，地面磁场观测最简单可行，也易于连续和持久进行，观测点可以同时覆盖全球陆地表面。因此，磁暴的地面观测是了解磁层的最基本、最有效的手段。在研究日地空间的其他现象时，往往都要参考代表磁暴活动情况的磁情指数，用以进行数据分类和相关性研究。

磁暴引起电离层暴，从而干扰短波无线电通信；磁暴有可能干扰电工、磁工设备的运行；磁暴还有可能干扰各种磁测量工作。因此某些工业和实用部门也希望得到磁暴的预报和观测资料。

2.4.3　亚暴

磁层亚暴是地球空间最重要的能量输入、耦合和耗散过程，通常认为是发生于地球磁层的一种短暂的强烈磁层扰动，持续时间大概 1～3 h，由增长相、膨胀相和恢复相组成。主要扰动区域包括整个磁尾、等离子体片和极光带附近的电离层。在磁层亚暴期间磁层形状发生变化；磁层电场驱动大尺度的磁层对流；磁层电流沿磁力线流向电离层；近磁尾带电粒子受到加速，注入辐射带和环电流区，并沉降到极区大气层产生极光；极区热层大气受到加热，电离度增高，成分变化，中性风方向改变；磁层和电离层中还产生许多电磁波和磁流体力学波。在地磁活动高年，亚暴发生非常频繁，即使在活动低年，亚暴也经常发生。亚暴发生通常是每天两个或者几个。

根据对磁尾亚暴活动的观测，一般可以把亚暴活动分为近地磁尾和远磁尾两部分。近地磁尾为< 15 R_e 的区域，中磁尾约为 15～60 R_e 区域，之外为远磁尾。

“亚暴”最先是 Akasofu 和 Chapman 用来描述磁暴期间出现的短暂的强磁扰动的。磁层亚暴和磁暴是两个既有联系又有区别的过程，磁层亚暴既可发生在磁暴期间，在一系列亚暴之后产生磁暴主相，也可发生在非磁暴期间，两者之间的关系尚有很多争议。磁层亚暴期间极区磁场随时间和空间的扰动称为“极区磁亚暴”；伴随极区磁亚暴的极光活动称为“极光亚暴”，也有人把磁层亚暴期间电离层和热层的扰动称为“电离层亚暴”和“热层亚暴”。

目前，存在两个主要的模型来描述亚暴的产生和发展过程：近地中性线模型(NENL)和近地电流中断模型(NECD)。综合这两个模型的特点，濮祖荫等提出了一个关于磁重联和电流中断的综合模型(Pu 等 1999，2001)。虽然经过了多年的研究，关于亚暴触发机制的争论仍然没有解决。

2.4.4 辐射带的形成和基本特征

地球辐射带也称为“范・艾伦辐射带”，位于地球磁层的范围，像一大一小两个汽车轮胎套在地球周围(图 2.31)。两个辐射带都是由于地球磁场俘获太阳风的带电粒子而形成的，带电粒子主要是质子和电子。辐射带分为两层，形状有点像砸开成两半的核桃壳，离地球较近的辐射带称为内辐射带，较远的称为外辐射带。辐射带从四面把地球包围起来，而在两极处留下了空隙。在内辐射带以高能质子为主，外辐射带以高能电子为主。地球上的范・艾伦辐射带是 20 世纪 50 年代到 60 年代初，由美国科学家范・艾伦(Van Allen)根据宇宙探测器“探险者”1 号，3 号和 4 号的观测而发现的。

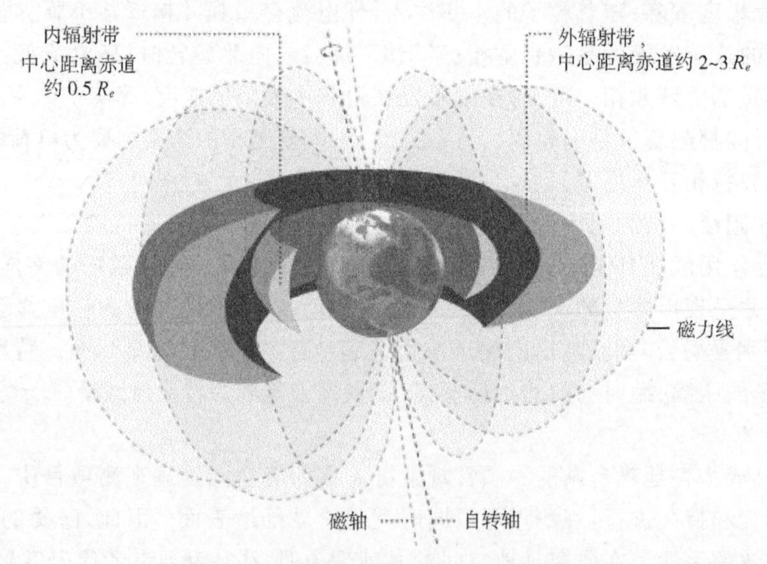

图 2.31 地球辐射带示意图(源自 NASA)

2.4.4.1 形成

地球的磁场集中了大量的高能带电粒子，包括电子、质子和某些重离子。地磁场提供了捕获这些带电粒子的机制。带电粒子在地磁场中的运动情况包含了三种运动形式：围绕磁力线的回旋运动、在磁力线南北两个共轭点间的往返弹跳运动和在垂直磁力线方向的漂移运动。在内磁层的闭磁力线区域，高能带电粒子被磁场捕获而形成辐射带。粒子一面绕磁力线做回旋运动;一面在南北两共轭点间往返弹跳。同时,地磁场的梯度和曲率都使得正的带电粒子向西漂移,负的带电粒子向东漂移,因此使地球辐射带形成了绕地球的西向环电流。

2.4.4.2 基本特征

地球辐射带分为两个区(图 2.31),离地球较近的区域为内辐射带,离地球较远的区域为外辐射带。内辐射带的中心位置距地心约 $1.5R_e$,外辐射带的中心离地心约在 $3\sim4R_e$。值得注意的是,向阳面和背阳面的内外辐射带的粒子环境在空间上并不是完全对称的。

内辐射带主要是大量的高能质子,能量范围为 0.1～400 MeV,次之为高能的电子,绝大部分电子能量在 0.04～4.0 MeV 范围之内。此外,还有少量的重粒子。外辐射带主要成分是高能电子(能量范围为 30 k～10 MeV),而质子的能量很低,通常低于 5 MeV。在赤道区域,内辐射带的底部高度大约为 200 多 km,而且向外一直扩展到 10 000 km 左右,最强的位置大约位于 3600 km 的高度,即其中心区域离地面的距离约 $0.5R_e$。内辐射带的高能质子被认为是由宇宙线反照中子衰变产生的,而内外辐射带电子(高空核爆炸产生的除外)和外辐射带质子都被认为起源于外磁层。高能质子集中在接近地球的内辐射带,而低能质子在赤道面内一直伸展到地球磁层边界。内辐射带高能质子的能谱、通量和空间分布可以看成是近似不变的,它们只有很缓慢地长时间变化。

在描述辐射带粒子的环境时,经常要用到的一个参数即磁壳参数(L),L 描述的是过空间点磁力线的特征,其定义为过该点的磁力线与磁赤道面的交点到地心的距离与地球半径之比。在 $L=2.1$ 以内,质子通量基本上不受地磁活动的影响。但在通量高而且谱很硬的质子事件期间,$L=2.1$ 以内质子强度也会有较大幅度的增加。对于内辐射带电子,只有较大的磁暴才能在 L 值较小的区域引起电子通量的增加。磁暴强度越强,扰动可以使越低的 L 值空间的电子环境受到影响。

内外辐射带的区域划分依据的就是 L 值,$L>3$ 的区域为外辐射带,$L<2$ 的区域为内辐射带。$L=2\sim3$的区域,定义为辐射带槽区(Slot Region),为辐射较少的安全地带,人造卫星可以在此区域内安全运行。但是,有时太阳风暴也会暂时把这条缝弥合起来或者辐射带槽区被填充,这时人造卫星的工作就会受到相当大的影响。外辐射带中对卫星威胁最大的是高能电子,与内辐射带不同的是,外辐射带中能量大于 1 MeV 的高能电子含量相当高,容易使卫星造成深层充电。外辐射带电子环境对地磁扰动的响应十分明显,具体的响应特征是,同一 L 值,低能电子通量变化的幅度大于高能电子变化的幅度。磁暴后高能电子衰减到磁暴前的水平所需要的时间比低能电子衰减到磁暴前的时间更长。

地球辐射带是空间探测时代的第一项重大发现。1992 年 2 月初,美国和俄罗斯的空间科学家宣布,他们发现了地球的第三条辐射带。新辐射带位于内外范・艾伦辐射带当中的位置,是由 2.2.3 节中讲述的异常宇宙线——大部分是丢失一个电子的氧离子构成的。

被俘获的带电粒子实际上分布于整个地磁场,所以辐射带的界限并不明显,只是带内带电粒子的密度比其他区域大。辐射带中,内带的带电粒子数是相对稳定的,外带则变化较大,差别可达 100 倍。辐射带的范围和形状受地磁场的制约,也与太阳活动有关,在朝太阳的方向被太阳风所压缩。辐射带中的带电粒子数也与地磁场和太阳活动的变化有关。

2.4.4.3 人工辐射带

人工高空核爆炸产生的高能电子注入磁层与天然电子一样,被地磁场捕获,形成一些局部高强度的电子带,称人工辐射带。人工辐射带全部分布在内辐射带内。稳定的人工辐射带通常能维持几年,人工辐射带的重要性已经引起人们的关注。

2.5 电离层

电离层,狭义上指高层大气的电离部分。但是在通常情形下,人们将涵盖地球上从约 60 km 高度到超过 1000 km 高度的整个区域称为电离层(Giraud 等 1978)。电离层存在着大量的自由电子,这些自由电子建立起特殊的电磁传播环境，吸收穿越电离层传播的无线电波信号，导致无线电波信号减弱，甚至中断，并对电波反射、折射和散射，从而改变电波信号的相位、方向、偏振和色散等特性，这些作用的强弱与电波的频率以及电离层状态有关。电离层是地空通信及远距离地面通信的主要传播媒质，电离层的等离子体特性决定了跨电离层传播的短波通信的最高可用频率和最低可用频率，也对利用无线电的星地链路的通信条件和卫星导航定位、授时的精度等有着非常重要的影响。

在电离层的特定高度区域流动着电流，这些电离层电流的磁效应对地球和近地空间的地磁环境产生着重要的影响。值得一提的是，人们起初不知道电离层的存在，首先在地面磁现象中观察到了电离层电流的磁效应，进而猜测在地球高层大气(即现在称为电离层发电机区的地方)存在电流，并认为是这些变化的高空电流导致了地面上变化的磁现象。1901 年马可尼成功实现著名的横跨大西洋的无线电通信，随后人们提出了电离层的概念，并在 1925 年实验证实了电离层的存在。此外，电离层还存在有趣的发光现象——气辉。对气辉的观测能够获得有关热层和电离层状态及动力学过程的信息，目前是人们了解热层和电离层波动现象，以及电离层不规则体结构与演变的最有力的地基观测手段之一。

地球电离层作为近地大气和外层空间连接的纽带，与热层以及磁层存在着强烈的耦合，使得地球空间环境成为一个复杂的开放式系统。电离层与中高层大气区域是人类空间活动的最主要的活动场所，是载人航天的运行环境，也是大多数人造卫星、飞船的运行或穿越的区域。因此，电离层处在空间天气研究的关键环节(Moldwin 2008)，是空间物理的重要研究对象，也是空间物理由基础研究向相关应用研究转化的主要内容之一。

2.5.1 电离层的形成

白天时段，在来自太阳极紫外线和 X 射线的电离作用下，电子从一部分热层(见 2.6.2 节)中性粒子脱离出来，释放成为自由电子。失去电子的中性粒子变成了离子(电离产生的这些离子又称为初级离子)，形成等离子体。来自磁层的沉降粒子在极光带也可以引起中性粒子的电离。这些由自由电子和离子组成的电离物，在数量上足以显著地影响无线电波的传播。在约 60 km 以上高度处于电离状态的区域被称为电离层，和热层几乎处于相同高度范围。早在 20 世纪 20 年代就发现，电离层可以反射和散射电波，因此电离层被用来进行远距离通信。1926 年 R. A. Watson-Watt 首先将“ionosphere(电离层)”一词用来命名这一区域，并沿用至今。

在电离层较低高度，气体分子碰撞频繁，电离产生的初级离子，直接与自由电子很快复合，重新变成中性分子或原子；或者参与其他的化学过程，成为次级离子(如 NO^+)，并最终与自由电子复合。在白天，光电离过程持续进行，电子的数目增加很快；与此同时，电子数密度增大，复合过程的速率也随着变快(复合速率和电子数密度的平方成正比)。当电子的产生速率与复合速率相等时，二者达到动态平衡。

在较低的高度上，中性粒子以中性分子成分 O_2 和 N_2 为主。在夜间，没有了太阳的电离作用，快速的复合过程使得电子数目显著减少，电离层下边界上移到较高高度。随着高度增加，大气密度以指数规律下降，分子间的碰撞也随之减少；大气成分也由 O_2，N_2 和 O 共存，逐渐过渡到以 O 为主要成分，O_2 和 N_2 为次要成分。这样，电子和离子在复合前可以存活很长时间。因此，在电离层较高的高度上(如顶部电离层)，电子和离子的异地迁移(又称输运过程)成为改变局地电子数密度的主要过程，电离和复合不再是决定性的过程。在理论上，电子或离子的数密度 N_i 变化通过连续性方程来描述(Schunk 等 2000)：

$$\frac{\partial N_i}{\partial t} = q_i - L_i - \nabla \cdot (N_i \boldsymbol{V}_i)$$

式中 q_i 为电子或离子的产生率，L_i 为其复合率，$\boldsymbol{V}_i$ 为电子或离子的输运速度。在电子产生和复合过程为主的情形下，常常忽略输运过程的作用，电子或离子的连续性方程可以简化为：$\frac{\partial N_i}{\partial t} = q_i - L_i$。在稳态条件下，进一步简化为电离平衡方程：$q_i - L_i = 0$。

1931 年 S. Chapman 首先提出电离层的形成理论。假设大气由单一成分组成，等温、平面分层且满足静力平衡分布，在平行单色太阳光辐射下电离，导出了 Chapman 电离产生率：

$$q(z,\chi) = q_{\mathrm{m}} \exp\left[1 - \frac{Z}{H} - \mathrm{e}^{-\frac{Z}{H}} \sec\chi\right] \tag{2.6}$$

和 Chapman 层的数学表达式：

$$N(z,\chi) = N_{\mathrm{m}} \exp \frac{1}{2}\left[1 - \frac{Z}{H} - \mathrm{e}^{-\frac{Z}{H}} \sec\chi\right] \tag{2.7}$$

式中 z 为高度，χ 为太阳天顶角，α 为电子复合速率，H 为大气标高，q_{m} 和 N_{m} 分别为 q 和 N 的最大值。Chapman 的电离层形成理论，可以解释一些电离层的基本结构和许多变化现象，迄今仍然是研究电离层现象的理论基础。

当然，真实电离层的行为要比 Chapman 理论预测的复杂得多。人们常常把显著偏离 Chapman 理论预测的那些电离层行为称为"异常"现象，如"赤道异常"、"冬季异常"等。对这些电离层"异常"现象的研究，深化了人们对电离层和热层基本物理过程的认知，也为电离层建模、现报、预报和相关应用研究提供了参考依据。

2.5.2　电离层的基本形态

为了便于研究，人们常常将电离层进行区域划分。观测结果表明，电离层在高度上存在着清楚的分层特征，如图 2.32（彩图见插页）所示。根据白天电子浓度的高度分布特征，电离层由下向上依次划分为 D 层、E 层、F 层（有时 F 层又进一步区分为 F_1 和 F_2 层）和顶部电离层。

电离层最低的层结称为 D 层，位于 60～90 km 的高度，是吸收无线电波的主要区域。D 层的电子浓度比其他层结低 2～3 个数量级，难以从电离层垂直测高仪得到记录。

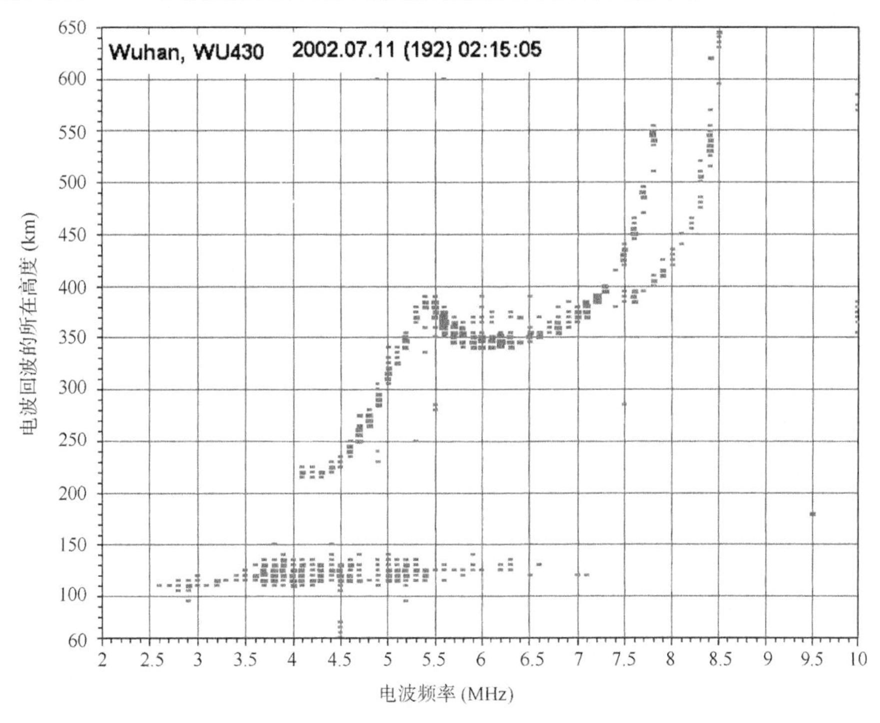

图 2.32　武汉地区垂直测高仪频高图实例

（本图片由中国科学院地质与地球物理研究所提供）

E 层位于 90～140 km，E 层峰高度 h_{m}E 在 110～120 km 之间。离子成分主要为分子离子 NO^+ 和 O_2^+，电子浓度在 10^3～10^5 数量级，有规律的随太阳天顶角（地方时和季节变化）和太阳活动变化。利用电离层垂直测高仪的频高图描迹可以得到白天 E 层的信息。E 层是高层大气中霍尔电导率和皮德森电导率最高的区域(又称发电机区),也是电离层电流的主要流经通道。在常规E层以外,偶尔可以见到所谓的"偶发E层"(Sporadic E,E_s层)。E_s层的电子浓度可以远高于常规E层,有时可以遮蔽频高图的常规E层描迹以及部分或全部F层描迹。我国上空E_s层频繁出现,处在E_s层出现率的"远东异常"区。

E层以上是F层,电子浓度在$10^5 \sim 10^6/cm^3$数量级。白天F层可能出现两个层,因此可再细分为F_1和F_2层。F_1层的出现依赖于位置、季节、地方时和太阳活动性等因素,一般而言,在一个太阳活动周中低年易出现,一年之中在夏季最为明显,一天之中正午最为发达。离子成分在F_1层以分子离子NO^+和O_2^+为主,而在F_2层以O^+为主。F层电子浓度高,其厚度比其他层结大很多,因此F层是表征整个电离层基本特性的重要区域。F层电子浓度的变化随季节和昼夜的变化十分明显,但相当不规则,是"赤道异常"、"冬季异常"等电离层"异常"现象出现的层结。在F层还常常出现一种称为扩展F(Spread-F)的现象,它在频高图上表现为F层描迹出现频率扩展或高度扩展。

扩展F的出现率随季节、纬度以及随太阳活动和地磁活动而变化。扩展F的最大出现率在赤道区和极区,随着太阳黑子数增加其出现率上升。

在F层峰高以上是峰上电离层,又称顶部电离层。在峰上电离层,随着高度增加,电离层的离子成分由O^+占绝对多数,逐渐过渡到以H^+为主。O^+和H^+数量相当的高度(称为上过渡高度),大约在1000 km的高度,确定了电离层的上边界。上过渡高度主要依赖于所处的太阳活动水平,在太阳活动低年低,在太阳活动高年高。在更高的空间区域是等离子体层和由地球磁场所支配的磁层(见2.4节)。

由于地球的自转,电离层的经度变化和电离层的周日变化有很好的相关性。除经度变化外,电离层还表现出纬度变化,其中最著名的纬度变化是赤道异常。1946年Appleton观测到低纬度电离层F层临界频率f_oF_2纬向分布白天具有一个显著特征:磁赤道附近的低槽和南北纬度$10° \sim 17°$出现f_oF_2极大值。这一纬向分布双峰特征常被称为"赤道异常"。几乎同时,我国梁百先先生也在《Nature》刊物上报道了该现象。在低纬度电离层电子总含量(Total Electron Content,TEC)以及在F层等高度面上的电子浓度也常常出现这一纬向分布特征。此后的顶部探测表明,随着高度增加,等离子体浓度双峰逐渐靠拢,最终会聚于磁赤道上空附近。1955年Martyn提出赤道区等离子体电磁垂直漂移引起的"喷泉"效应,是现在解释"赤道异常"现象的理论基础。该理论认为,赤道区电离层等离子体在东西向电场作用下产生向上的漂移,横越磁力线向上抬升到较高的高度,产生"喷泉"效应,然后在重力、热扩散、压力梯度等因素的作用下沿磁力线向下扩散,把赤道附近的等离子体向两极方向输运,形成类似于骆驼双驼峰的纬向结构——赤道异常特征。电磁垂直漂移引起的等离子体输运,甚至可能在F层高度以上(在磁赤道约800 km高度,磁纬$\pm 10°$范围)产生另外的层结,称为F_3层。

2.5.3 电离层的变化性

总的来说,电离层的基本形态在很大程度上是随太阳天顶角变化的,表现出明显的纬度、地方时和季节变化特征。当然,电离层的变化显著地受到太阳辐射变化的影响。太阳辐射变化的时间尺度涵盖从太阳耀斑爆发时间尺度(约10 min)、天、太阳自转周(约27 d)到太阳活动周(约11 a),甚至更长周期的分量。图2.33显示了太阳活动指数$F_{10.7}$的功率谱结构,从中能清晰地看到太阳自转周(约27 d)到太阳活动周(约11 a)的变化分量。电离层电子密度的变化除了取决于太阳EUV通量外,还受到中性成分、中性风及电场等诸多因素的影响,同时各因素还随地方时、季节、地理位置等因素发生改变,因而电离层具有显著的太阳周期、季节以及周日变化的气候学特征和一些不规则的天气性变化。

下面以F_2层为代表,简单介绍电离层的变化性。

2.5.3.1 周日变化

电离层F_2层受太阳辐射控制,因此f_oF_2和TEC的周日变化规律非常明显。日出时在光电离作用下电子密度快速增加;随后,白天的电子浓度缓慢地增加,在午后达到最大;在日落后随着光电离源消失而逐渐衰减。在夜间,电离衰减是由等离子体输运过程控制的。赤道向中性风将F层向上抬升进入损

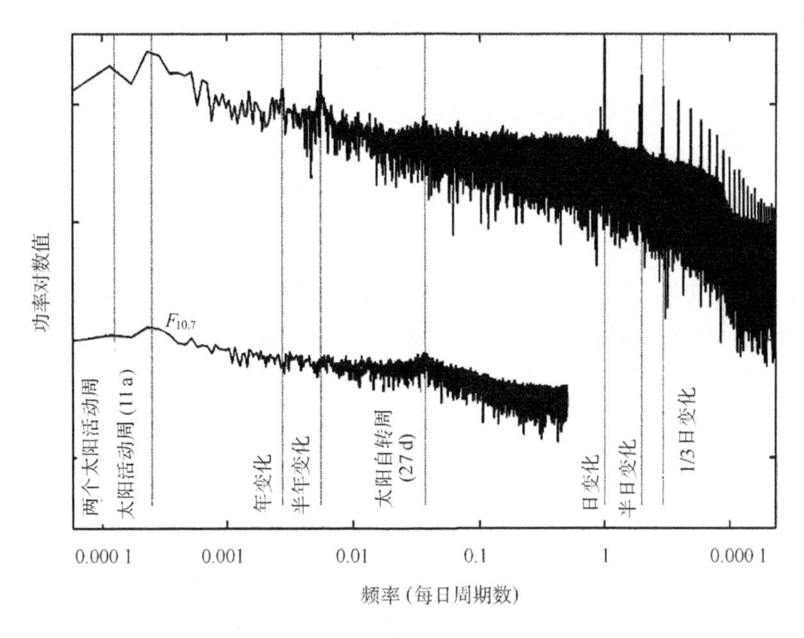

图 2.33　1957—2005 年武汉 F_2 层峰值电子浓度 $N_m F_2$ 和太阳活动指数 $F_{10.7}$ 的功率谱
（本图片由万卫星研究员提供）

失率比较小的高度，同时与来自等离子体层的等离子体一起维持夜间电离层。由于电离层的延迟效应，f_oF_2 和 TEC 最大值一般出现在正午过后。

一般情况下，在正午附近，赤道地区 f_oF_2 会呈现出双峰状态，这就是我们常说的“bite-out”现象。有时，可以观测到日落后 f_oF_2 和 TEC 不是单调下降，而是出现增强现象。这种夜间增强现象常用 F 区动力学过程来解释。

2.5.3.2　逐日变化

F 层最明显的一个特征是它的逐日变化，其时间尺度通常为一到数日，表现为电离层参数在天与天之间存在显著的变化。分析表明，电离层逐日变化的强度（相对值）在夜间比白天大，冬季比夏季大，太阳活动水平低年比太阳活动水平高年大，极区和赤道地区比中纬度地区大。

电离层逐日变化的主要来源：太阳电离辐射、太阳风和地磁活动、近地大气扰动、地震活动以及电动力学过程等。

最近的研究还表明，即使在地磁平静期间，电离层最大电子密度和总电子含量等参数可能存在显著的异常变化现象，其幅度接近，甚至超过电离层在磁暴期间的变化幅度。这类现象的发现，强调了将地球空间环境作为一个耦合系统进行研究的必要性，也说明电离层天气的预警和预报工作的难度。

2.5.3.3　季节变化

按 Chapman 理论预期，电离层电子浓度应该呈现一个以 12 月为周期的季节变化，在夏季最大，春秋次之，冬季最小。实际上，电离层电子浓度的季节变化，有的地方以 12 月为周期的年变化为主，而有的地方则以 6 月为周期的半年变化为主，其季节变化最大值出现的月份往往和 Chapman 理论给出的情况大相径庭。人们把偏离 Chapman 理论预测的电离层行为统称为“异常”。应该指出的是，称之为“异常”的原因，是由于在那个时代，人们对电离层和高层大气的认知水平还不足以解释这些所谓“异常”的电离层特征。实际上，这些电离层特征是很正常的电离层现象，是有其出现规律的。在电离层 F_2 区电子浓度季节变化方面，主要存在如下异常现象：

(1)季节异常或冬季异常：在某个地方，如果白天 N_mF_2 在冬季的值高于其夏季值，这种情形称为季节异常，又称冬季异常。冬季异常只出现在白天。在夜间，N_mF_2 夏季值高于冬季值，遵循 Chapman 理论预测的季节变化规律。

(2)年异常或非季节异常，又称为 12 月异常：在全球范围内，南北半球 12 月份的 N_mF_2 值高于 6 月份。另一种等效的描述是，北半球的冬季异常比南半球更显著。

(3)半年异常：在一些地方，N_mF_2 最大值不是出现在夏季或冬季，而是出现在春秋分月份。

季节变化具有很强的高度依赖性，详细的介绍见 Liu 等(2009)。顶部电离层的季节变化特征不同于峰区，如不出现冬季异常。但是，在顶部电离层，电子密度年变化显示有很强的不对称性(全球 1 月顶部电离层浓度值显著高于 7 月)，其随经度的变化与地磁场位形有关联。

2.5.3.4 太阳活动周期变化

电离层参量随太阳活动有明显的约 11 年周期变化，这是电离层最显著的变化特征之一。简单地说，各层电子密度在太阳活动低年低，在太阳活动高年高。F_2 层高度(h_mF_2)也随太阳活动而变化，在太阳活动峰年，中纬度白天的 h_mF_2 比平均高度高出 30 km 左右，在赤道区约升高 70 km。电离层的太阳活动依赖具有明显季节和地方时差异。此外，电离层对太阳活动的依赖性还表现出类似磁性材料的“磁滞”效应，也就是说，在相同的太阳活动水平，N_mF_2 在太阳活动周上升相的值可能不同于其在太阳活动周下降相的值。

由于 $F_{10.7}$ 指数和太阳黑子数有较完整的观测记录，因而常作为太阳活动指数用于对电离层太阳活动依赖性的研究。早期的研究表明，f_oF_2，N_mF_2 或 *TEC* 随 $F_{10.7}$ 或太阳黑子数的增加呈线性增长趋势。近来的大量研究发现，这种变化存在非线性特征。以 N_mF_2 为例，在中等或较低的太阳活动水平时，N_mF_2 随 $F_{10.7}$ 的增加呈线性增长趋势，但当 $F_{10.7}$ 超过一定的阈值后，N_mF_2 随着 $F_{10.7}$ 的增加将不再有明显增长(现在普遍用“饱和”来描述这种特征)。

2.5.3.5 长期变化趋势

除上述的变化外，电离层还可能存在更长时间尺度上的变化，即长期变化趋势。低层大气存在温室效应，在其影响下，上层大气可能会变冷。有模拟结果显示，当把低层大气 CO_2 的浓度增加一倍时，电离层峰值高度和浓度都会下降。这个结果促使很多学者利用已有的电离层观测资料寻找电离层参量的长期变化趋势，试图在电离层找到温室效应的观测证据。

迄今为止，世界上大部分连续观测时间较长的测高仪台站的资料，都被用来分析电离层主要参数(E、F_1、F_2层峰值高度和浓度)的长期趋势。关于 E 层的长期变化趋势，大家的研究给出了一致的结果。但是，关于 F 层的长期变化趋势，目前还没有得到统一的结论，尤其是 f_oF_2，不同小组的结果相差很大，有的甚至给出相反的长期变化趋势。这可能与每个小组所选数据的长度和分析方法有关，还可能由于 f_oF_2 长期变化趋势存在很强的地区特性。要谈及的是，f_oF_2 的长期变化趋势与 f_oF_2 本身相比要小很多，因此所选择的分析方法非常重要，要求能尽量去掉一些主要因素(如太阳地磁活动的影响)和一些主要的周期分量(如周日变化、季节变化)。长期变化趋势分析结果的可靠性在很大程度上依赖于所采用的方法是否能有效地去掉各种控制因素的影响。

关于长期变化趋势的来源，也是一直争论的话题。目前，提到最多的是温室效应，有模拟结果显示，如果温室气体增加一倍，f_oF_2 应该下降 0.2～0.5 MHz。除温室效应之外，地磁活动、太阳活动、中性浓度、地球磁场的长期变化也被不同的小组提出来解释 f_oF_2 的长期趋势。其中，地球磁场的长期变化是很可能的源。对地磁的观测数据表明，在过去的 100 年间，地球磁场磁极移动了超过 10°的纬度，无疑会对电离层的长期变化趋势产生一定的影响。

2.5.4 电离层扰动

2.5.4.1 电离层暴

早在 1929 年，Hafstad 和 Tuve 就发现，在磁暴期间电离层会出现强烈的扰动，即电离层暴。前面已经提到，电离层电子浓度主要集中在 F_2 层高度，磁暴期间 F_2 层临界频率 f_oF_2 的变化显著(其相对变化可达±50%，甚至更大)，所以有时将电离层暴特指 F_2 层暴。

考察电离层的暴时特征，需要扣除电离层平静日的变化。以磁暴前 1 d 或前 5 d 按地方时平均的 F_2 层临界频率 f_oF_2 为参考(有的选取 f_oF_2 月中值或滑动月中值作为参考)，如果 f_oF_2 暴时值显著增大，称之为电离层正相暴，简称为正暴；反之，如果 f_oF_2 暴时值显著减小，则称之为电离层负相暴，简称为负暴。

迄今为止，人们对电离层暴进行了大量的个例分析和统计研究。通过这些研究，我们已经了解到电离层暴的太阳活动依赖性、季节和地方时变化特征，以及在不同纬度带的形态。关于电离层暴的综述文章，具有代表性的有：Tanaka (1979), Buonsanto (1999), Danilov 等(2001), Pröss (1995, 2004), Mendillo (2006) 和 Burns 等(2007)。

就某个特定的地磁暴事件来说，相应的电离层扰动与所考察点的经纬度有关，会受到如季节、地方时和太阳活动等诸多因素的影响，还依赖于磁暴类型和开始时间，在不同磁暴阶段也会表现出不同的扰动特征。

首先，电离层暴存在明显的经纬度差异和南北半球不对称性。负相暴多出现在高纬度和中纬度地区，在特大磁暴时也能渗透到低纬度，甚至赤道地区；正相暴易出现在赤道和低纬度地区。正相暴和负相暴占优的区域大约在±30°纬度附近发生交替。2000 年 4 和 7 月的两次大磁暴期间，东亚地区电离层就显现了这一特征(Liu 等 2002, 2004)。

其次，在同一次磁暴期间，不同经度扇区上空电离层的扰动特征可能大不相同，在某个扇区出现正暴，而在另一个扇区可能出现很强的负暴。从统计上来看，与亚洲和欧洲扇区相比，美洲扇区白天更易发生正相暴(Zhao 等 2007)。电离层暴的季节依赖性还表现在南北半球的差异上：在南半球冬季，电离层扰动表现为正相，而北半球则表现为负相；在夏季，两半球扰动均为负相。总的来说，负暴多出现在夏季，可以从高纬度传播到比冬季更低的纬度；冬季易于在中低纬度地区观测到大的正相暴。

电离层暴还显示出地方时依赖性：夜间有利于负相暴向中低纬度渗透，而白天发生正相暴的概率高。通过对一些急始型磁暴事件的分析发现，磁暴主相发生在白天时，中低纬度电离层正暴的延迟时间较负暴要短，而子夜到凌晨间发生的地磁暴引起的负相扰动会更强、持续时间更长。

地磁暴发生期间的太阳活动水平，也会影响电离层扰动类型。在太阳活动高年，低纬度电离层倾向于负相扰动；而在太阳活动低年，倾向于正相扰动。从对海南站资料的分析也表明，在太阳活动高年，白天正暴效应很强，夏季强扰动持续时间比太阳活动低年时要长；在太阳活动低年，负暴更显著，日变化只在冬季明显。Adeniyi(1986)按太阳活动水平(高年和低年)、不同地方时段(晨间、日间和夜间)和磁暴不同阶段(初相、主相)划分，分析了赤道区电离层 N_mF_2 的响应特征，得到了赤道地区电离层暴特征的一些很有意义的结果。

磁暴发生时，电离层暴效应主要出现在 F_2 区。有趣的是，有时在 F_1, E 和 D 区也能观察到显著的磁暴效应。如测高仪观测发现，中高纬度地区 F_1 层暴以负暴效应为主，不依赖于 F_2 层暴的形态，而且冬季暴时效应比夏季明显。Buonsanto (1999)和 Danilov 和 Lastovička (2001)介绍了 E, F_1 和 F_2 层电离层对地磁扰动的响应。需要指出的是，电离层不同高度的响应特征也不尽相同，我们对此了解甚少。

对于电离层暴个例的分析，认识到在不同磁暴以及磁暴不同阶段的电离层特征的多样性。这种多样性体现在不同电离层暴特征的差异上，常常显著偏离其平均统计形态。正因为如此，对于个例的研究，一直备受学者们的关注，最典型的是 1989 年两次超级磁暴，2000 年巴士底磁暴和 2003 年万圣节磁暴。对这些事件的分析，得到了许多很有意义的研究结果。但是，我们对于电离层暴的复杂形态还缺乏系统的认识，还没有达到令人满意的程度，这也制约着对电离层暴预报工作的进展。

客观上讲，至今仍存在着许多未解决的问题。我们对电离层暴过程中的物理和化学过程及其相对重要性，特别是磁暴条件下的热层，还缺乏充分的了解。还要提及的是，电离层处在一个耦合系统中，还有着显著的地域特性和高度依赖性，决定了其物理机制的复杂性。

电离层暴的物理机制，首先涉及暴时热层参数的改变(如热层温度和大气密度的增加、成分及中性风的变化)，都有可能导致电离层的扰动。中纬度电离层暴的物理机制，目前流行的是磁暴热层环流模型，强调对电离层扰动起主要作用的是热层中性成分和中性风系的改变。1969 年由 R. A. Duncan 提出该模型。此后，经过许多学者的完善和发展，还得到了电离层-热层耦合模型的数值模拟重现。

当极区发生脉动性加热事件时，赤道向风常常呈现大气行扰(TAD)的形式。激发的大尺度声重波

(AGW)由极光带可以穿透低纬度地区,甚至跨越赤道,到达另一半球。它们会使电离层 F_2 层中的电子密度受到周期性的扰动,形成电离层行扰(TID)。赤道向风抬升电离层,使得电离层峰高增加,在白天还倾向于使得电子密度增加。

许多实例中观测到的电离层扰动,很难用热层暴环流得到较为合理的解释,有时甚至与其预测的结果相反。这说明除了磁暴热层环流机制,还存在其他机制。在某些地区或时段,其他机制的作用甚至会超过热层暴环流的作用,导致复杂的电离层暴现象出现。其中,在赤道和低纬度地区,电场对电离层的作用是非常重要的。在磁暴期间,赤道电离层电场的变化直接影响到整个低纬度地区电离层结构和电子浓度的分布。磁暴期间的这些扰动电场将会对赤道和低纬度电离层产生非常显著的影响,如导致赤道异常减弱,甚至消失;也可能将赤道异常的驼峰纬度迁移到更高纬度,产生超级赤道异常和电离层不规则体。

总之,电离层暴是一种极端的电离层空间天气现象,我们对电离层暴的认识还相当肤浅。研究电离层暴及与之密切相关的热层暴,具有很重要的学术意义和实际应用价值,有助于了解电离层和热层对磁暴的响应规律,揭示暴时能量注入所引起的电离层和热层中化学过程、动力学过程和电动力学过程的极端变化,以及这些过程对电离层和热层的作用机理;有助于探索电离层暴和热层暴的预报方法、建立适用于暴时条件下的地区和全球电离层和热层经验模式。

2.5.4.2 电离层行扰

电离层行进式扰动(TID)是电离层中经常出现的一种动力学过程,担负着中高层大气及电离层能量动量的水平和垂直传输的关键角色。磁暴期间,在极区亚暴发生过程中经常伴随着极光电集流以及粒子沉降的突然增强,通过洛仑兹力和焦耳加热的形式加热高层大气,从而激发大气声重波。大气声重波传播到电离层高度能引起大尺度的电离层行进式扰动(Hines 1960)。或者说,电离层行扰是中性大气重力波在电离层 F 层的等离子体密度的反映。电离层扰动以导制波或内波的形式向赤道方向传播,在传播过程中受到热层风场作用产生多普勒频移,而且还受到风场滤波、大气黏滞以及热传导的作用而产生衰减。大量对局部地区电离层扰动的观测表明,在高纬度地区,由于接近极光椭圆带,观测到的电离层扰动与极区亚暴等事件在发生时间和空间上经常能够很好地对应;在中纬度地区,受热层风场、中纬度电离层槽、暴时电离层驼峰北移等各种电离层背景变化的影响,扰动传播的幅度和时空尺度等传播参量会发生明显改变;在低纬度赤道地区,电离层扰动则常常混淆在低纬度赤道异常和东向电集流以及暴时穿透电场、电离层不规则体等引起的电离层的复杂变化中。对电离层扰动的观测研究,能够促进了解电离层中能量从极区到中低纬度地区的传输和耦合(常称南北耦合)以及南北半球共轭传输这些重要的电离层空间天气过程,可以加深人们对整个日地系统中能量传输与耦合过程的认识。

对磁暴期间发生大尺度电离层行进式扰动的观测是从 20 世纪中期开始的,Hooke 和 Schlegel (1968)和 Francis(1974)提出了这种大尺度扰动可能是由于极区能量注入引起的大气重力波现象。近 20 年来,很多致力于数值模拟的学者的工作也证实,极区能量注入激发的赤道向传播的重力波这一结论。另一方面,在电离层中经常发生和探测到的是,由近地空间扰动源激发的中小尺度的电离层行进式扰动。一般认为,这种扰动起源于对流层,因为几乎总是观测到它们的相速度有垂直向下的分量,而群速度有向上传播的分量。根据声重波的理论,这意味着能量是从下向上传播的,说明探测到的扰动是来源于上行的重力波。实验观测和理论研究都已定性地解释了声重波能够从对流层和平流层上传至低电离层,甚至电离层 F 层,并以大气内波的动力学过程来影响电离层的形态。在低层大气中存在丰富的重力波激发源,主要有剧烈气象活动(如台风、雷暴、龙卷风、脊背风、穿透性对流、急流不稳定、气象锋面与低涡)、地震,海啸,核爆炸等。Hocke 和 Schlegel(1996)在回顾大气重力波和行进电离层扰动时也指出,中尺度 TID 的激发源一部分来自极区;一部分来自对流层内的天气现象。

除去强烈的天气过程和恶劣的天气现象外,还有其他的激发源(如核爆炸、地震、火山喷发和海啸等)也能够激发声重波由低层大气向电离层高度传播,引起电离层高度的中尺度 TID。Rishbeth 和 Mendillo(2001)综述了电离层异常现象除与热层化学、重力波、潮汐、电场等电动力学相关外,还与低层大气的恶劣天气、地震、火山喷发等激发源引起的重力波向上传播相联系,并分析了可能的机制。

另外，还有源自电离层本身的扰动，如极区或赤道电集流扰动、电离层的日食效应、日夜交替线（Solar Terminator，缩写为 ST）等，也可能是中尺度重力波的激发源（王敏，2008）。例如，很多观测和研究表明，日食会在中高层大气中引起重力波，并激发行进式电离层扰动。在日食期间，月影以超声速移过地球大气而使局部大气冷却。Chimonas 和 Hines（1970）认为，大气冷却的结果产生激波，诱发大气重力波。

电离层中的许多扰动现象都可能是多种因素和过程综合作用的结果，除了来自太阳活动与气象过程的上下扰动源的作用外，由于电离层本身的电动力学过程以及热层大气各种变化的影响，电离层扰动总是表现为复杂的时空变化过程。因此，探索电离层扰动观测研究的新方法，加强电离层扰动的实时监测是当前空间天气学研究中的一个重要课题。近十年来，GPS 系统的成熟为电离层的探测提供了有力的探测手段。由于其观测时间上的连续性和 GPS 台网在全球分布的广泛性，为大范围、长时间连续监测电离层扰动的激发传播特征提供了良好的条件。

2.5.4.3　电离层突然骚扰

太阳耀斑是日地空间物理中最重要的现象之一，其主要的表现是，太阳耀斑爆发时远紫外辐射（EUV）和 X 射线辐射迅速增强，引发各种电离层太阳耀斑效应。太阳耀斑期间，太阳活动区爆发的极端紫外辐射（EUV）和 X 射线辐射，在地球向日面电离层的各个高度上造成大气中性成分额外的电离，使得电离层各个高度的电子浓度增加，这对电波传播产生重要影响。这些影响包括短波衰减（Short Wave Fadeout，SWF）、宇宙噪声突然吸收（Sudden Cosmic Noise Absorption，SCNA）、突然相位异常（Sudden Phase Anomaly，SPA）、突然频率偏移（Sudden Frequency Deviation，SFD）、突然天电增强（Sudden Enhancement of Atmospherics，SEA）、电离层电子浓度总含量突然增强（Sudden Increase in Total Electron Content，SITEC）等电离层骚扰现象，统称为突然电离层骚扰（Sudden Ionospheric Disturbances，SID）。

一般认为，不同的 SID 现象对应电离层不同高度区域上的电子浓度变化（如 SWF，SCNA，SPA 等）主要是由于 D 区和 E 区电离层较低高度上电子浓度的突然增加，是 D 区和 E 区的耀斑效应；而 SFD 和 SITEC 则被认为主要是 F 区的耀斑效应。在电离层对耀斑响应方面，SITEC 是一个重要现象，常以耀斑引起的 *TEC* 增量和 *TEC* 变化率的增量来表征 SITEC 现象的强弱。

不同的太阳耀斑 X 射线级别对应着强度不同的 X 射线辐射通量和极紫外辐射通量，对多起耀斑事件的分析表明，X 射线耀斑等级、耀斑日面位置都与 SITEC 现象的强弱有着一定的正相关。季节和耀斑持续时间也影响 SITEC 现象：耀斑持续时间越长，SITEC 现象越微弱，但当耀斑持续时间继续延长时，SITEC 现象的强弱逐渐趋于不变。当耀斑 X 射线级别小于 X2.0，且耀斑持续时间大于 0.5 h 以及耀斑日面位置距中线经度角大于 80°时，耀斑事件往往不会产生显著的 SITEC 效应。

2.5.4.4　电离层极盖吸收

兆电子伏（MeV）级的太阳宇宙线粒子可以进入 50～100 km 高度的地球大气层，电离那里的大气，导致通过极区的无线电波被严重吸收（称为 Polar Cap Absorption—PCA 事件）。引起极盖吸收的粒子来自从耀斑中抛射出的质子和其他原子核，以质子为主。通常观测到的最低纬度大约在南北纬 75°，但是在磁暴主相可降低至 65°。1956 年，首次从极区的极低频电波散射数据、电离层垂直探测的电离图和宇宙噪声探测仪（Riometer）记录到极盖吸收事件。研究极盖吸收事件具有实际意义和理论价值。极盖吸收事件一般发生在大耀斑 15 min 至几小时，可持续 1～6 d。在极盖吸收事件期间，极盖区的短波被完全吸收达数小时之久。

2.5.4.5　电离层闪烁

电离层电子密度除了日夜规则变化外，还会在外来因素（如中性风、电场等）的影响下产生不稳定现象——不规则体（Kelley 1989；Pi 等 1997），如偶发 E 层（Sporadic E）、扩展 F 层（Spread F）等。

电离层中不规则结构的产生和发展，造成了穿越其中的电波散射，使得电磁能量在时空中重新分布，引起电波信号幅度、相位、到达角和极化状态等发生短期的不规则的变化。在早期进行的通信中，一些学者发现了一个奇怪的现象，在赤道附近进行卫星通信时，有时有信号闪烁。在赤道附近的接收站有时甚至接收不到来自卫星的 VHF 信号。这种现象引起了很多科学家的兴趣，并认为是由赤道扩展 F(Equatorial Spread F)和等离子体泡所导致。研究人员后来把这种由不规则结构引起的电波振幅、相位以及偏振方向等快速随机起伏的现象称为电离层闪烁(Ionospheric Scintillation)。实验表明：电离层 F 区不规则结构的空间尺度跨越多个数量级，由几厘米到几百千米(Woodman 等 1976，马淑英等 1986)。引起电离层闪烁的那部分不规则结构主要出现在 200～1000 km 高度上，它们的空间尺度可由几十厘米至几十千米。

E 区高度上的电离增强薄层结构不定时出现，覆盖数百或数千万平方千米。这一电离增强层很薄，通常表现为半透明性质，它能在一个很宽的频率范围内反射电波，但是也有部分电波可以透射过去，并被其上的电离层反射回来(Davis 1989)。关于偶发 E 层(E_s)的形成机制至今尚未被完全认识。通常认为，中纬度 E_s 的生成与中性风剪切有密切的关系。而在磁赤道附近，观测到一种与赤道电集流有关的 E_s，它对从高层反射的电波是部分透明的。这种赤道 E_s 不规则结构沿磁力线排列，可能是源于赤道电集流激发的等离子体不稳定性。

与 E_s 不同，扩展 F 则是根据观测形态命名的。当扩展 F 存在的时候，电离层测高仪的频高图上相应于电离层 F 区高度范围内的描迹不是一条线，而是弥散的一片，表明在该高度范围内电离层不是稳定的层状，而存在一些精细结构，它们对入射的电波造成了漫反射(Booker 等 1938)。Woodman 和 LaHoz(1976) 利用秘鲁 Jicamarca 非相干散射雷达研究赤道区电离层，观测到在夜间有密度极低的空腔结构，此结构犹如气泡，一般由 F 层底部逐渐向上，穿过 F_2 层峰，进入顶部，同时在空腔周围逐渐发展出羽毛状的不规则结构(图 2.34)，这种结构被称为上升的等离子体泡。由卫星仪器进行的顶部电离层探测表明，这种扩展 F 经常上升到 F_2 层峰以上，并且沿磁力线延伸，形成大尺度的不规则结构与等离子体泡(McClure 等 1977；Tsunoda 1985)。

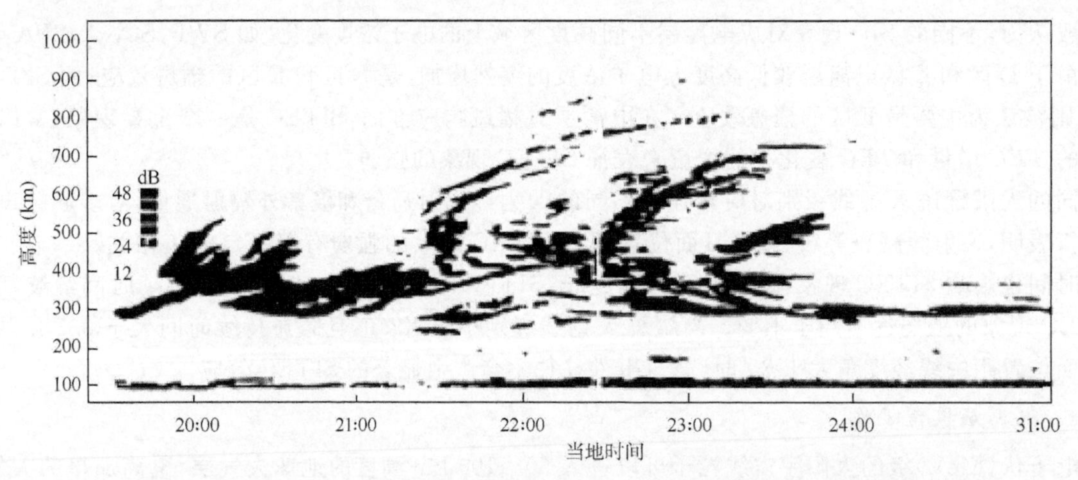

图 2.34　1975 年 12 月 11 日 75°W 秘鲁 Jicamarca 非相干散射雷达观测夜间上升的等离子体泡造成低密度的空腔结构

(引自 Woodman 等 1976)

对电离层闪烁现象的统计研究表明：电离层闪烁的发生与工作频率有关，当电波频率高于 1 GHz 时，电离层闪烁的发生率比较低。在特定的条件下，在更高频段上也能够记录电离层闪烁，例如：在日本冲绳曾记录了 12 GHz 卫星信号最大 3 dB 值的电离层闪烁事件。在磁暴等异常事件期间，电离层闪烁情况变得更为复杂(甑卫民等 1998；李国主 2007)。图 2.35 给出了 L 波段电离层闪烁在太阳活动高年与低年的分布情况：从地域分布上可以看出，在南北磁纬 20°内电离层闪烁最强，主要发生在夜间，这一区域的闪烁有明显的日变化、季节变化和随太阳活动周期的变化。电离层闪烁的另外的高发区域是极光区和极盖区。电离层闪烁在这一区域无论在白天和黑夜都有可能发生，与太阳活动有密切关系。电离层闪烁在中纬度地区一般很弱，其出现概率小。全球电离层闪烁在太阳活动高年比太阳活动低年发生的强度大、频率高。

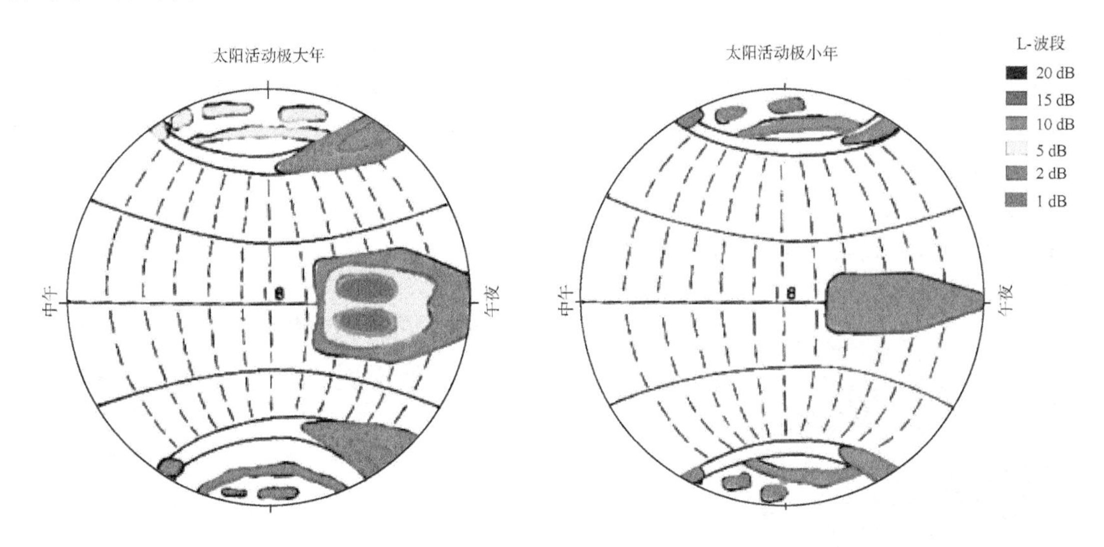

图 2.35　太阳活动高(低)年 L 波段闪烁情况(引自 Goodman 等 1990)

电离层闪烁常会导致地面接收机接收到的电波信号严重衰落与畸变。振幅闪烁能够导致信号的衰落,最大可达 20 dB 以上。当信号的衰落幅度超过接收系统的冗余度和动态范围时,可以造成卫星出现通信障碍和误码率的增加。由于电离层不规则结构的影响,电波折射指数也产生随机性的起伏,使电波信号传播路径发生改变,引发多路径效应和降低卫星的导航精度。随着全球范围的导航和通信系统对空间平台的依赖日益增强,监测并预报电离层闪烁对通信系统的影响,成为人们关注的重要问题。通过对电离层闪烁监测与分析,可为电离层闪烁频繁发生地区的通信系统的设计提供参考参数,并对研究引起闪烁的电离层不规则体的形成和演变提供宝贵的实验数据。

2.5.5　磁层-电离层耦合和极光

生活在高纬度区域的人们经常可以在浩瀚的夜空中看到一种色彩绚丽、千变万化的发光现象。这种发光现象出现在北极的,叫北极光,出现在南极则称为南极光。极光的形成是磁层-电离层相互作用的结果。磁层-电离层耦合是日地关系链中的重要一环,特别是太阳风与磁层相互作用产生的场向电流将能量传输到极光电离层,再经焦耳加热和电子沉降耗散掉。磁层和电离层这种动力相互作用对于许多空间天气现象来说是重要的,例如:极光的产生和极区电离层中的等离子体对流。

2.5.5.1　*历史回顾*

对极光极为着迷的挪威学者 K. Birkland 利用实验研究了带电粒子如何接近磁性球体。实验显示出阴极电子能沿磁力线击中假想“地球”的“极”端,Birkland 据此提出了太阳导致地磁扰动,产生沿磁力线的极光电流的设想。

20 世纪物理学的飞速发展,为人类对于极光的认识提供了全面的基础。例如,极光射线的解释离不开原子物理和量子力学的出现。随着人们将极光与太阳扰动联系起来,以及 Chapman 和 Ferraro 的磁暴理论的出现,极光不再被披上传说中的神秘面纱。1951 年 Biermann 提出存在连续太阳风流的理论,该理论在 1961 年被 Mariner2 号飞船证实,空间物理和空间天气的基本理论随之逐渐建立起来。

随后的空间时代更是打开了极光研究的新窗口。人们逐渐认识到,太阳不断地向行星际空间“吹”带电粒子,即太阳风等离子体;太阳风扰动与地球磁场相互作用会带来地球磁场的变化,以及产生沿磁力线的电流和电场。带电粒子在这一电场的作用下被加速沿着磁力线传播,穿透电离层直至地球大气,与大气中的分子或原子相撞导致电子跃迁发光。就是说,极光是物理发光,而不是热致发光。这样,极光的颜色也就不难理解了,一般与氧原子碰撞后发射的是绿光,与氮碰撞则发蓝和红光。

2.5.5.2 极光分布

其实,挪威科学家Störmer早在20世纪初就对北极光进行了统计研究,发现北极光的平均高度在100～300 km,但可低至60 km,高达900 km。另一方面,与极光的成因相关联,极光通常出现在南北纬60°～70°的区域,即极光带。此外,由于地球磁轴与地球自转轴有约11°的偏离,在相同的地理纬度条件下,位于北欧和北美的地区因为磁纬度较高,可以更经常地在夜间观测到极光。而我国所处的位置因地磁纬度比地理纬度低,看到极光的机会很少,但在黑龙江的漠河与新疆的山口地区较容易观测到极光。图2.36(彩图见插页)为我国北极黄河站拍摄的极光图片。

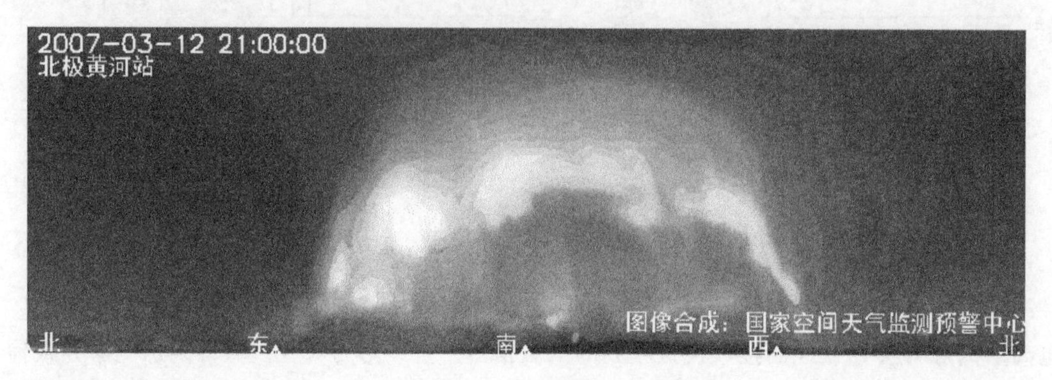

图2.36 极光

2.5.5.3 极光分类

极光的形态、亮度、颜色和位置都是变化多端的。按照其形态可以分为以下4类:

(1)均匀的较稳定的光弧光带,厚度几km至几十km,长达1000 km,移动速度慢。

(2)带有射线式结构的光帘幕、光弧、光柱和光带等,平均厚度约200 m,长数十至数百km,移动速度快(50 km/s)。

(3)弥散状极光,主要指云形斑块群,每块光斑面积在100 km^2左右,亮度最低,只有很强的弥漫状极光才能被肉眼看到。

(4)大的均匀光面,常见的红色极光光面就属于这一类。

从极光的激发源来分,极光可以分为电子极光和质子极光,上述可见光极光都是电子极光。质子极光是指由高能质子引起的极光,数量很少,只有在太阳活动峰年爆发大耀斑后才能看到。

极光按照发生的区域可划分为极光带极光、极盖极光和中纬度极光红弧。极光带极光通常指磁纬度60°～70°之间的极光;极盖极光分布在磁纬度75°～90°的地区;中纬度极光红弧分布在磁纬度40°～60°的地区,仅在太阳活动很强时才出现,并且与大的磁暴同时出现。

2.5.5.4 极光与太阳活动的关系

因为太阳是源头,极光显然受太阳活动控制,与太阳活动强弱有密切关系,一般3和9月出现的最多,1和7月出现的最少。从长期来看,极光出现的频次具有11年左右的周期性,与太阳活动周期相同。如果将每年的极光频次与太阳黑子数点在图上,二者随时间变化的曲线趋势是一样的。但是,黑子曲线的峰值和谷值比极光曲线的峰、谷值要超前1～2年。我们知道,太阳耀斑的峰值也在黑子峰值后1～2年。由此可推知,极光与太阳耀斑的关系是十分密切的。在太阳耀斑爆发后,一般都出现极光,并且极光的强度随耀斑的增强而增大,出现极光的地区也扩大到中低纬度地区。

2.5.5.5 极光强度和预报

前已述及,强烈极光与太阳活动(日冕质量抛射等)、磁层亚暴、地磁暴及高空电离层扰动互有联系,但又可彼此独立分析,因此极光预报和太阳活动预报、磁暴预报和电离层预报等均属当今"热点"空间天气预报的主要内容。

目前,对磁暴预报方法已有多种,如经验预报、统计预报、物理预报、系统控制论方法以及神经网络专家系统等，而且还在继续发展中，但易于学习的是，利用太阳活动的固有规律（如 27 d 重现性和 11 及 22 年周期规律），以及日冕物质爆发两种模式等。还可利用美国海洋大气局（NOAA）所属空间天气预报中心（SWPC）常规发布极光卵圆位置与极光活动指数大小，告知民间注意当地适宜的晚上可有机会看到极光。

此外，NOAA 还利用极轨环境卫星（从泰罗斯 N 至今的 NOAA—17）上的 MEPED，HEPAD 等仪器进行高能质子和 α 粒子探测，以及利用 TED 进行总能量探测；轨道高度 850 km，轨道倾角约为 99°，绕行两极一次约为 25 min。10 万次以上的探测数据，形成 1～10 级的极光指数，其中指数 7 相当于 $Kp=3^+$，指数 9 相当于 $Kp=5^-$（中等磁暴）。

2.5.6　电离层与热层的耦合

电离层和热层几乎共处于同一高度区域，在二者之间存在着物质、动量和能量的交换。

如图 2.37 所示，电离层是部分电离的，中性成分数密度至少比电子密度高 2 个数量级。在这样的情况下，电离层无疑会受到热层大气的严重影响，这一点得到大量观测结果的支持。这里不讨论热层大气对电离层的作用。

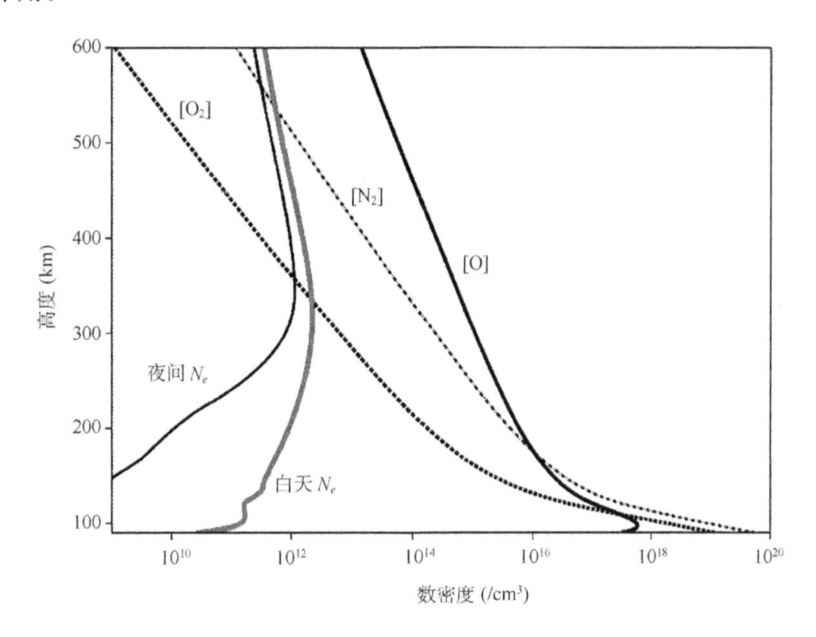

图 2.37　地球电离层电子数密度和主要中性成分数密度的典型高度廓线

另一方面，不少观测结果表明，尽管在电离层高度上中性成分数密度占绝对优势，电离层反过来对高层大气也有重要的调制作用。这里只简单地介绍最新的两种观测结果：

第一种观测结果来自 CHAMP 卫星高精度加速度计的观测资料。由 CHAMP 高精度加速度计观测的反演数据表明，热层大气总密度具有受磁位形控制的纬向分布特征（Liu 等 2005），这是完全背离传统观念的结果。通常认为，热层大气是中性的，其结构和演变取决于地理位形，不受磁位形的控制。但 CHAMP 观测结果表明，约 400 km 高度上大气总密度在白天趋向于按地磁纬度分布，具有类似于电离层赤道异常的双驼峰结构，在磁赤道附近有一个极小值，而在南北半球比赤道异常峰纬度更高一点的地方出现了最大值。热层大气的双驼峰纬向分布结构有力地支持了电离层可以调制高层大气这一论述。

要提及的第二种观测结果是电离层扰动的共轭现象。位于日本南部的 Sata 和澳大利亚北部的 Darwin 是两个地磁共轭点。设置在这两个地点的 630.0 nm 气辉全天空成像仪同时观测到几乎相同的明暗条纹带相间的气辉成像图像。结果表明，尺度大于几十千米的扰动沿地磁场线传输到共轭点而无严重衰减，从而产生相同的行扰图像。这一现象提出了一个新的问题，即在电离层-热层区域电离层行扰是否是重力波的简单表征。在两共轭点观测到的两个电离层行扰中的一个并不是重力波的简单表征，而是电子密度不规则体的表现。共轭点重力波导致电离层行扰，行扰产生电场并沿磁力线映射到共轭点，在共轭点电场产生了电子密度的不规则体。电离层行扰的共轭特性在白天不出现，这可能是因为白天 E 区高电导率使电场被短路的缘故。

2.6 中高层大气

中高层大气是对中层大气和高层大气的总称，一般是指 10 km 以上的地球大气。中高层大气包括对流层上部、平流层、中间层和热层。在空间天气研究的区域中，中高层大气是最接近人类生存与活动的区域，也是与传统气象业务联系最为密切的区域。

中高层大气虽然比较稀薄，然而它却占有非常巨大的体积，在其区域内存在着复杂的光化和动力学过程，这些过程与人类的生存和发展以及航天和军事活动密切相关。从生态环境角度来看，主要存在于低平流层内的臭氧强烈地吸收了来自太阳的紫外辐射，保护着地球生物圈的安全；中层顶是整个地球大气中温度最低的区域，在这种低温条件下，水蒸气通过非均匀的核化过程产生冰晶粒子，显著地改变行星的反射率，从而影响局部或全球的气候。从航天和军事方面来看，中高层大气是各种航天器的通过区和低轨航天器的驻留区，该高度上的大气暂态结构对飞行器的安全与准确入轨具有重要影响。远程战略导弹通常飞行在中高层大气中，要使它准确地击中目标，精确适时地给出中高层大气参数是至关重要的。中高层大气中各种扰动带来的大气参数偏差，可严重影响导弹的命中准确度、卫星和飞船的安全发射及返回。由于地球大气密度随高度指数下降，低层大气激发的扰动在向上传播到中层顶和低热层(70～120 km)区域时，由于对流不稳定性等多种因素产生大量强烈的大气湍流，导致航天飞机和远程战略导弹在经过该区域时产生强烈的抖动，甚至偏离预定飞行轨道。大气中的氧原子成分会对航天器表面产生化学腐蚀和剥离。除了这些大气动力学过程和化学过程的影响以外，从遥感和通信方面来看，电离层会与电磁信号发生强烈的相互作用，而平流层和中间层大气则对光学信号的传输有重要影响；另外，中性大气的空间不均匀性会导致遥感信号传播路径的变化。因此，中高层大气空间天气预报是航天和国防空间天气保障的重要手段之一。

2.6.1 中层大气

中层大气是对平流层和中间层大气的总称，其高度范围是从对流层顶到 80 km 附近的中间层顶。

平流层是指对流层以上温度随高度升高的大气层。它在 50 km 附近温度达到极大值。这个极大值的高度称为平流层顶，其平均温度为 273 K。地球大气中的臭氧主要集中在平流层里。

中间层是指平流层顶以上温度随高度升高而降低的大气层。中间层降温的主要机制是二氧化碳发射红外辐射。在 80 km 附近温度达到一个极小值，这个极小值所在的高度叫做中间层顶，其平均温度为 190 K。高纬度地区中间层顶温度的季节变化强烈，夏季可降至 160 K。大多数流星在中间层里消失。

2.6.2 热层

从大约 80 km 高处的大气温度极小值开始温度重新升高的大气层叫热层，而温度不再升高的高度叫热层顶。在太阳活动的低年和高年，热层顶的高度分别为 230 和 500 km，其大气温度分别为500和1750 K。分子氧吸收的波长小于 1751 Å 的太阳远紫外辐射是热层的主要热源，其分布与分子氧的分布有直接关系，集中在 200 km 以下。进入磁层的太阳风带电粒子在高纬度地区的沉降是热层的另一热源。此外，从中、低层大气传播上来的波动所耗散的能量、电离层电流的焦耳加热以及放热化学反应等对热层大气的加热也有贡献。分子氧的分离，大气各种成分因扩散而分离和温度急剧升高是热层的主要特征。热层的动力学状态也很活跃，在热层里可以观察到极光、气辉、流星和夜光云。

热层环流是热层大气风场的基本特征。热层大气运动复杂，除盛行风外，还有周日、半日潮汐风和无规则小尺度风。对热层风的观测尚不充分。关于纬向环流，在 80～120 km 高度范围内，低纬度全年呈东风，最大风速为 40 m/s；中纬度全年呈西风。

200～1000 km 大气是低轨道卫星和空间站运行的主要场所，它的结构和变化特性对保障空间飞行器安全、延长轨道寿命、提高遥感探测器精度和效益都有重要意义。高层大气密度是影响飞行器运行的最重要和最直接的因素。高层大气对飞行器所产生的阻尼效应，将导致飞行器的寿命、轨道衰变速率和姿态的改变。此外，热层大气的风场（一般有几百 m/s 的量级），特别是水平风场也会对低轨道卫星的飞行产生影响。多年的研究和观测表明，高层大气的结构和变化受太阳辐射和地磁活动的影响非常大，例如：在太阳活动剧烈和磁暴期间，高层大气的密度会发生强烈变化，甚至会增强 10 倍以上，这会显著影响低轨道卫星的飞行，甚至会导致航天器的陨落。

2.6.3 中高层结构参数

中高层大气结构参数是指描述大气的物理状态和化学状态的基本参数（如温度、压力、密度和成分等），以及大气运动的空间分布及其随时间的变化。压力、密度剖面的基本特征是它们随高度按指数律降低，它们在 120 km 以下每升高 16 km 大约降低一个数量级。高层大气直接吸收太阳紫外辐射，密度低，温度变化大。温度对压力、密度的分布起决定性作用。

2.6.3.1 中高层大气风场

中高层大气风场是描述中高层大气风向、风速分布等的重要参数，有非常复杂的时间和空间变化，并且受各种大气波动（如重力波、潮汐和行星波）的影响显著。其时间变化尺度可以从小时到日变化、季节变化，甚至一直延伸到年变化。中高层大气风场还随高度和纬度有明显的变化，有很宽的空间变化尺度范围（几千米至上万千米）。这些变化包括不同高度上和纬度上大气环流的准半年振荡、年振荡和准两年振荡、行星尺度波动、大气潮汐、不同时空尺度的大气重力波以及大气湍流等。相对于纬度变化而言，其经度变化较小。相对于水平风场，垂直气流一般非常小。研究中高层大气风场特征、形成及变化对于提高中高层大气空间天气预报准确率，实施空间天气保障等都具有重要意义。

武汉上空冬季大气纬向和经向风场如图 2.38 所示。

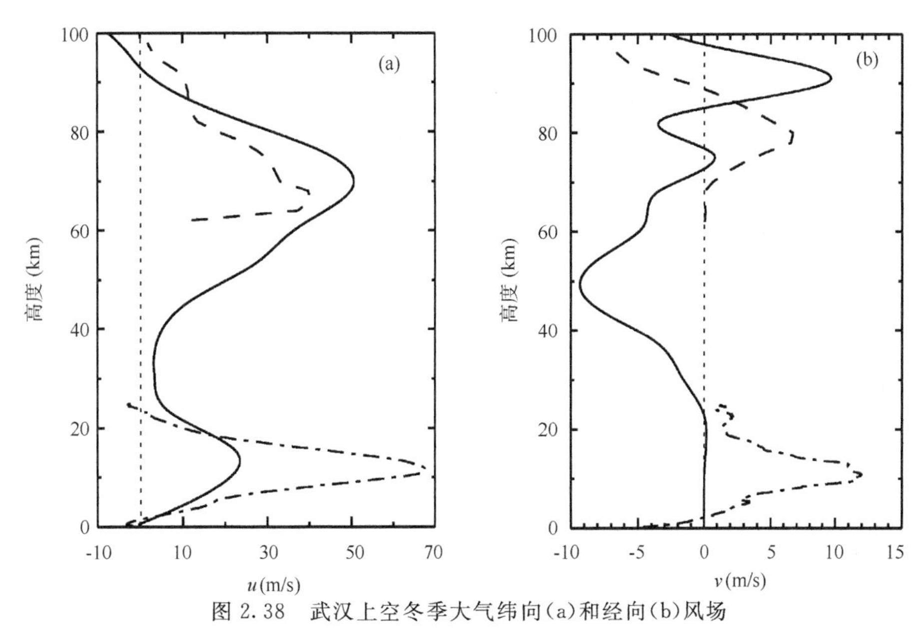

图 2.38　武汉上空冬季大气纬向(a)和经向(b)风场

实线是 HWM 模式结果；点画线是武汉无线电探空仪观测结果；虚线是武汉 MF 雷达观测结果

低平流层纬向平均风场的明显特征是具有准两年振荡（QBO，多出现在赤道和低纬度地区）和年振荡（AO，多出现在中、高纬度地区），高平流层和中间层纬向平均风场的明显特征是具有半年振荡（SAO），并且多出现在赤道地区。

地转风是指空气受到的水平气压梯度力和科里奥利力平衡时形成的风。在北半球高压处于运动方向的右侧,低压处于运动方向的左侧;在南半球则相反。

热成风是指某气层上、下两层界面上的地转风矢量差。在北半球背风而立,高温在右侧,低温在左侧;南半球则相反。热成风反映了地转风随高度的变化。由各层大气温度的经向梯度及热成风原理可以解释纬向平均风速随高度的变化。

盛行风是指一个地区在规定的时间内出现风向频率最多的风。80～100 km 高度范围内的盛行风以纬向西风为主,风速 20～100 m/s。夏季风速较大,冬季则较小,春秋季出现弱的东风,经向风从夏极吹向冬极,风速约 10～30 m/s。

半日潮汐风是指低热层大气的半日潮汐振荡。流星尾迹观测的结果说明,80～100 km 的高度范围内半日潮汐风很大,其振幅可与盛行风相比。振幅的年变化也很明显,极小值在春季、初夏以及秋季的一个短时间内。西风极大值通常在地方时早、晚 19—22 点。在一年的大部分时间,低热层半日潮汐风的相位与地面气压半日振荡的相位相反。

无规则小尺度风是低热层大气运动的一个成分,其垂直尺度为 5～6 km,水平尺度为 100 km。它是大气中各种波动非线性作用的结果。

中高层大气风场受对流不稳定性等多种因素产生大量强烈的大气湍流,导致航天飞机和远程战略导弹在经过该区域时产生强烈抖动,甚至会偏离预定飞行轨道。另外,在火箭发射中,阵风会改变火箭的姿态和飞行方向,影响正常入轨;风切变会产生剪切力,造成火箭的共振,继而火箭遭到破坏。

2.6.3.2 中高层大气密度

中高层大气密度是指单位体积中的大气质量或粒子数目。前者称质量密度(简称密度),单位为 kg/m³;后者称为粒子数密度,单位为/m³。它是描述中、高层大气动力学和热力学特性的重要参数。中、高层大气密度有非常复杂的时间和空间变化,经常受各种大气波动(如重力波、潮汐和行星波)的影响,并且对来自中、高层大气上、下层区的响应显著,如在磁暴期间,密度可猛增几倍,甚至几十倍。高层大气密度变化对航天器轨道及战略导弹飞行,高速航天器再入大气层,通信、导弹再入等具有重要影响,是中高层大气探测和预报的重要对象。

标准大气所采用的纬度 45°海平面处质量密度的数值是 $\rho_0 = $kg/m³。随着高度的递减,大气密度基本上是按指数律迅速下降,并随时间、纬度、季节及太阳活动情况等而变化(图 2.39)。40 km 以下的大气密度日变化幅度不超过 6%,50～90 km 日变化幅度在 10%～25%之间。200 km 以上密度极大值出现在 14 时(地方时),极小值出现在 04 时。200 km 附近密度日变化率随太阳活动的减弱而增加,600 km 以上日变化律随太阳活动的减弱而减弱。密度变化最剧烈的高度是 65～75 和 100～120 km,年变化最小的高度在 8 和 90 km 附近。120 km 以上大气密度与太阳活动关系密切,有 11 年,半年和 27 d 周期的变化。大气密度还随地磁活动的情况而变化。磁暴扰动以后 5 h 左右,密度可猛增几倍,甚至几十倍,然后迅速下降复原。

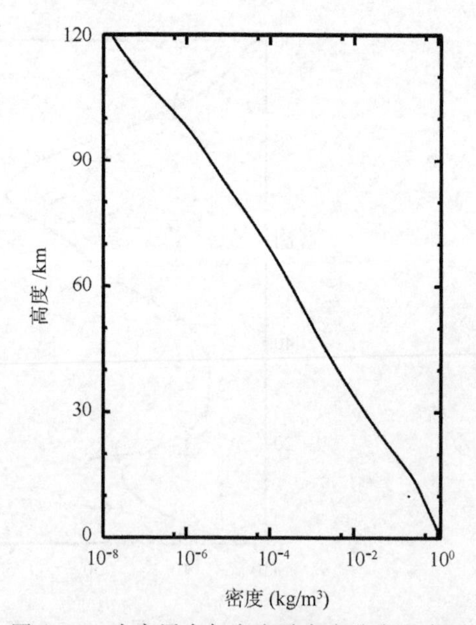

图 2.39 中高层大气密度随高度分布示意图

中高层大气密度可通过测量气压、气温或通过测量大气阻力加速度来计算得到。25～80 km 高度范围内的大气密度探测手段主要是激光雷达,更高高度上的大气密度测量则主要借助于卫星搭载大气密度探测仪器。

另外,中高层大气中的环流、震荡和各种波动也是十分重要的物理过程。但由于探测能力的限制,目前的空间天气业务暂未涉及这些内容,故本书不予详述。

2.6.4 热层大气的暴时响应

在热层大气中，在太阳的紫外辐射和粒子辐射作用下，地球大气被部分电离，产生自由电子和离子，形成电离层。热层与电离层是相互重叠的大气层，也是紧密耦合的系统。但在热层大气中，中性成分仍然是大气的主要成分，即使是在电子浓度最大的 F 层，自由电子的数密度也远远小于中性粒子的数密度。

在热层大气中，大气非常稀薄，分子的平均动能很大，分子之间的碰撞次数很少，大气以分子扩散为主，在地球重力的作用下，大气分子和原子的分布按照其重量开始出现扩散分离，各种成分的比例发生变化，平均分子量不再保持常数。随着高度的增加，质量较重的分子或原子的成分的比例逐渐减小，而质量较轻的原子成分的比例逐渐增加，所以热层大气是非均质层大气。

在热层大气中，风场与下面的中低层大气有明显的差别。在中低层大气中，大尺度大气运动主要是气压梯度力与柯氏力平衡的结果，所产生的风主要是地转风，风向与压力梯度垂直。在中低层大气中，大尺度风的水平分量比垂直分量约大两个数量级，水平风的风速和风向随季节和纬度有很大变化。而热层大气风场主要是气压梯度力与摩擦力(包括离子曳力)平衡的结果，风向与压力梯度平行。大气基本上是从向阳面吹向背阳面，并伴随有热空气上升和冷空气下降。

太阳辐射对热层大气的影响主要发生在紫外和 X 射线波段，紫外和 X 射线仅占全部太阳电磁辐射总能量的 9%左右，但它们随太阳活动的变化很大，通常可以达到一个数量级以上，这些短波长的辐射可以被高层大气直接吸收，它是引起高层大气光化学和动力学变化的最主要的原因之一。同时，太阳的粒子辐射，也是造成中高层大气变化的一个重要原因，尽管粒了辐射的能量远小于电磁辐射，但粒子辐射的变化更强烈，高能粒子可以穿透高层大气，造成中低层大气的变化。太阳活动有近 11 年的周期，观测表明，地球热层大气和外层大气温度也有明显的 11 年周期变化。由于太阳活动区在日球上的不均匀分布，太阳 27 d 周期的自转造成太阳紫外辐射也具有 27 d 的周期变化。卫星观测数据表明，热层大气也存在相应的 27 d 变化。

太阳的粒子辐射由于地磁场的作用，主要影响地球高纬度地区的中高层大气，太阳粒子辐射具有很强的穿透性，太阳高能粒子的沉降甚至可以穿透 90 km 以下的大气层，主要是造成极区和高纬度地区大气电离成分和化学成分的变化，但对中低层大气温度的影响比对高层大气的影响要弱得多。

在磁暴期间，热层大气的扰动表现得尤为剧烈，其主要原因是磁暴期间的高纬度地区粒子加热和焦耳加热等过程。磁暴期间，极区电离层对流电场显著增强，高能粒子沉降使电离层电导率增加，造成焦耳加热急剧增加，焦耳加热可以是平静期的数十倍，甚至上百倍。焦耳加热使得极区热层大气加热膨胀。同时，磁暴期间经常伴随着强烈的高能粒子沉降，沉降粒子将粒子的能量沉降到中高层大气，从而加热大气。以上过程将改变全球高层大气的温度、密度和风场。

图 2.40(彩图见插页)显示了利用 CHAMP 卫星加速度计反演的大气密度，在 2003 年 10 和 11 月磁暴期间，在 410 km 的高度上，大气密度变化了 4 倍(Sutton 等 2005)。同时，如图 2.41(彩图见插页)所示，利用 CHAMP 卫星加速度计的数据，反演估算的大气东西风的强度也有数倍的改变(Sutton 等 2007)。利用 UARS 卫星上 WINDII 仪器的观测数据也发现，在 1993 年 4 月磁暴期间，高纬度地区风速从 4 月 2 日的 200 m/s 在 4 月 5 日增加到 650 m/s(Zhang 等 2000)。

在磁暴期间，热层密度在几小时以内变化数倍，然后又迅速下降，密度增高比磁暴滞后大约 5 h。大量的观测表明，磁暴造成的高层大气温度变化，其基本特征是，温度变化与 Kp 指数及纬度相关，温度变化滞后于地磁扰动 5～8 h。

磁暴期间会造成热层的电离和中性成分的剧烈变化。磁暴期间，由于热层大气的加热抬升，使得各种成分的比例发生明显变化。重气体成分(N_2 和 O_2)增加，而轻气体成分(O，He)减小，即 O/N_2 的比值明显减小。由于热层大气与电离层是紧密耦合的系统，所以中性成分的改变通过光化学过程影响电离层的电子密度。

磁暴期间，不管是在白天还是夜间，O/N_2 比例的下降会造成电离层等离子体密度的下降，图 2.42

(彩图见插页)给出了 2003 年 11 月 20—21 日磁暴期间 *Dst*, O/N_2 比值,以及 *TEC* 分布的变化(Hyosub 2005)。所以,有时用 O/N_2 比例作为热层大气扰动的指标参数。

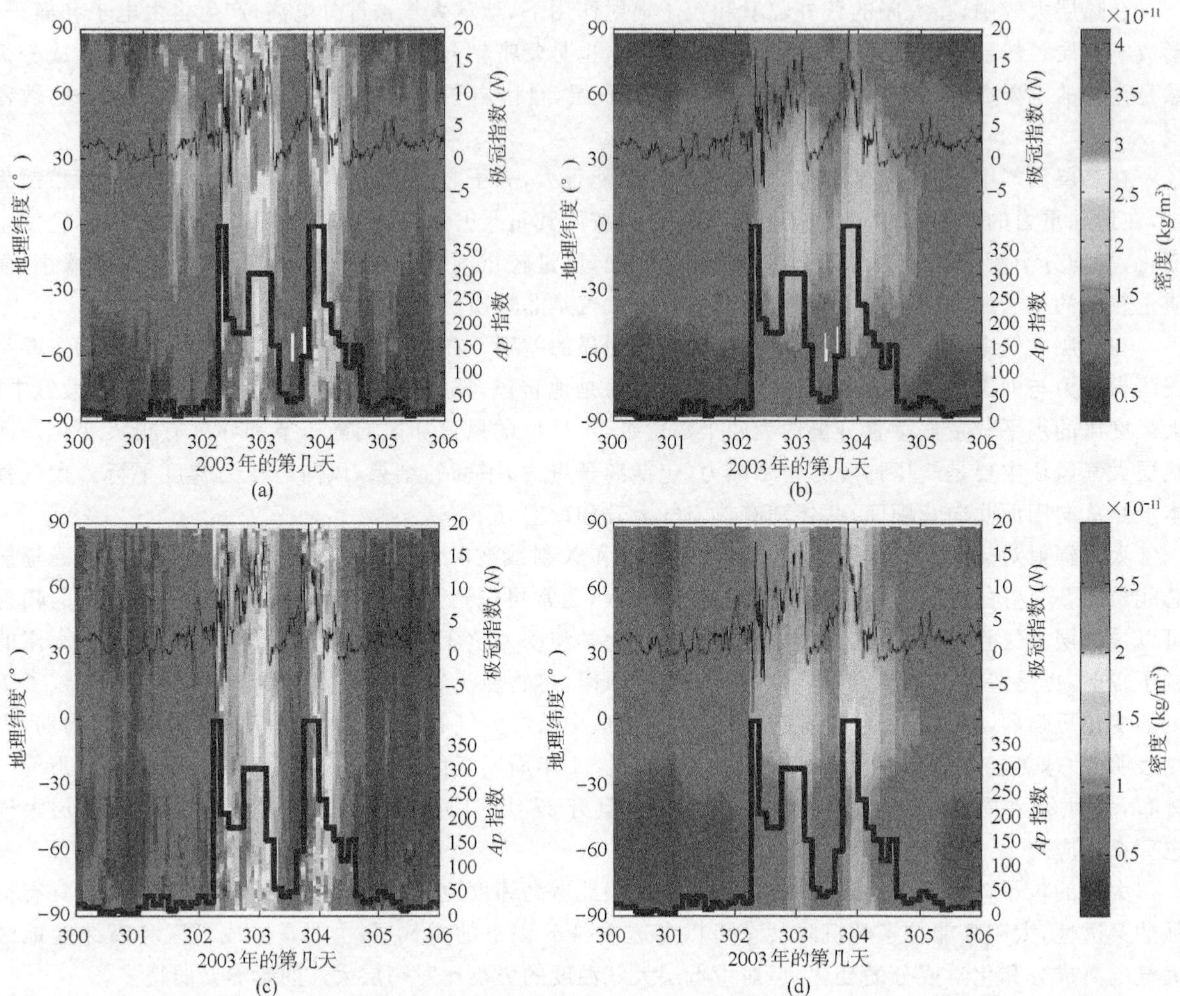

图 2.40　2003 年利用 CHAMP 卫星加速度计反演的大气密度(a,c),以及用 NRL-MSISe00 计算的大气密度(b,d),(a)和(b)为白天的情况;(c)和(d)为夜间的情况(引自 Sutton 等 2005)

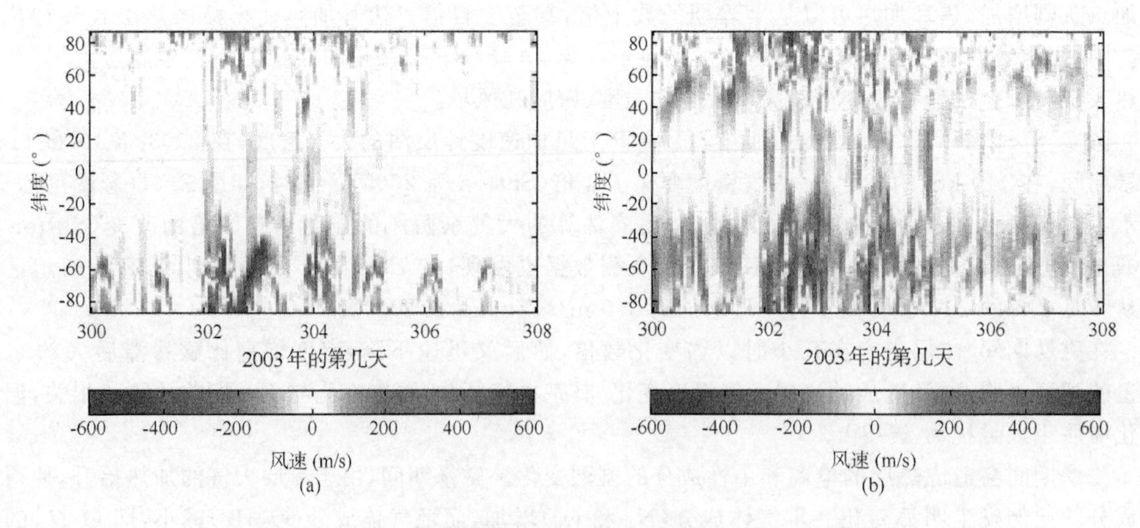

图 2.41　2003 年利用 CHAMP 卫星加速度计计算的大气风场
(a)为白天的情况;(b)为夜间的情况(Sutton 等 2007)

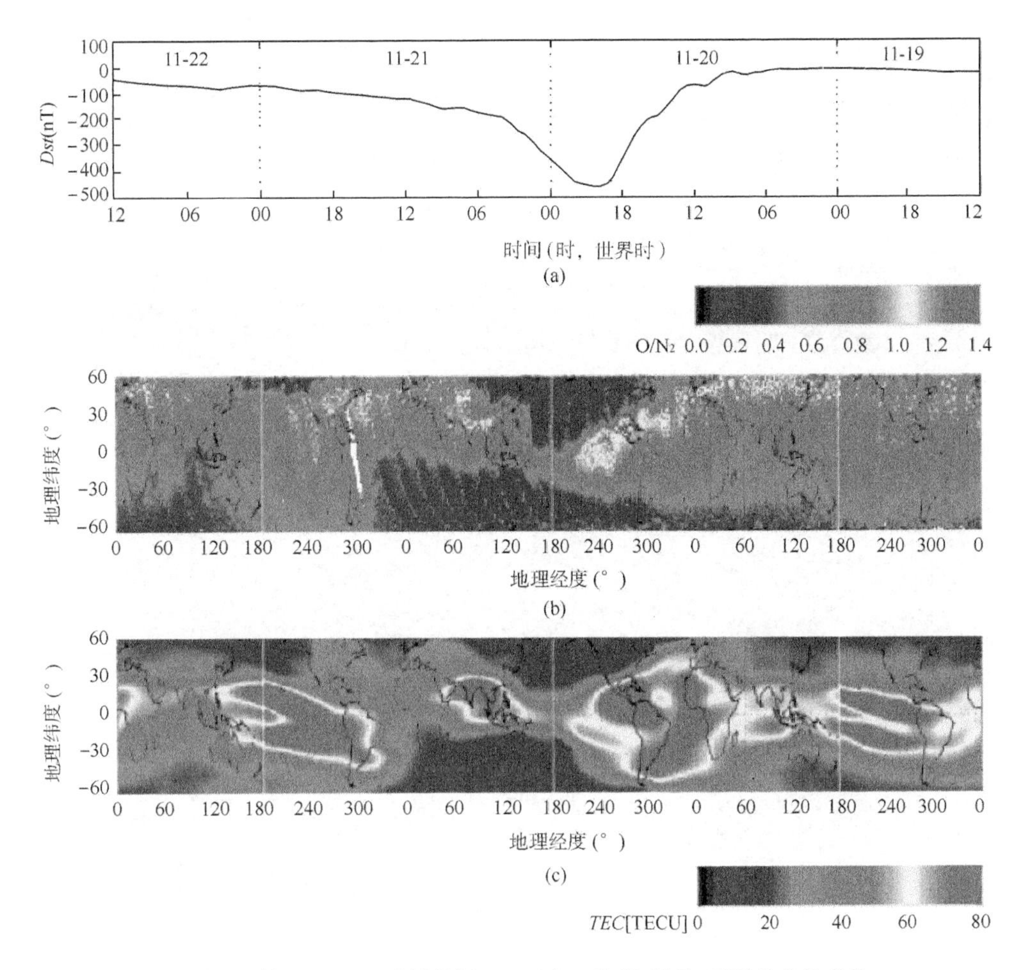

图 2.42 2003 年 11 月 20—21 日磁暴期间 Dst,O/N_2 比值,以及 TEC 分布的变化(Hyosub 2005)

(a)为 2003 年 11 月 20 日 Dst 指数变化;(b)为卫星上的全球紫外成像仪观测到的氮氧比;

(c)由 GPS 卫星信号计算出的电离层电子总含量

2.6.5 中层大气闪电

近些年来的观测和研究发现了另外一种低层大气影响中高层大气的物理过程。1989 年 7 月 6 日,Franz 等明尼苏达大学的科学家在测试一套低光度摄像系统时,首次发现了雷暴上方的高空闪电(High Altitude Lightning, HAL)现象,这一重大发现立即引起许多科研工作者的广泛关注。中层大气闪电成为近些年来空间物理研究领域中最重大的发现之一,对它的研究已成为近些年来大气物理学和空间物理学领域的热点研究课题。从 1989 年到现在的 20 年时间里,人们对中层大气闪电现象的电磁场以及各种光学波段进行了多种仪器的探测,并且利用地基、飞机、气球以及卫星等多种探测平台进行了全方位的观测。目前的观测结果显示,在对流层雷暴区上空可以产生红闪(Red sprite)、蓝激流(Blue jet)、Elves(emissions of light and VLF perturbations due to EMP sources),以及巨大激流(Gigantic jet)等多种光电现象。图 2.43 给出了这些中层大气闪电现象的高度分布特征。

目前的研究表明,这些中层大气闪电现象,是由于对流层闪电放电产生的电磁场在平流层—中间层—低电离层产生的击穿放电造成的。这一过程有可能引起中高层大气化学成分、大气的辐射以及电离层的变化和扰动。对于这一现象的研究还是相当初步的,有很多问题尚未得到令人满意的答案,它对中高层大气光化学的影响、对引起电离层扰动的作用、产生的大气辐射,以及这些事件造成的对中层大气的能量注入和全球范围内这种事件的发生频率等问题,逐渐成为目前该领域研究的热点课题。但是,目前普遍认为,低层大气的雷暴通过诱发中层和低电离层闪电直接影响中高层大气,这可能是一种十分

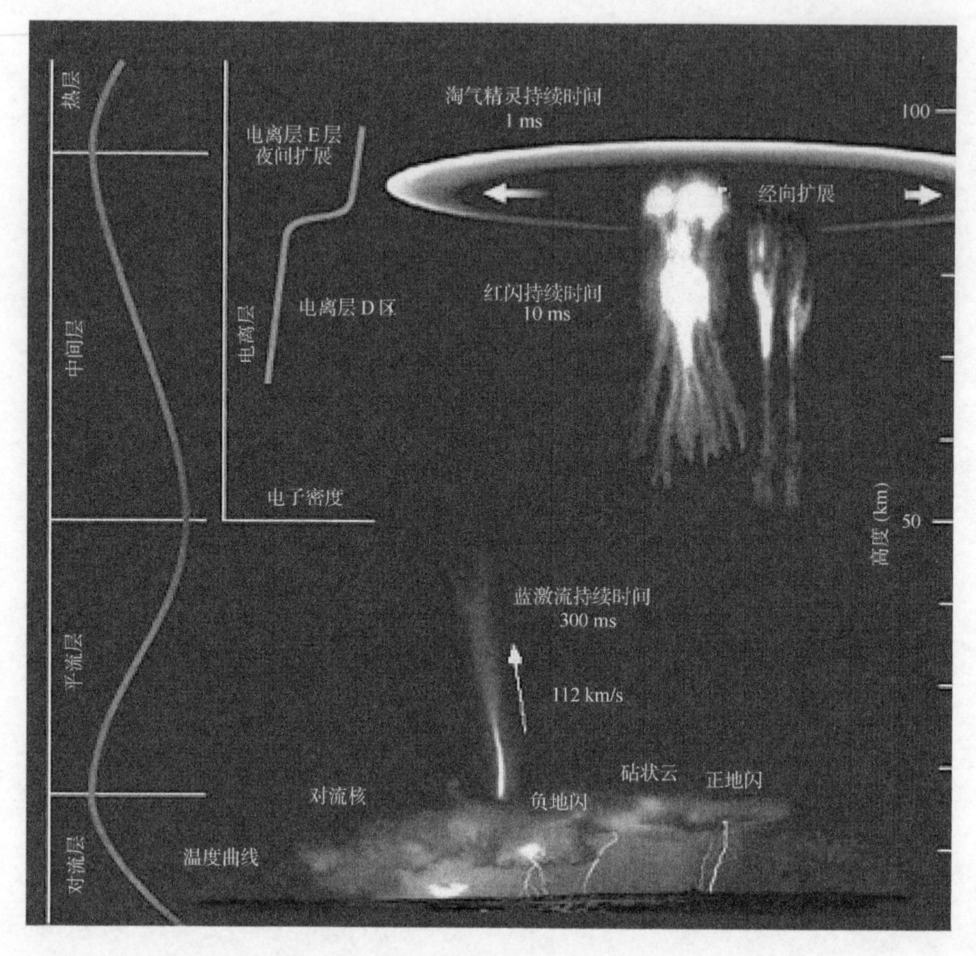

图2.43　各种中层大气闪电的类型以及高度分布示意图(引自 http://www.spritesandjets.com/)

有效的低层大气与中高层大气和电离层直接耦合的重要的物理过程。

在应用方面,低层大气的强雷暴闪电会对人类生命安全造成伤害并对财产造成损失。由它产生的中高层大气闪电有可能对通信、高空飞机、火箭等航天器具有潜在的影响和危害。所以,中高层大气闪电现象的研究对航空航天环境的安全保障具有重要意义。

第 3 章 空间天气效应与服务

本章主要介绍在各种空间天气条件下，航空航天、通信导航和地面管网等系统可能产生的变化和效应，并说明这些效应的特征、机理和潜在危害。

3.1 概述

灾害性空间天气事件带来的是整个日地空间的扰动，航天系统和地面系统所面临的影响主要包括：辐射环境的恶化、低轨卫星大气阻力的剧增、等离子体环境的恶化、地磁场的剧烈变化以及电离层的一系列变化等。如同热带气旋、强降雨和大风等天气现象可能导致一系列衍生灾害的发生一样，空间天气事件也会对航天器和一些地面系统形成很大的影响，如单粒子事件、充电事件等，即产生所谓的空间天气效应。空间天气效应是引起卫星和地面技术系统工作状态变化和故障的直接原因，但空间天气效应的强度（如单粒子事件发生频次、充电电位高低）不仅依赖于空间天气本身，还与相关技术系统（如卫星系统等）的结构、性能直接相关，因此，这些技术系统的故障与空间天气效应呈正相关关系，但并非完全对应。研究空间天气效应就是为了确定空间天气可能对卫星和地面系统造成的危害程度，提示有关部门采取有针对性的防范措施。

对于空间天气效应导致的灾害，最有切肤之痛的莫过于航天部门。在空间中运行的卫星无可避免地面对严酷的自然空间环境。尽管在设计阶段已经采取了适当的防护措施，但在一些空间天气扰动事件发生时，仍会有一些设备出现异常，导致卫星功能紊乱，甚至威胁到整颗卫星的安全。表 3.1 给出了 2003 年特大太阳质子事件及强地磁暴系列事件期间有公开报道的国外民用卫星的异常事件统计。

这只是一次太阳风暴所引起的卫星故障的粗略统计，还有众多的军用卫星状态更是秘而不宣，估计发生故障的军用卫星也不在少数。

据初步统计，航天器发生的故障中，40％是由于空间天气事件引起的。美国地球同步轨道卫星 TDRS—1 在 1983—1993 年期间就确定了 4468 次单粒子事件。在美国国家地球物理数据中心（NGDC）收集的五千多条记录中，有一半诊断为空间天气事件引起的故障。国内也有空间天气事件影响卫星系统性能的事例，例如：风云一号 B 气象卫星因多次单粒子翻转事件导致姿态控制故障，最终过早失效。

由人类半个多世纪在航天实践中积累的经验可知，对卫星安全威胁最严重的空间天气事件主要有：引起星载微电子器件故障、威胁航天员健康的太阳质子事件；影响卫星姿态、造成低轨卫星轨道迅速下降的地磁暴事件；引起卫星深层充电的高能电子暴事件。随着空间探测和空间天气理论研究的发展，人们对于这些事件的发生和演化机制有了不断深入的了解，并且发展了多种预报方法。

表 3.1 2003 年 10 月空间天气扰动事件导致的卫星异常和故障

序号	日期（月-日）	卫星	异常现象	轨道
1	10-28	SIRTF	由于质子通量偏高，科学设备关机	行星际
2	10-28	Chandra	观测自动停止，11 月 1 日恢复	10 000 km×140 000 km，28.4°
3	10-28	DMSP F16	SSIES 探测器丢失数据	830 km SSO
4	10-28	RHESSI	CPU 自发复位	587 km×600 km，38°
5	10-28	Odyssey	MARIE 温度报警自动关机无法恢复	行星际
6	10-28	Microwave Probe	星敏感器自动关机，备份自动启动	行星际 L_2
7	10-28	Kodama	进入安全模式，信号噪声高，疑似失效	GEO
8	10-29	AQUA	全部设备进入安全模式，被迫进行轨道维持	705 km SSO
9	10-29	Landsat	全部设备进入安全模式，被迫进行轨道维持	705 km SSO
10	10-29	TERRA	全部设备进入安全模式，被迫进行轨道维持	太阳同步轨道
12	10-29	TOMS	全部设备进入安全模式，被迫进行轨道维持	500 km 太阳同步轨道
13	10-29	TRMM	全部设备进入安全模式，被迫进行轨道维持	350 km×350 km，35°
14	10-29	CHIPS	计算机掉线，通信停止 18 h	590 km SSO
15	10-29	X-ray	天空监测器全部关机	LEO
16	10-29	Timing	天空监测器全部关机	LEO
17	10-29	Explorer	天空监测器全部关机	LEO
18	10-29	RHESSI	CPU 自发关机	587 km×600 km，38°
19	10-29	Odyssey	存储器错误	行星际
20	10-30	DMSP F16	微波探测器不能震荡，启动冗余设备	830 km SSO
21	10-30	X-ray	PCA 停机	LEO
22	10-30	Timing	PCA 停机	LEO
23	10-30	Explorer	PCA 停机	LEO
24	10-28—30	Inmarsat	两颗卫星动量轮转速猛增	GEO
25	10-28—30	FedSat	三轴卫星开始摇摆，发生单粒子翻转	800 km SSO
26	10-28—30	ICESat	GPS 定位装置重起动	600 km SSO
27	10-28—30	SOHO	CDS 控制单元进入安全状态	行星际 L_1
28	10-28—30	ACE	等离子体探测装置失效	行星际 L_1
29	10-28—30	WIND	等离子体探测装置失效	行星际
30	10-28—30	GOES	电子探测器溢出	GEO
31	10-28—30	MER1，MER2	恒星定位装置失效	行星际
32	10-28—30	GALEX	电压增高造成电池过度充电，两个紫外探测设备关机	690 km×690 km，28.5°
33	10-28—30	POLAR	Despun 平台发生三次锁定	727 km SSO
34	10-28—30	Cluster	4 颗卫星的数据处理模块自动重起。	19 000 km×119 000 km，98°

要保证卫星在恶劣空间天气状况下的安全，除了改进航天器的制造工艺外，准确的空间天气预报也可以在卫星安全保障方面起到重要作用。根据预报，卫星控制机构可以在灾害性空间天气发生之前进行必要的准备，使敏感设备处于保护状态等，将空间天气的危害减小到最低限度。

空间天气的剧烈扰动除了对空间运行的航天器构成致命威胁外，还会对航空和地面技术系统产生一定影响。空间天气业务是国家重要基础设施安全运行的重要保障，国家经济生活的方方面面（如通信、广播、导航、航空、气象预报业务以及长距离油气管线、输电网和金融服务等）都可能受到空间天气的影响，如图 1.1 所示。

宇宙射线是影响航空安全的主要空间天气因素。虽然在常规高度（9～12 km）上地球大气层已经屏蔽了多数初级宇宙线，但是次级粒子（中子、介子与电子）却仍然存在，它们在 18 km 处达到最大值，在 9 km 处仍有 1/3 存在，在海平面高度上进一步衰减为 1/300。这意味着，在飞机的飞行高度上存在着与低轨道上同样大的辐射危险，例如：1988年9和10月爆发的一系列太阳质子事件导致了在协和飞机飞行高度上辐射水平比平时增加了6倍。这些次级粒子对飞机仪表以及乘客都有影响。Air Navigation Order要求飞机必须配置警示监视器或者只有得到有利的空间天气预报，飞机才能起飞。如今，多国的跨极区航线均主动接受空间天气业务部门的服务，在恶劣空间天气期间，通常采用改变航线的办法使飞行过程通信受到的影响减少，乘客受到的辐射减少。

地磁活动对地质勘探的影响表现在正反两个方面。绝大多数勘探必须在地磁场宁静时进行，这样才能得到真实的磁场图像。但有一些勘查倾向于在地磁暴期间工作，这时的地下电流与正常时的差异会帮助勘测者找到石油或矿物。

空间天气事件期间地磁场的强烈变化会感应一个高达20 V/km的地球表面电位，从而诱发感应电流。这种直流电流加载在长距离输电线路上，会使变压器产生所谓的“半波饱和”，产生很大的热量，最终可能导致变压器受损，甚至烧毁。快速扰动的地磁场可在石油、天然气等长距离管道内产生明显的感生电流。这时，管道中的流量表可产生不正确的流量信息，管道的侵蚀率也会明显增加，并可能导致很大的经济损失。

越来越多的证据表明，地磁场的变化会影响生物系统。研究指出，人体生物系统能够响应地磁场的扰动。国际无线电联盟(URSI)特别为此创立了一个新的主题——“生物和医药中的电磁学”。最为显著的事例是地磁暴期间信鸽导航能力显著降低，在地磁暴期间举行的信鸽比赛中，只有很少的鸽子从释放点返回家中，导致巨大的经济损失。

保险公司对多数商用卫星承保，尤其是对卫星能否安全进入轨道承保，也经常对入轨后的运行状态承保。空间天气效应可能会导致卫星停止工作，使保险公司蒙受损失。如果保险公司能够准确获得空间天气信息，更好地评估风险，在航天发射、在轨运行卫星的安全承保过程中，计算保险费率时对空间天气影响加以考虑，就可以得到更大的收益。因此，对空间天气信息的迫切需求也意味着巨大的商业利益前景。

恶劣的空间天气还会对依赖电离层的导航通信系统产生干扰。

3.2 航天器空间天气效应

空间天气对航天器的影响是综合效应，即一个环境参数可以对航天器产生多方面的影响，一个航天器状态也会受到多种环境因素的作用。表3.2列举了多种空间天气因素对航天器各方面所产生的影响。

表3.2　空间环境对航天器的影响(引自都亨，低轨道航天器空间环境手册，1996)

	高层大气	原子氧	地磁场	银河宇宙线	太阳宇宙线	地球辐射带	电离层	磁层等离子体	流星体	空间碎片	太阳电磁辐射	地球反射	地气辐射	地球引力场
温度		☆										★	★	★
通信测控								★						
计算机软错误					★	★	★							
充电					☆	☆	☆		★			★		
化学损伤			★											
辐射损伤					★	★	★					☆		
机械损伤										★	★			
姿态	☆	☆		★								☆		
轨道	☆	★							☆			☆		

注：★表示有严重影响；☆表示有一般影响。

3.2.1 卫星空间天气效应概述

灾害性空间天气事件对卫星的影响是全方位的，包括大气阻力、深层充电效应、表面充电效应、辐射效应、地磁扰动效应等。

其中辐射效应主要影响在轨卫星的微电子设备，表现为卫星和设备频繁进入非正常状态，严重的会引起误操作，威胁整颗卫星的安全，其机制主要是单粒子效应。研究证明，表 3.1 中列出的许多设备和卫星的异常表现实际上均与单粒子效应有关，其对应时间也恰恰是太阳宇宙线的高峰期所在时段。

表面充电和深层充电达到一定电压时会发生放电过程，依其放电的部位，轻则放电脉冲耦合进电路而造成伪信号，重则引起电路板击穿，造成不可逆损坏。这些都会导致不同程度的卫星异常，究其原因是轨道等离子体、相对论电子环境异常造成的。这种充放电事件也是卫星故障的重要起源，图 3.1 给出了位于同步轨道的 METSAT—3 发生故障与相对论电子通量的统计结果，可以看出，故障都发生在相对论电子通量极大的时段。

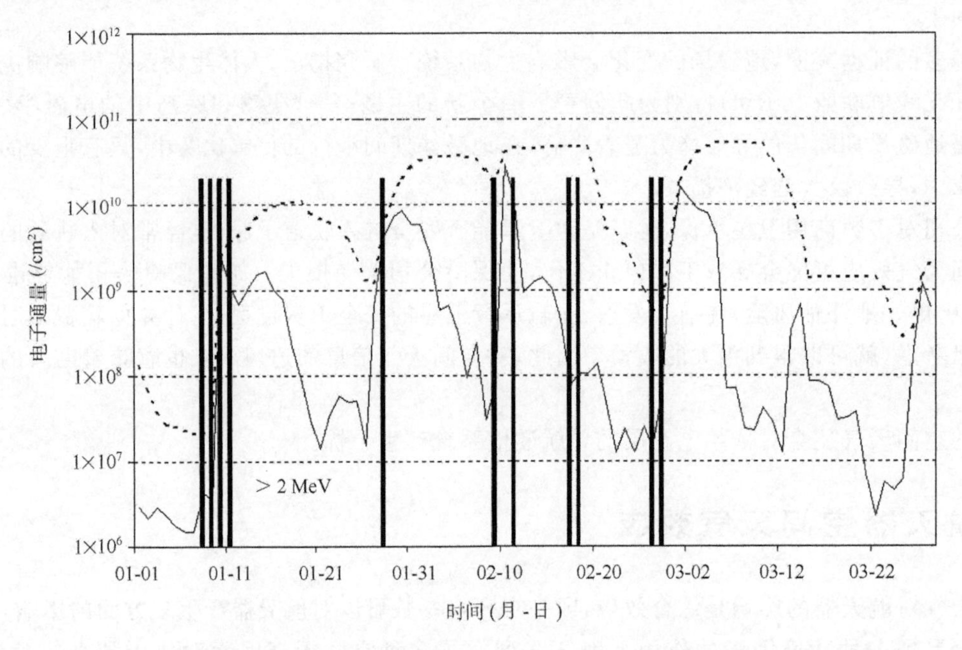

图 3.1 同步轨道的 METSAT-3 发生故障与相对论电子通量的统计结果(1997 年 1—3 月)

(引自 Rodgers，6th International Charging technology Conf.，1998)

低高度卫星轨道的突然衰变，则是由高层大气密度的突然升高导致阻力增加造成的，从 40 多年卫星轨道异常衰变数量与太阳活动的相关统计可以发现，太阳活动高年发生卫星轨道明显衰变的事例急剧增加，这正是高年频发的地磁暴引起高层大气加热的结果。由表 3.1 可看到 5 颗近地卫星由于地磁暴被迫进行轨道维持的事例。

航天器因其承担的任务不同而在不同的轨道上运行，它们所面临的环境也极不相同。以探测行星际空间和太阳系以外的空间为目的人造行星和宇宙飞船，将在远离地球的宇宙空间中运行，它所遇到的主要是太阳风、行星际磁场、宇宙线、流星体等环境；如要探测木星或土星，则会遭遇木星辐射带或土星辐射带中的由高能带电粒子组成的强辐射环境；以通信、数据传输、气象观测为目的的航天器，以及拟议中的空间电站均在地球同步轨道上运行，在这里除了来自外太空的宇宙线和流星体对航天器构成一定威胁以外，地球磁层扰动时从磁尾注入的高温等离子体是同步轨道上特有的恶劣空间天气状态，对航天器构成严重威胁，曾经造成许多航天器工作失常，甚至完全毁坏，因此这是首先需要注意防护的环境因素；在数千千米高度上飞行的航天器的主要威胁，来自辐射带中的高能质子和重离子诱发的单粒子事件，以及主要由高能电子造成的剂量效应；在 1000 km 以下运行的主要是对地观测卫星、气象卫星、载人飞船和航天飞机等，这个区域的环境条件与其他轨道环境有许多不同之处，最主要的特点是地球高层大气的影响十分严重，它对航天器的阻力是航天器轨道最主要的摄动来源，也是航天器陨落的主要原因；大气中的氧原子成分又是航天器表面化学腐蚀、剥离的原因。此外，由于这一区域内的地磁场的强度较大，它对卫星的姿态会产生较大的干扰力矩，同时也为姿态控制提供新的途径；地磁场对高能带电粒子的偏转作用，成为航天器的天然屏障，使得低纬度区宇宙线强度大大低于上述其他区域。而且在这一区域中运行的航天器最多，遗弃在轨道上的“碎片”也最多，这些碎片正在成为威胁航天器安全的新的环境因素。表3.3对四种主要应用卫星轨道上各种环境参数的影响作了简要的比较。

表3.3 四种轨道上各种环境参数对航天器的影响

环境参数	低轨道 100～1000 km	中轨道 1000～10 000 km	地球同步轨道 36 000 km	行星际 飞行轨道
中性大气	阻力对轨道影响严重，原子氧对表面腐蚀严重	没有影响	没有影响	没有影响
等离子体	影响通信，电源泄漏	影响微弱	充电问题严重	影响微弱
高能带电粒子	辐射带南大西洋异常区和高纬地区宇宙线诱发单粒子事件	辐射带和宇宙线的剂量效应及单粒子事件效应严重	宇宙线的剂量效应和单粒子事件效应严重	宇宙线的剂量效应和单粒子事件效应严重
磁场	磁力矩对姿态影响严重，磁场可作姿态测量参考系	磁力矩对姿态有影响	影响微弱	没有影响
太阳电磁辐射	对表面材料性能有影响	对表面材料性能有影响	对表面材料性能有影响	对表面材料性能有影响
地球大气辐射	对航天器辐射收支有影响	影响微弱	没有影响	没有影响
流星体	有低碰撞概率	有低碰撞概率	有低碰撞概率	有低碰撞概率

3.2.2 空间辐射效应

空间辐射可以引起多种类型的卫星异常，如高能粒子引起的单粒子事件能够引起卫星功能的紊乱，等离子体引起的卫星表面充放电和高能电子引发的深层电子充放电效应可能造成卫星误操作，甚至器件的毁伤等。而随着大量新技术在卫星上的应用，空间天气的影响将更加显著，如高通量的质子轰击卫星的恒星定位相机系统，将使其失去应有的定姿功能，后果非常严重。图3.2所示为SOHO卫星的LASCO可见光照相机在一次质子事件前后的CCD照片，可以看出，由于高能质子轰击CCD器件引起的伪信号，可将平静时可以观测到的恒星信号完全淹没。

完全消除空间辐射影响是不可能的。为确保卫星的安全，应采取适当的操作和规避措施，而采取措施的时机就取决于对空间天气事件的预警信息，以及事件可能对特定轨道卫星的影响程度的评估。如2005年1月的高能太阳质子事件期间，工作在国际空间站上的宇航员得到指示进入屏蔽较厚的舱段紧急避险，而2003年10月底的特大质子事件期间，美国的多颗卫星主动关闭了易损设备。

3.2.3 高层大气效应

高层大气对航天器轨道的阻力是低轨道航天器主要的轨道摄动力。航天器在高层大气中运动时，大气阻力和航天器运动速度的方向相反，它使航天器速度下降，而速度的下降会使卫星的高度下降，轨道收缩，进入大气密度更稠密的区域，从而导致航天器所受阻力进一步增加，加速航天器下降的速度，直至陨落。在低轨道的各种环境影响中，高层大气的影响是唯一导致航天器陨落的因素。

当航天器沿椭圆轨道运动时，在近地点附近受到的阻力最大。这一方面是因为在近地点的高度最低，遇到的大气密度最大；另一方面是因为航天器相对于高层大气的速度在近地点最快。而大气的阻力与大气密度成正比，与相对速度的平方成正比，因此航天器速度主要在近地点附近下降最快。但其结果

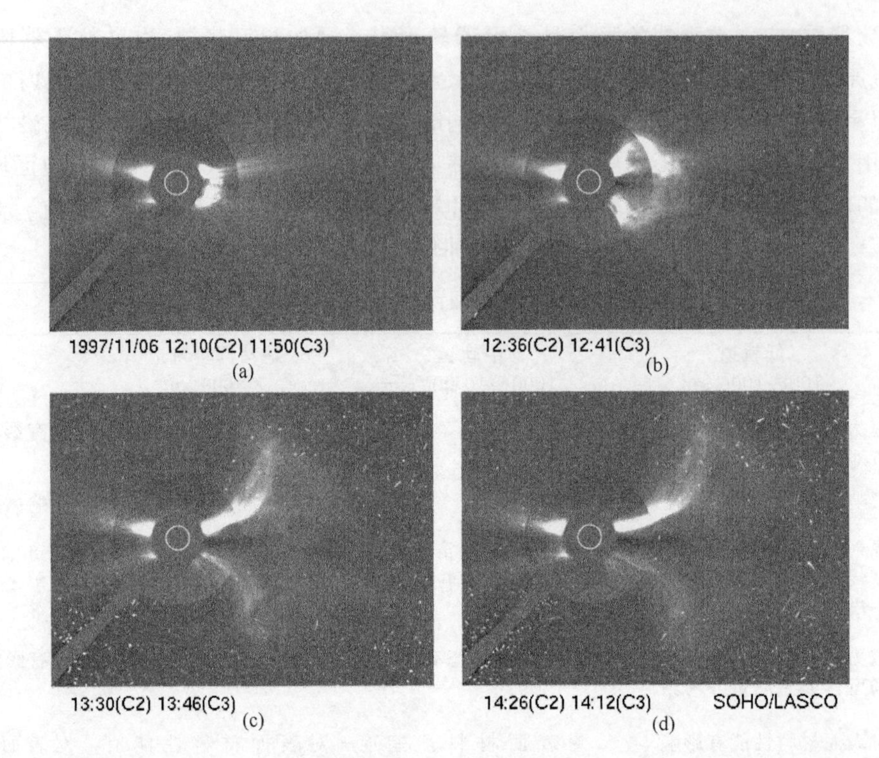

图 3.2 SOHO 卫星的 LASCO 可见光照相机在一次质子事件前(a 和 b)、后(c 和 d)的 CCD 照片对比
(http://sohowww.nascom.nasa.gov/gallery/images/c2c3protons.html)

并不直接影响近地点的高度,而是在航天器运行到远地点时,由于它的总能量降低,不能达到原有的高度而造成远地点下降。轨道形状通过一系列的收缩,椭圆逐渐变成圆形。在圆形轨道上航天器受到的阻力比较均衡,进一步均衡收缩直至陨落。

当航天器相对于运动方向的外形不对称时,高层大气的阻力也会产生力矩,阻力和航天器的截面,即航天器特征长度的平方成正比,它所产生的力矩则和特征长度的立方成正比,因此在设计大型航天器的外形时需要考虑大气对姿态的影响,特别是外形高度不对称的航天器。例如只有一个太阳电池帆板的航天器,在低地球轨道上运行时,高层大气对航天器姿态会带来严重影响。

3.2.4 表面材料的化学损伤效应

对航天器表面的化学损伤主要来自高层大气中的氧原子。氧原子是一种强氧化剂,具有很强的腐蚀作用,航天器以约 8 km/s 的高速度在其中运动,相当于将航天器浸泡于高温(60 000 K)的氧原子气体中,其表面将被强烈地腐蚀。对需要长期在低轨道上运行和工作的航天器(如空间站),这种腐蚀效应是十分严重的。高速氧原子和表面材料相互作用的物理化学过程复杂多样。它和聚合物、碳等形成挥发性的氧化物,和银相互作用生成不黏合的氧化物,造成表面被逐渐剥蚀;和铝、硅等材料相互作用形成黏合的氧化物,附着在航天器表面,它将改变航天器表面的光学特性(发射系数、吸收系数和反射系数等)和力学特性。

为减轻氧原子的剥蚀效应,采用在表面覆盖一层抗氧化物质的方法是比较有效的。但保护层一般很薄,很容易被流星体或空间"碎片"击穿而失去保护作用。氧原子在击穿的小孔后面会剥蚀出面积远远大于小孔的深洞,使防护难度增加了。

3.2.5 地球磁场对姿态的影响

地球磁场对航天器姿态的影响是低轨道航天器特有的环境问题。因为地球磁场的强度大约按地心距离的立方向外迅速减弱,低轨道上的磁场强度要比高轨道强得多。航天器受到的磁力矩和磁场强度成正比,也和航天器的磁矩成正比。为了减少磁力矩的干扰,在航天器设计和研制过程中需要通过减少磁性物质或合理配置磁性物质，以减少总磁矩；航天器上的强直流电流形成回路，在磁场中也会产生磁力矩，在安排电缆时也需尽量减少由此而产生的磁力矩。当航天器的姿态采用自旋稳定时，磁力矩会使自旋轴发生进动，在航天器结构中产生的感应电流会导致自旋速率降低。另一方面，低轨道上的磁场强度比较稳定，磁场也广泛地被用来作为测定航天器姿态的一个参考系，即利用安装在航天器上的磁强计来测定航天器相对于磁场的姿态，再根据已知的磁场在空间的方向计算航天器在空间的姿态。地磁场还可作为控制姿态的力矩的来源，在航天器上安装的相互垂直的三组线圈中通以一定的电流，即可产生大小和方向满足预定要求的力矩。

3.3　辐射效应机理

高能电子、质子和重离子损伤航天器表面材料和电子元器件有两种方式：一种是电离作用，即入射粒子的能量通过使被照射物质的原子电离而被吸收，高能电子几乎完全通过电离作用使航天器受到损伤；另一种是原子位移作用，即使被高能粒子击中的原子的位置移动而脱离原来所处的晶格中的位置，造成晶格缺陷。高能质子和重离子既能产生电离作用，也能产生位移作用。

在半导体器件中电离作用的破坏性在于使二氧化硅绝缘层中的电子-空穴对增加，它会导致 MOS 晶体管的阈值电压漂移，双极型晶体管的增益下降，以及普遍地使漏电流增加，造成器件性能下降，使单元电路不能完成原定的功能。位移作用的后果是硅中少数载流子的寿命不断缩短，造成晶体管的电流增益下降和漏电流增加。

高能粒子辐射对于卫星上的仪器设备，特别是微电子器件，有着多种不利的影响，其中对卫星威胁较为严重。受到航天部门广泛重视的辐射效应主要有单粒子效应、总剂量效应和深层充电效应等。

3.3.1　单粒子事件

单粒子事件(SEE)是指单个的高能质子或重离子导致的微电子器件状态改变，从而使航天器发生异常或故障的事件。它包括逻辑状态改变的单粒子翻转事件，使 CMOS 组件发生可控硅效应的单粒子锁定事件等。单粒子翻转事件本身虽然并不造成硬件损伤，是状态可以恢复的“软”错误，但当它导致航天器控制系统的逻辑状态紊乱时，就可能产生灾难性后果。发生单粒子锁定事件时，通过器件的电流过大即可将器件烧毁，如果还没有使器件烧毁，可以通过外加指令切断电源等措施来恢复。我国“实践四号”探测卫星平均每天测到 3.4 次单粒子翻转事件，卫星上的一台测量单粒子事件的探测器平均每一个月发生一次单粒子锁定事件，通过地面发出的遥控指令切断电源即可使其恢复。

在低轨道上，虽然宇宙线和辐射带中的高能质子和重离子的数量要比其他轨道上的数量小，但欧洲、日本等国家实际测量的结果表明，低轨道上的单粒子事件仍是影响航天器安全的重要因素，发生的区域则集中在极区(主要由太阳宇宙线和银河宇宙线诱发)和辐射带的南大西洋异常区。因为航天器设计要求电子器件的体积小、功耗低、存储量大、运行速度快，这就必然促使微电子器件的集成度提高，内部的单元电路体积缩小，每一次状态改变所需的能量和电荷下降，其结果是抗单粒子事件的能力下降。因此，随着航天事业的发展和微电子器件水平的提高，将会不断出现新的单粒子事件问题。

单粒子事件依其影响机理和程度可分为三种类型：

3.3.1.1　单粒子翻转(SEU)

这个概念最早由 NASA 界定为“由高能粒子辐射引起的微电子器件软错误，即高能粒子穿过介质时，由于电离效应而损失能量，在其径迹上形成电子空穴对从而改变逻辑电路单元状态的现象”，属于瞬变事件，但不会形成永久的损坏。其表现是设备的重新启动或重写。SEU 可以发生在模拟电路、数字电路及光电组件上，也会发生在伺服电路中。SEU 通常表现为瞬间的逻辑电路和伺服电路中的电脉冲，或者是记忆单元状态的反转。如果一个粒子穿越了两个以上的记忆单元，就会引发所谓“多位翻转事件”，这是目前单粒子事件防范技术无法解决的事件。SEU 的严重威胁之一，就是所谓的单粒子中断效应(SEFI)，发生在设备的控制单元，直接导致设备进入安全模式、停机或进入非设定的状态。SEFI

可以中断正常的操作,需要重新启动设备进行恢复。

统计表明,太阳质子是单粒子事件的最重要贡献者,特别是在行星际空间。CRRES卫星探测到的大多数单粒子事件都发生在太阳质子事件期间。试验表明,90%的单粒子事件是由质子引起的,这与卫星发射前地面试验和理论计算值产生了很大的反差。

一般来说,单纯地增加屏蔽对于SEU成效不大,通过屏蔽来减小高能质子的影响比较困难,增加屏蔽在某些条件下还会使SEU更为严重,因为高能重粒子被减速后会产生更大的能量传递(LET)。总的来说,屏蔽具有如下作用:

(1)明显降低太阳高能粒子的通量。

(2)可以减小辐射带质子的通量。

(3)对银河宇宙线粒子无效。

3.3.1.2 单粒子锁定

单粒子锁定(SEL)事件是由于带电粒子事件引起的高电流状态导致设备丧失功能的事件。1979年在地面试验中发现了SEL现象。SEL属于“硬”错误,具有破坏性。SEL事件过程中会形成很强的电流,超过设备的忍受能力,这种状态可能使设备损坏、供电电压下降,甚至烧毁供电设备。通常SEL事件是由重粒子引起的,而高能质子也能在一些敏感的器件中形成SEL。这种故障可以通过及时给异常设备断电来避免进一步的后果。但如果断电不及时,由于高温、焊接处融化以及接触中断而导致严重的后果。试验表明,SEL的温度依赖性很强,在高温环境下,SEL的截面会迅速升高。

3.3.1.3 单粒子烧毁

单粒子烧毁(SEB)是指由于功率管的高电流状态导致的整个电路的损坏,属重度损坏,是不可修复的。SEB的表现为MOSFET功率器件的烧毁、门限的失效、记忆单元冻结,以及CCD(光电耦合器件)噪声等。1986年首次发现了MOSFET器件的单粒子烧毁效应,此后的试验发现SEB多发生在N型的MOSFET器件中。简单地说,SEB事件的触发是由高能重粒子在敏感区域产生足够的净电荷,使得MOSFET器件的偏压从OFF状态变为ON。实验还发现,SEB事件的发生率可以随温度的下降呈明显减小的趋势。

要估算单粒子事件的发生率,首先应了解高能粒子辐射产生单粒子事件的物理机制,总的来说,单粒子事件的触发源主要有两个:①来自太阳宇宙线和辐射带的高能质子;②主要来自银河宇宙线的高能重粒子。

3.3.2 总剂量效应

总电离剂量效应是通过电离或激发作用产生的,对航天器的影响后果取决于带电粒子通过电离(激发)作用累计传递给物质的能量的总额,即总剂量,这种效应也简称为总剂量效应。辐射产生的总剂量对航天器的影响是复杂的,与辐射类型、作用方式、剂量率、材料性质以及器件材料的功能、器件工作机制等多方面的因素都有关系。总剂量效应对航天器的多个系统、各种材料及器件都有普遍而严重影响的效应,是航天器设计首要解决的环境效应。

电离作用对电子器件的影响主要取决于电离辐射对器件介质材料的影响。这种影响对大规模和中等规模MOS集成电路尤为突出。介质材料接受电离作用的直接后果是电荷的产生和传输,由此造成的电子器件的影响可能是非常严重的。堆积在MOS器件栅氧化层或双极器件死层的空间电荷造成的后果尤其严重。在介质和半导体的界面还会由于辐射分解作用导致化学键的分解或重组而产生界面态,对MOS器件造成进一步的影响。

总剂量效应对不同结构、不同工艺、不同功能、不同机制的器件的最终影响是很复杂的。总剂量效应在航天系统中使用较多的MOS器件和双极器件影响较为显著。

3.3.3 太阳电池辐射损伤

辐射粒子对太阳电池的损伤,本质上是非电离能量损失效应的一种。由于太阳电池是航天器重要的分系统,国内外对其的辐射效应研究格外重视。对太阳电池有显著影响的粒子是辐射带电子、质子和太阳宇宙线质子。根据理论和实验研究结果能够获得不同能量的电子和质子针对1 MeV电子的相对损伤系数,对于硅(Si)和砷化镓(GaAs)两种不同材料制备的电池有不同的相对损伤系数。

太阳电池在空间环境下被辐照时,辐照产生的移位原子和相应的空位可略微移动,与半导体中的杂质、空缺、填隙原子结合,形成稳定的缺陷。其主要影响是破坏周期晶格结构,导致载流子遇到的电阻增大。

3.4 充放电效应

3.4.1 深层充放电效应

空间高能带电粒子(主要是电子)穿透卫星表面,在介质内部传输并沉积,在介质内生成一定的电荷空间分布,从而建立电场。具体来说,这一过程涉及两个主要的物理机制:①高能电子在介质中传输与沉积的物理机制;②累积的电荷在介质中形成的电场的演化机制。另外一个影响深层充电的因素是电介质材料在空间中电导率的变化。

深层充电导致介质内产生电场,当介质中的电场达到或超过材料的放电阈值时,放电就会发生。因而电场计算是深层充电的一个核心问题。

3.4.2 表面充电效应

空间环境能使航天器被充电到高电位,并导致航天器发生故障,这是20世纪70年代初空间环境研究对航天事业的重大贡献。随后进行的大量研究基本弄清了充电的机理,提出了解决措施。研究结果表明,航天器电位是由空间中诸多因素联合作用共同决定的。

等离子体中的电子和质子在绝大多数情况下具有相同或相近的温度,由于电子的质量只有质子的1/1836,因此电子具有的热运动速度比质子高得多,也就是说,单位时间里,落到航天器表面的电子比质子多得多,航天器表面会逐渐积累负电荷。积累的负电荷所产生的电场将排斥电子,降低落到航天器表面的电子流量,同时吸引质子增加落入的质子流量。随着电位的升高,吸引质子、排斥电子的作用也随之加强,直到落到航天器表面的电子和质子数目达到平衡,电位不再升高。显然,平衡电位和电子的能量有关,能量越高,排斥电子需要的电位越高,平衡电位也越高。在磁层发生扰动时,从磁尾有高温的等离子体注入,达到地球同步轨道,这是地球同步轨道上的航天器经常被充电并发生故障的原因。1994年2月24日我国发射的“实践四号”卫星测量到的卫星充电过程,装在卫星底部的电位计测到近−2000 V的高电位。低轨道航天器处于电离层之中,由于构成电离层的电子和离子的能量较低,一般在几个电子伏以下,在没有其他高温等离子体存在时,它将使航天器维持在几伏以下的负电位;在极区经常有来自外空的、沿磁力线达到低轨道的沉降粒子,能量在几千电子伏左右。通常在这种沉降粒子的充电过程中,电离层提供了大量的低能电子,足以平衡沉降粒子的充电过程,从而抑制航天器电位上升。但在磁场发生扰动的时候,已经观测到极区电离层会出现电子密度很低的区域,称为“电离层空穴”,并且常常和沉降粒子同时出现,这就形成了使航天器充电到高电位的条件,使这一地区成为充电事件的高发区,美国国防气象卫星(DMSP)曾经测到过高达−2000 V的电位。

太阳光照射到航天器表面时,能量大于表面材料电离电位的光子将产生光电子,光电子的离去将使航天器带正电,尽管光电子的数量可能很多,但光电子的能量很低,航天器表面很低的正电位即能阻止光电子的离去,航天器亦将保持在低的正电位。当等离子体对航天器充电时,由于光电子的数量很大,将非常有效地抑制负电位的上升。因此,在航天器处于地影中时,或者在航天器的背阳面才可能被充电到高电位。

高能带电粒子本身携带的电荷,撞击航天器表面发出的二次电子都会使航天器带电,但由于数量相对来说较少,在航天器充电过程中的作用不大。

航天器表面充电是由航天器和空间环境相互作用的结果。充电水平取决于航天器的形状、结构、表面材料、空间等离子体环境、人为等离子体环境、光照条件以及空间电场和磁场等,但它并不涉及粒子在材料内的传输问题。它是进出航天器表面的各种带电粒子流所建立的动态平衡结果。入射航天器表面的带电粒子流有背景(电离层的、等离子体层的)等离子体电子和离子流,热等离子体(地球同步轨道区亚暴时注入的,极光区沉降的)的电子和离子流;离开的带电粒子流有由入射的各种带电(背景的、高温的及高能的)粒子流所引起的二次发射电子流、反向散射电子流,入射光子产生的光电子流以及从航天器上人为发射的等离子体电子和离子流,航天器表面和体的电流泄漏等。空间电场和磁场影响带电粒子流的运动方向,从而影响进出航天器表面的各种带电粒子流的大小,但对 GEO 航天器的充电问题通常这种影响可忽略,对低轨道航天器的充电问题需要考虑磁场影响。

航天器几何形状决定着充电的细节,表面材料的光电发射性能、二次电子发射性能及背向散射性能大大影响着航天器充电的水平。航天器的结构在充电过程中起着重要作用,对各向同性环境,一个自旋稳定卫星在日照下,充电水平较持续有大面积处在阴影中的要低,仅几百伏;而三轴稳定卫星在日照充电环境下,航天器能有大的负电位,可达几千伏,阴影中的介质能够产生大的不等量电压;对各向异性等离子体环境,与航天器的结构相结合影响着航天器表面充电。航天器表面材料的二次电子发射系数影响着阴影下的充电电位。

3.4.3 空间等离子体致高电压太阳阵(HVSA)的电流泄漏效应

未来空间站约需 75 kW 的电功率,为此要求太阳电池阵达到 200 kW 的电功率,未来空间站拟选用 200～1000 V 高电压工作。这样高的电压将引起太阳能电池阵与等离子体环境的相互作用,从而带来一系列问题。最突出的是空间等离子体致高电压太阳阵(HVSA)的电流泄漏效应和弧光放电效应。

在目前的制造工艺下,太阳电池阵金属连接部分不能做到与环境完全屏蔽。这些电池的连接部分相对环境等离子体处于不同电位,它们相当于处在等离子体中的探针或吸收或排斥等离子体带电粒子。由于空间等离子体的电子比离子迁移得要快,所以它们一般浮动在相对于空间等离子体电位为负的电位上。

空间系统任何暴露于空间等离子环境的电压部分都能引起它与周围等离子体之间的电流流动,这就是电流泄漏。由于它的回路是与工作系统并联,从而消耗电源的有功功率。在太阳阵的各结点上相对于环境有着上百伏的电位差,它必与环境等离子体构成电流回路,回路中的电流流动消耗太阳能阵的功率,从而降低并限制了电源的供电效率。

3.5 地磁场效应

磁场对航天器最直接的效应是产生磁干扰力矩影响航天器姿态。

磁场影响航天器姿态的类型有两种:一种是由于地磁场与有着导电回路的自旋航天器相互作用,产生感应电流进而引起的阻尼力矩效应,表现为消旋,即航天器的自旋速率下降;另一种是由航天器所具有的剩余磁矩与地球磁场相互作用,产生的磁干扰力矩,表现为航天器自旋轴的进动。例如,当航天器的剩余磁矩为 1 A/m^2 时,在 1000 km 以下的高度上,地球磁场强度约为 3×10^4～6×10^4 nT,则该航天器将受到磁干扰力矩为 3×10^{-5}～6×10^{-5} N·m。

在先锋一号卫星上就观察到,由于地磁场的干扰力矩的作用,使这颗卫星消旋,自旋速度经过两年时间从 2.7 r/s 降到 0.2 r/s;在泰勒斯—1 卫星上,地磁的干扰力矩使卫星自旋轴产生进动,导致气象照相机偏离预定的对地方向;在第一颗太阳观测卫星轨道后期发现有一个光电倍增管带有强磁性,它所产生的强磁矩对航天器姿态造成不良影响,影响了太阳观测卫星的正常工作。

除磁力矩效应外,航天器飞行时切割磁力线运动也会产生感生电场。对于像空间站那么大的空间结构及其子系统,它们产生的感生电场很可观,可以超过电源系统的电压水平。在 400 km 高度上,对 10 m 尺度的航天器,可产生 2.5～5 V 的感生电动势。倾角大的轨道要比赤道轨道情形更复杂,在极盖区会有最大的电动势。当然，还与航天器切割磁力线的方向有关。地磁场在航天应用方面也起到一些正面作用，低轨道上的磁场强度比较稳定，因此它可被用来作为测定航天器姿态的一个参考系。利用安装在航天器上的磁强计来测定其相对于磁场的姿态，再根据已知的磁场在空间的方向计算航天器在空间的姿态。

3.6　空间碎片①

3.6.1　空间碎片的来源及其影响

空间碎片的来源主要是寿命完结的航天器及其部件、遗弃在空间的卫星和运载火箭的残骸等。另外，还有工作中丢弃在空间的工具和杂物、固体火箭排放物以及少量卫星剥落的表面材料颗粒，这些物体需要较长时间才能自然坠入大气层烧毁，因此这些物体将在空间长期存在，又被称为太空垃圾。太空垃圾分布在正常运行的航天器轨道上，而且由于失去控制，极有可能与正常运行的卫星轨道交叉，发生碰撞，造成空间交通事故。2008 年 2 月 11 日发生的美国铱星—33 与失效的俄罗斯的宇宙 2251 卫星的碰撞令人触目惊心。宇宙 2251 卫星已经是事实上的空间碎片，这次碰撞不仅使铱星—33 完全失效，还形成了 500 多个新的空间碎片，对其他航天器构成了致命的威胁。

空间碎片造成危害的途径主要是通过物理撞击，对正常运行的航天器的部件、结构产生破坏，轻则使之丧失部分功能，重则彻底损坏。最早系统研究碎片影响的是欧洲太空局的 EURECA 研究卫星，该星 1992 年 7 月 31 日发射，运行于 508 km 高度、倾角 28.5°的圆轨道。飞行 326 d 以后，1993 年 7 月 1 日由航天飞机回收。回收后对空间碎片撞击进行了详细分析。

航天飞机机身表面积巨大，而且运行在空间碎片的密集区域，碎片的撞击在所难免。航天飞机一般每次在空间飞行十余天，返回后都会对表面进行仔细勘察，采集了大量空间碎片的信息。例如，航天飞机 STS—88 于 1998 年 12 月在空间飞行了 12 d，轨道高度 390 km，飞行后在 3.6 m^2 的舷窗上发现被撞击了 40 次，4 块舷窗被迫更换，其中 3 块是因为这次飞行的撞击超过标准，1 块是因为多次飞行累积的撞击损伤。最大的撞击是由直径 0.03 mm、厚 0.04 mm 的油漆碎片造成的。技术人员对 17 个撞击坑进行 X 射线分析，确定其中 7 个是空间碎片、10 个是流星体撞击的。对其成分分析发现，碎片的成分 43%是铝，43%是不锈钢，14%是油漆。STS—7 航天飞机 Challenger 以 5 km/s 的相对速度与宽为 0.2 mm的含钛油漆碎片相撞，在舷窗上产生一个直径为 4 mm 的深坑。

NASA 下属的 Langley 研究中心于 1984 年执行了一项名为“长期暴露装置(LDEF)”的计划，目的是获得空间环境及其对航天器影响的长期数据。LDEF 是圆柱形结构，长 30 ft(英尺)②，直径 14 ft。共有 57 项实验安装在四周和两端的 86 个格子里。LDEF 运行在高度 509.6 km，倾角 28.4°近圆轨道，在轨时间 5.7 年，绕地球飞行 32 422 圈。LDEF 的表面积为 130 m^2，共观察到 35 000 个大于 0.5 mm 的撞击坑。

3.6.2　避免空间碎片危害的措施

空间碎片对航天器正在构成日益严重的威胁，而避免碎片碰撞目前最主要的措施就是规避，许多重要的航天任务都执行过规避动作。

3.6.2.1　航天飞机规避

航天飞机与可跟踪空间碎片的碰撞将是灾难性的，因此在每次飞行之初就制订了规避预案，规定了警戒区和规避区。警戒区是以航天飞机为中心，沿运行方向 25 km，垂直运行方向 5 km 的椭球区域，如果预测将有可跟踪碎片进入警戒区，航天飞机的控制部门将要求美国空间监视网(SNN)加强警戒，加

---

① 本节部分内容采用了都亨、刘静的研究结果。

② 1 ft=0.3048 m，下同。

密观测，提高轨道测量精度和预测精度。规避区是以航天飞机为中心，沿运行方向 5 km，垂直运行方向 2 km 的椭球区域。如果预测将有可跟踪碎片进入警戒区，航天飞机将根据预测的碰撞关系，采取机动变轨措施。自 1988 年 STS26 开始，美国航天飞机在飞行过程中先后发生过近 30 次目标进入警戒区域的事件，其中有多次进入规避区，不得不采取避免碰撞的机动操作。表 3.4 是根据相关报道统计，空间碎片进入航天飞机警戒区和规避区的次数以及所采取的有关措施。

表 3.4 空间碎片进入航天飞机警戒区和规避区的次数

编号	飞行时间（年-月-日）	进入警戒区数目	进入规避区数目	说 明
26	1988-09-29—10-03	1		
27	1988-12-02—06	4	1	因可能影响任务执行未规避
30	1989-05-04—08	3	0	
33	1989-11-22—27	1	0	
48	1991-09-12—18	2	1	点火 4 s，减速 0.6 m/s
44	1991-11-24—12-01	1	1	2 次沿 $+x$ 方向点火 7 s
57	1993-06-21—07-01	1	1	变轨时间推迟 45 min
66	1994-11-03—14	2	0	
71	1995-06-29—07-04	17	6	同一碎片多次相遇
74	1995-11-12—20	2	0	
72	1996-01-11—29	1	1	
79	1996-09-16—26	6	1	
82	1997-02-11—21	10	2	一次规避，另一次距离碎片 1.9 km，未规避
84	1997-05-15—24	3	0	

3.6.2.2 国际空间站规避

国际空间站也制定了与航天飞机类似的规避策略。1999 年 10 月 26 日国际空间站进行了第一次躲避空间碎片的机动飞行，躲避对象是废弃的飞马座火箭末级。10 月 24 日下午，美国空军司令部预测在 10 月 27 日空间站与飞马座火箭末级发生一次交会，预计碰撞概率为 0.3%，达到了规避的指标。在预报交会时间前 18 h，国际空间站复合体中的俄罗斯舱段 Zarya 在莫斯科任务控制中心的指挥下点火 5 s，实施了增加速度 1 m/s 的机动飞行，消耗燃料 30 kg，使国际空间站和飞马座火箭末级的距离从不足1 km增加到 140 km。

3.6.2.3 发射窗口规避

对于轨道已经确定的卫星，在发射前即可预测是否可能与空间碎片碰撞，因为卫星和空间碎片都以极高的速度运行，发射时间略作调整即可避免相撞。从公开的国外卫星发射程序分析，他们在临射前将提供“安全期”的预报。以美国用 Athena 火箭发射 Kodiak Star 四颗卫星的程序为例，在倒计时40 min时，在发射窗口中确定了四个安全期：0130—0131（GMT）；0159—0203（GMT）；0207—0209（GMT）；0258—0259(GMT)。在航天飞机发射倒计时的事件清单中，明确规定了 2 个节点：第一个在发射前 2 小时 55 分，列出发射窗口中全部可能发生碰撞的时间段；第二个节点是在发射前 1 小时 10 分，确认最终的、不能发射的碰撞规避时间段。

3.6.3 碎片对地面系统的威胁

空间碎片再入大气层时也有风险，40 年来，已编目的空间碎片再入大气事件发生了 18 000 起以上，在过去 5 年里几乎每星期有一个截面 1 m^2 以上的碎片再入大气层。大型航天器如美国的天空实验室、俄罗斯的和平号空间站在停止工作以后，也成为空间碎片，最终要陨落，由于它的体积庞大，经过大气层时不会被完全烧毁，主体部分将会落到地面上，对地面的生命财产安全构成严重的威胁。

再入大气的风险不仅是机械撞击，还有对环境的化学和放射性污染。以核能为动力的航天器陨落时，由于放射性物质的大面积扩散和污染后果特别严重，受到更多的关注。例如，苏联的Cosmos 954雷达卫星，星上有核反应堆为对地观测的雷达提供能源，原计划在完成任务后升高轨道，遗弃在寿命为300～1000年的轨道上，但1978年1月24日卫星发生故障，在加拿大西北上空解体，星上30 kg浓缩铀和反应堆陨落，未燃烧的放射性碎片散落在800 km长的地带上，清除的费用达1400万美元。到1998年还有29个类似的反应堆在轨道上运行。因此，每次大型航天器陨落前人类都会十分紧张，并动员全球的力量监测和预报它的轨道、陨落期及陨落点。

3.7 原子氧剥蚀效应

高层大气属于非均质层，特别是105 km以上的大气在重力场的作用下，分子扩散作用超过湍流混合的影响，大气处于扩散平衡状态，各种大气成分的分布遵循各自的扩散方程，大气压力、密度随高度呈指数下降，温度越高，大气密度随高度下降越慢，分子摩尔质量越轻的成分，它的数密度随高度下降越慢。在同一高度上，高温伴随着高密度。分子质量较轻的大气成分相对浓度随高度升高而增高，大气的平均摩尔质量随高度递减。高层大气吸收强的极紫外辐射，使分子氧常常在光子的作用下分解为原子氧，所以在200 km以上高活性的原子氧是十分重要的成分。非均质层下部的主要成分为N_2，O和O_2，其上部的主要成分为O，He和H，图3.3给出了高层大气主要中性成分数密度随高度的分布。

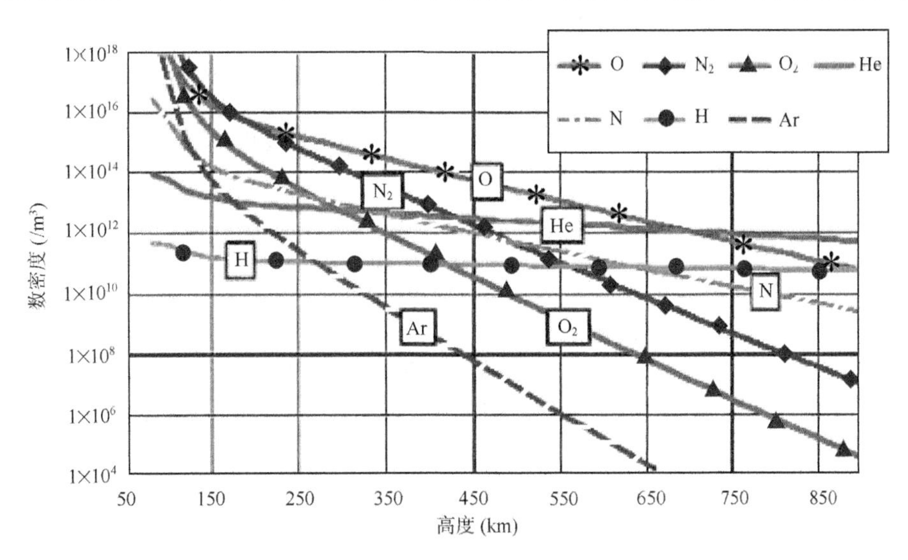

图3.3 高层大气主要中性成分数密度随高度的分布

（引自朱文明2002）

3.7.1 原子氧的形成和分布

高度大于100 km上空的原子氧(O)是氧分子(O_2)受太阳紫外线辐射电离而成的，原子氧是低地球轨道中残留大气的重要成分，在热层区域由于氧分子受光致电离的作用，原子氧占据主导地位。工作在热层区域的卫星其表面材料对原子氧非常敏感，受原子氧的剥蚀很严重。原子氧是唯一对材料有强的剥蚀作用的原子，当卫星以7.8 km/s的速度在轨道上前进时，卫星材料遇到的原子氧成分的能量可达5 eV。这些氧原子与卫星表面材料相撞发生反应，增强了太阳紫外辐射对材料分子键的激励，而分子键的激励又使原子氧剥离材料的能力更强，这是原子氧与太阳紫外辐射联合作用的结果。

原子氧的密度是随高度和太阳活动性而变化的，如图3.4所示。从图3.4可以看出，即使在太阳活动低年在高度200～400 km之间也是原子氧的数密度占主导地位，同时该区域的航天器还暴露在太阳紫外辐射、微流星撞击溅射和污染等影响下，使得一些材料的物理特性、化学特性和热特性严重退化，一些光学试验还导致卫星表面辉光，这些都对卫星表面材料的损伤起着催化剂的作用，更加剧了原子氧对材料的剥蚀效应。

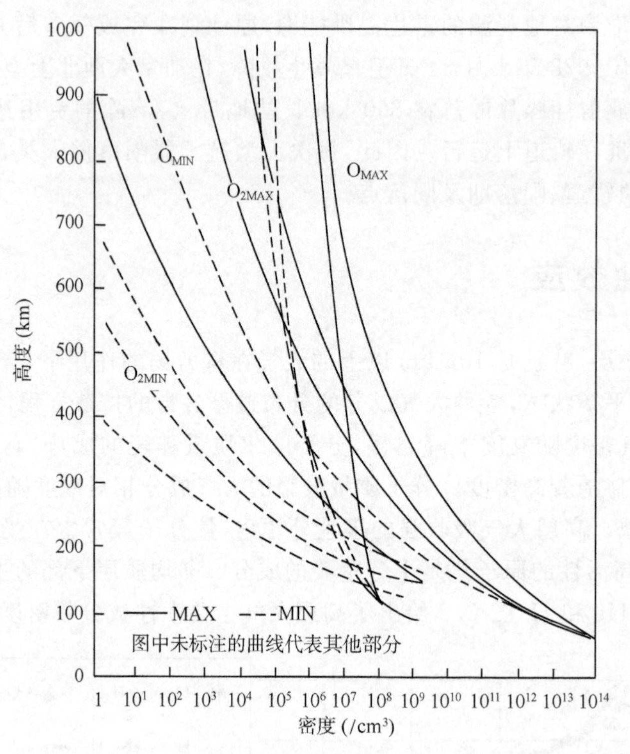

图 3.4　原子氧密度随高度和太阳活动性的变化

（引自朱文明 2002）

3.7.2　原子氧的剥蚀作用

国外航天专家认为，原子氧环境是低地球轨道中最危险的环境因素。原子氧与飞行器的碰撞能使飞行器表面的有机材料氧化。国外飞行试验与地面模拟都证明了原子氧的撞击能使聚酰亚胺(Kapton)材料质量减少而变薄，光学性能变化，机械强度下降。因此，Kapton 在长寿命低轨道卫星表面的使用必须采取有效的防护措施。

从国外文献来看，金属和陶瓷材料大多数具有较好的机械性能，且多数金属在原子氧环境中形成氧化膜，以保护自身不受侵蚀，因而对原子氧的氧化不十分敏感。对 STS—8 和 STS—5 两次飞行（飞行时间均为 40 h）所携带的 20 多种金属材料表面暴露试验研究发现，仅银、锇两种金属与原子氧的反应速度快，能够观察到宏观变化。对飞行 5～8 年的长期暴露设备(LDEF)所携带的试样发现，铝和镍合金较稳定，受原子氧影响很小；在不锈钢上镀 1000 Å 铝后得到的反射镜光学性能和表面形貌变化不大；陶瓷和玻璃通常都很稳定，一般受到撞击后才被破坏；玻璃的光学性能只在紫外谱区受到影响。因此，玻璃和陶瓷一般不需防护。

卫星表面所受原子氧撞击所致的影响是卫星设计中必须考虑的一个重要参数，也是材料筛选试验的基本要求。原子氧剥蚀卫星表面材料的影响由下列因素决定：

(1)卫星轨道高度。原子氧密度随卫星轨道高度升高而降低，不同高度上的原子氧密度是随太阳活动水平而变化。

(2)卫星姿态。在卫星飞行方向或原子氧直接撞击的方向所受原子氧通量最大，其他方向的通量与飞行方向呈余弦函数关系。

(3)卫星轨道倾角。高倾角的轨道会受到更多的宇宙线的影响，尤其是轨道接近或穿过磁极和南大西洋异常区的影响最大。带电粒子与原子氧一起对材料协同作用产生效应。另外，还可能受更长时间的紫外辐照的影响。

(4)卫星在轨运行时间。更长时间的运行材料会受到更多的原子氧或者原子氧与太阳紫外线的联合作用,更加剧材料的剥蚀和氧化作用,卫星将会有更多潜在的故障。

(5)太阳活动性。在太阳活动高年期间太阳发射出更多的紫外线和X射线,它们直接影响到卫星表面性能,同时还加热高层大气并增加原子氧数量,使材料受原子氧剥蚀更严重。

3.7.3　撞击掏蚀效应

空间碎片的撞击会在航天器表面形成坑洞,航天器表面本身也会存在一些瑕疵,这些部位更容易受到原子氧的侵蚀。更为严重的是,侵蚀点一旦建立,氧原子就以一定的概率与基体发生反应,不反应的原子氧发生反射,如果反射后又撞到基体上,则在新的撞击点上发生反应或反射,这样原子氧在掏蚀空洞中不断反射,直到发生反应或从缺陷处逃逸。材料刚接触原子氧时掏蚀空洞还未形成,材料表面平坦,未反应的原子氧大部分反射到空间中。空洞形成以后,原子氧能够与其壁发生多次碰撞,由于在开口处逃出角很小而最后被凹角捕获。一个氧原子遭受多次碰撞,可增大与固体发生反应碰撞的机会,最后以周围未侵蚀的材料的消耗为代价,坑蚀将不断扩展(图3.5)。

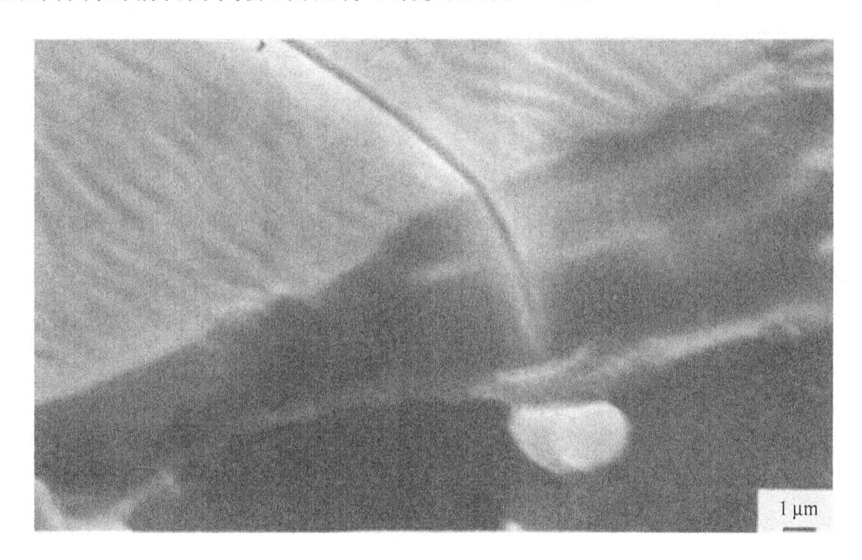

图3.5　原子氧掏蚀效应实例

(引自JOURNAL OF MATERIALS SCIENCE 30 (1995) 308—32)

3.8　航天员生物学效应

航天器在轨期间所遇到的高能粒子有三个来源:银河宇宙线,太阳宇宙线和辐射带粒子。银河宇宙线的特点是粒子能量高,通量稳定,通常只受太阳活动的调制,变动范围也只有几倍。近地轨道都会穿越辐射带中被地磁场捕获的粒子(通量很高),但多分布于低能区,容易被屏蔽。太阳宇宙线相对来说出现机会不多,大都伴随着太阳爆发在近地空间引起高能粒子通量的激增。上述三种不同来源的高能粒子中,质子都占绝大部分,银河宇宙线中质子占90%,辐射带粒子中质子占95%以上。应当特别指出的是,在太阳质子事件期间,质子通量可增加几个数量级,且能量也较高,对航天活动的危害,特别是对航天员的危害极大,应对航天员的辐射损伤加强防范。

高能带电粒子主要通过电离作用,导致包括航天员在内的生物辐射效应。电离辐射作用于生物物质的分子或原子,可造成如下损伤:一是直接造成生物活性大分子断裂、脱落,导致直接损伤;二是使生物体中大量的水分子产生自由基,这些自由基进一步与生物分子发生化学反应,造成间接损伤。通过上述机制,空间高能带电粒子导致生物细胞、组织、乃至器官的辐射损伤。因此,航天员的辐射效应是载人航天十分重视的问题。

要评估生物辐射效应危害的性质和严重程度是非常复杂的，因辐射粒子的物理特性和机体的生物特点的不同而不同。生物辐射效应造成的危害有多种表现形式，有些辐射危害是发生在受辐射者自身的身体效应，也有些辐射危害是通过生殖细胞受到损伤而在受照者后代身上表现出的遗传效应；有些辐射危害是剂量超过一定阈值就表现出来的确定性效应，也有些辐射危害是即使在低剂量水平就可能出现的随机性效应。

确定性辐射效应是指高于某一剂量阈值必然发生的效应，效应的严重程度与辐射剂量的大小有关，也与受辐射者自身的抵抗能力有关。当机体受辐射时，机体细胞受到损伤，细胞功能受到损害。若辐射剂量达到一定水平，功能细胞的损失达到一定数量，必然会引起器官或组织的功能障碍，就导致确定性效应的发生。载人航天辐射防护首要任务就是要保护航天员免受确定性辐射效应影响。为了保证航天员的安全，在空间工作的航天员有严格的辐射剂量限值。美国国家辐射防护与测量委员会（NCRP）于1998 年颁布了 NCRP—98 文件，规定了在低地球轨道工作 30 d、1 年和终生从事航天活动避免发生确定性效应允许接受的剂量当量限值，见表 3.5。

表 3.5　低地球轨道航天员避免发生确定性效应的剂量当量限值(单位:Sv)

时间	骨髓	眼晶状体	皮肤
30 d	25	100	150
1 年	50	200	300
终生		400	600

正如前面所论述的那样，高能带电粒子的电离作用是随机过程，即使在总剂量很小的情况下，也可以在很小尺度的细胞内的关键部位沉积足够能量，从而导致细胞发生变异或者被杀死。一般来说，单个或少数细胞死亡不会造成组织或器官功能的改变，但单个细胞的变异可以发生遗传变化或导致癌变的严重后果。表 3.6 是 ICRP—60 公布的辐射致癌概率，其中的工作人员指从事放射性工作的人群。表 3.7 是 ICRP—60 公布的辐射遗传危险系数。

表 3.6　辐射诱发致死性癌症概率(10^{-2}/Sv)

癌症部位		膀胱	骨髓	骨表面	乳腺	结肠	肝脏	肺脏	食管	卵巢	皮肤	胃	甲状腺	合计
癌症概率	居民	0.30	0.50	0.05	0.20	0.85	0.15	0.85	0.30	0.10	0.02	1.10	0.08	5.00
	工作人员	0.24	0.40	0.04	0.16	0.68	0.12	0.68	0.24	0.08	0.02	0.88	0.06	4.00

表 3.7　低剂量辐射诱发的严重遗传效应危险系数(10^{-2}/Sv 性腺剂量)

时间期限	基本种类	生育人群	全体人群/职业人群	时间期限	基本种类	生育人群	全体人群/职业人群
全部后代	单基因及染色体病	1.2	0.5	最初两代	单基因及染色体病	0.3	0.1
	多因素病	1.2	0.5		多因素病	0.23	0.09
	合计	2.4	1.0/0.6		合计	0.53	0.19

人类长期的载人航天实践表明，航天员也会遭受类似器件“单粒子效应”的瞬时辐射。如在“阿波罗”计划和“空间实验室”计划过程中，有多次航天员“看见”闪光的报告。这种“闪光”意味着视网膜细胞受到辐射粒子的微损伤，主要是由于重离子作用造成的。由于视神经纤维密度非常大，航天飞行中可能有许多神经轴突被重离子多次击中。

航天员在空间会受到来自宇宙高能粒子的直接轰击，引起身体的各种病变。例如，美国航空航天局约翰逊空间研究中心的一项研究显示，目前已查明有 39 位宇航员患上白内障眼病，其中 36 人做过登月飞行。登月过程中由于完全没有了磁场的保护，辐射强度较受地磁保护的低轨道高两个数量级以上。但在载人航天的轨道上，地磁场很强，可以屏蔽大部分的高能带电粒子，而且，航天员在舱外的停留时间较短，大部分时间又处在具有很好保护效果的舱室内，受到的辐射损伤不会太严重。虽然如此，载人航天任务的特殊性决定了辐射环境仍然是影响航天员安全的重要空间环境因素，如果航天员出舱行走，有可能遭遇太阳质子事件。

3.9　航空机组人员辐射效应

空间天气不仅对航天器存在威胁，它对人们日常生活的影响也日益受到关注，作为气象服务的延伸，空间高能粒子对航空机组和乘客的安全也应作为空间天气服务产品的重要部分。早期人们对宇宙线的观测区域限制在地面和气球所能到达的高度，因此探测到的都是原始宇宙线与大气相互作用产生的次级粒子。

从事飞行工作的民航机组人员，尤其是在高于 10 000 m 以上高空飞行的机组人员所受电离辐射损害问题，目前已经得到国际上的普遍重视。高空机组人员所遭遇的辐射主要来源于原初银河宇宙射线以及与大气层中的氧、氮发生核反应所产生的次级中子环境。同时，由于大气层的屏蔽作用，原初的宇宙射线基本上被吸收，对机组人员辐射剂量的主要贡献来自于次级粒子辐射，特别是次级中子辐射。次级中子最强的辐射通量出现在 20 km 左右的高度，辐射强度大约是海平面的 500 倍左右。德国航空组织对其部分航线的辐射剂量进行了计算，结果如图 3.6 所示，图中给出的是由法兰克福出发到世界主要城市单程飞行的辐射剂量，大致的趋势是，航行时间越长，乘员遭受的剂量越大，而几条辐射剂量明显偏高的航线均为跨极区的航线。

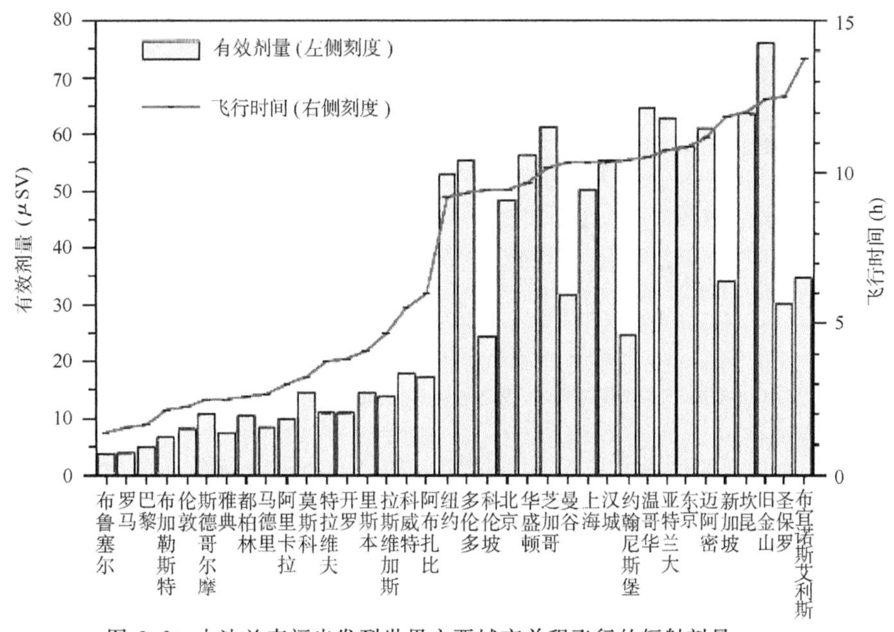

图 3.6　由法兰克福出发到世界主要城市单程飞行的辐射剂量

（引自 Vergara 等 2004）

由于在极区和高纬度区域，磁力线是开放的，各种能量的高能粒子可沿磁力线到达极区大气层顶部。在极区，由于地磁截止刚度很低（几乎为零），大量的低能太阳质子能够进入到大气层顶部，因此极区同样高度的大气中会有更多的次级中子辐射，进而危害机组人员的生命健康。美国联邦航空局（FAA）利用 GOES 卫星探测的 1989 和 2005 年的太阳质子数据，对机组人员遭遇的辐射剂量进行了大量分析计算。研究结果表明，1989 年太阳质子诱发次级中子造成机组人员辐射剂量是银河宇宙线的 10 倍以上，2005 年太阳质子诱发次级中子造成机组人员辐射剂量是银河宇宙线的 50 倍以上。因此，准确评估跨极区飞行机组人员遭遇的辐射剂量具有更为重要的意义。

目前，国际上十分重视辐射环境对航空机组人员安全的影响，并制定了相关标准。早在 1990 年，国际辐射防护委员会（ICRP）就推荐把航空机组人员划分成职业辐射暴露人员，并推荐职业辐射人员的年剂量限制为 20 mSv，普通人员为 1 mSv；1994 年，美国联邦航空管理局（FAA）正式发起了一个教育计划，旨在告知机组人员遭遇的自然辐射环境及其危害；1996 年 5 月，欧洲修订了欧洲国家的基本安全标准(BSS96)，要求各成员国在 2000 年 5 月 13 日前把对机组人员的辐射监测加入到国家立法之中；2002 年，我国颁布了“电离辐射防护与辐射源安全基本标准(GB18871—2002)”和“空勤人员宇宙辐射控制标准”（GBZ140—2002)，其中把飞机空勤人员接受的宇宙辐射照射纳入职业照射管理的范畴，明确规定空勤人员受到的职业照射有效剂量不得超过 20 mSv/a，妊娠期间女性空勤人员的累积受照剂量不得超过 1 mSv。

为了获取空乘人员受宇宙线次级粒子辐照损害的第一手资料，捷克科学院和物理研究所及波兰 LOT 航空公司，在 2001 年的联合研究中应用了一组 TLD＋CR39 的组合剂量探测装置，这种组合的好处在于既能测量带电粒子的辐射(CR39)，又能同时探测次级中子的辐射(TLD)。

联合剂量探测装置的探测结果表明，一般条件下宇宙线辐射对普通乘客影响较小，而对于常年处于飞行状态的机组人员则存在威胁，年飞行 500 h 就会超过职业辐射剂量上限，而对于跨极区飞行的乘务组，这个时间还会更短。

3.10 地面系统效应(管线 GIC 效应)

太阳活动导致的磁暴会使地球表面地磁场发生变化。在变化的地球磁场作用下，在土壤电阻率较高地区可诱发每千米几伏到十几伏，持续时间从几分钟到几小时的地面电势(Earth Surface Potential，ESP)。在高压输电系统中，由于变压器中性点直接接地，ESP 会在高纬度地区、东西走向、长距离输电线路与大地形成的回路中产生地磁感应电流(GIC)，如图 3.7 所示。

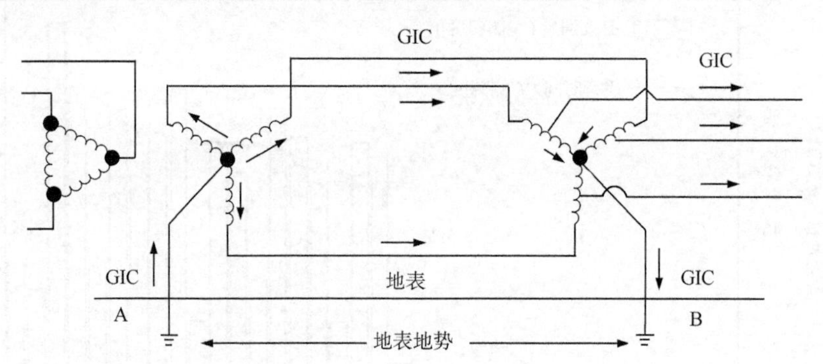

图 3.7　长距离输电线路与大地形成的回路中产生 GIC 原理

ESP 作为电压源加在输电线两端的变压器中性点之间，产生的 GIC 在变压器和三相输电线路中流动。ESP 越大、输电线路越长，产生的 GIC 越大。电网 GIC 的大小除与磁暴强度、地理纬度、线路长短相关之外，还受土壤电阻率、线路参数、变压器铁芯结构、接地方式等因素的影响。GIC 变化频率在 0.001～0.1 Hz 之间，与电网 50 Hz 的交流电相比较，GIC 可看做是准直流电。这种特征的 GIC 如果过大，会造成变压器等设备铁心的半波高度饱和，同时产生大量的高次谐波，这将对电网中的变压器、互感器、保护装置等设备的正常运行带来一系列的有害影响，对系统安全稳定运行构成威胁。1989 年 3 月加拿大魁北克电网的大停电就是一个典型的事例。

地磁暴是产生 GIC 的根本原因，磁暴数据是计算电网 GIC 的基本依据。磁暴引起的地磁扰动用磁情指标 K 表示。通常按 K 值大小磁暴可分为三级：$K=5$，为弱磁暴；$K=6$ 或 7，为中磁暴；$K=8$ 或 9，为强磁暴。通常，当 K 大于 5 或 6 时，就会对长距离输电线路产生明显的影响。2003 年 10 月底的大地磁暴对我国南方的电力系统也造成了影响，中国地震局地球物理研究所的磁暴报告表明，10 月 29、30 日(磁暴报告世界时折算北京时为 31 日)和 11 月 20 日磁暴为强磁暴($K=9$)；11 月 4 日(北京时包括 5 日)和 15 日磁暴为中强磁暴。10 月 31 日广西北海某 220 kV 变电站 2 号主变压器连续 3 次发出沉重的“嗡嗡”声，持续时间 1.5 min 左右后自动消失，第一次出现时间为 04:20，第二次出现时间为 09:20，第三次时间为 10:20。三次噪声异常发生后，经检查，主变压器三侧开关、CT、避雷器、刀闸以及保护和信号等均未发现任何异常。11 月 5 日 18 时，主变压器噪声有少许异常，比正常响声大一点，2 min 左右消失。11 月 20 日 20:38，主变压器有较为沉重的“嗡嗡”声，经全面检查未发现异常。

图 3.8 所示为甘肃天祝地震台观测到的地磁暴期间大地电场的变化，这说明地磁扰动确实可以感应出大地电场的扰动，这种小的电场对于小规模的电网影响不明显，但随着西电东送、全国联网规划的实施，GIC 的影响将凸显出来，例如：我国的水电资源主要蕴藏在西部，要将电力输送到经济发达的东部，长距离的输电线路是必不可少的，这时 GIC 的影响是电网设计应考虑的一个重要因素。

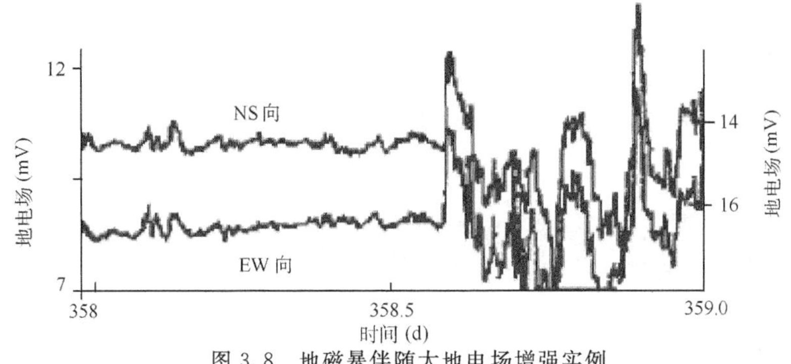

图 3.8　地磁暴伴随大地电场增强实例

（引自中国地震局地球物理研究所，2003）

ESP 和 GIC 的大小不仅与地磁扰动相关，而且与输电线路所经过的地理位置和地质条件相关，如在地磁纬度高、火成岩地区，电阻率高，容易形成较大的地表电势，经过这类地区的电路容易形成强的地磁感生电流。如北欧的瑞典、芬兰及日本北部就符合上述条件，GIC 事件较其他地区频繁。

为掌握直流输电接地极入地电流对岭澳电站的影响，岭澳电站通过安装在变压器中性点的直流电流监测装置，记录了自 2004 年 8 月装置安装以来变压器的直流偏磁电流数据。在 2001 年 1 月至 2005 年 12 月的五年中，共发生过中强度以上磁暴（K 指数 6 以上）75 次；其中，强磁暴（$K=8$ 或 9）22 次。2004 年 11 月至 2005 年 8 月期间，岭澳电站 5 次强磁暴发生时的数据表明，2004 年 11 月 8 和 10 日的电流为最大，峰值分别为 47.2 A 和 55.8 A，其电流波形与直流输电可能引起的电流波形明显不同。图 3.9 为 2004 年 11 月 10 日 02:30—11 日 06:30（北京时）广东肇庆地磁台的地磁场水平分量（图 3.9(a)）、变化率（图 3.9(b)）和岭澳电站 1# 变压器中性点的电流监测曲线（图 3.9(c)）。最大电流的出现时间为 02:49:56—02:50:56，峰值为 55.8 A。因此，实测电流的出现时间与磁暴发生的时间完全吻合，可确认电流为磁暴引发的 GIC。

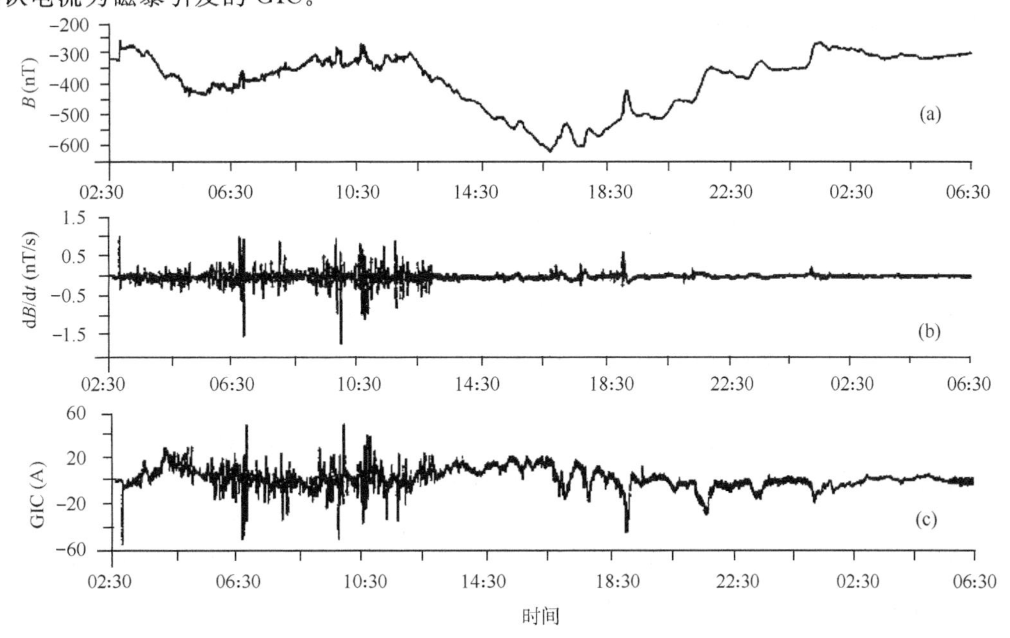

图 3.9　2004 年 11 月 10 日 02:30—11 日 06:30（北京时）广东肇庆地磁台的地磁场水平分量(a)、变化率(b)和岭澳电站 1# 变压器中性点的电流监测曲线(c)（引自刘连光 2008）

3.11 电离层效应

当现代通信和导航系统发射的超高频和甚高频的无线电波穿过电离层的时候，由于电离层的结构和变化，无线电波主要会产生延迟和闪烁效应(图 3.10)。

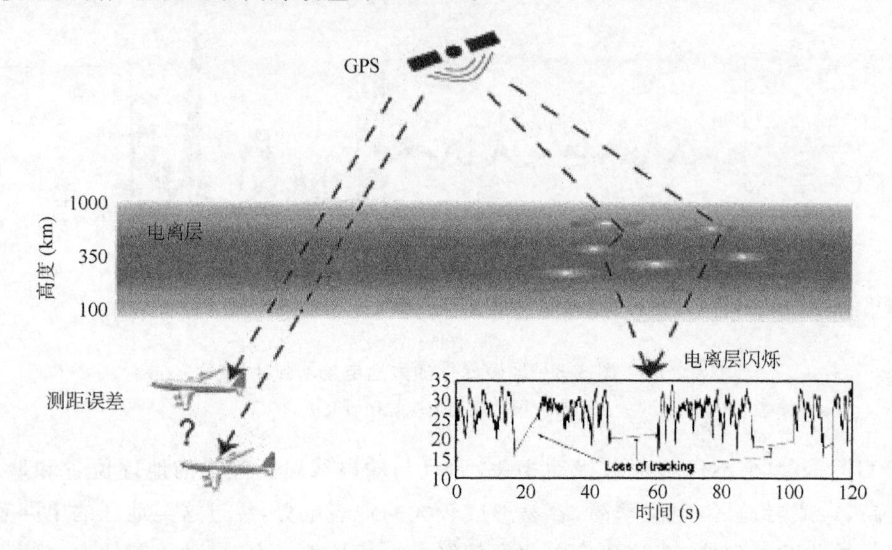

图 3.10 电离层的延迟和闪烁效应示意图

本图说明由于电离层延迟和闪烁效应，可导致 GPS 定位系统出现定位不准确、接收的 GPS 信号出现信噪比下降的现象

(http://gps.ece.cornell.edu/SpaceWeatherIntro_update_2-20-08_ed.pdf)

电离层延迟效应是由于电离层中的等离子体对电波产生折射，使得电波路径弯曲、电波路径变长和电波传播速度低于光速的现象。这种延迟与信号传播路径上的电子总含量呈正比，随电离层的变化而变。电离层延迟效应在卫星相对于地面的仰角很低时比较严重，在垂直方向总电子含量为 120 TECU (TECU 是电子总含量的常用单位，1 TECU$=10^{16}/m^2$)的地方，假设卫星仰角是 12°，如果不对电离层延迟效应进行修正，对 GPS 的 L_1 频率信号将产生 50 m 左右的误差，因此目前电离层延迟是全球定位系统 GPS 的最大误差源。其次，由于电离层延迟效应，还可能使得电波测量信号到达角的变化，对于以测量到达角变化来测速的系统来说，到达角测量误差也会引起测速误差。当电离层平静时，电子总含量 TEC 的变化比较有规律，电离层延迟效应可以通过电离层延迟模型进行修正。但在出现剧烈的空间天气事件时(如强磁暴期间)，电子总含量(*TEC*)会发生剧烈变化，电离层延迟模型不能够有效地修正电离层延迟，接收机导航定位的精度会大大降低。

电离层闪烁效应是由于电离层中不规则结构造成穿越其中的电波散射，使得电磁能量在时空中重新分布，引起电波信号幅度和相位发生短期不规则的变化。电离层闪烁常会导致地面接收机接收到的电波信号产生深度衰落与畸变。例如，振幅闪烁会导致信号衰落，最大可达 20 dB 以上。当衰落幅度超过接收系统的冗余度和动态范围时，造成卫星通信障碍和误码率的增加；相位闪烁则引起多普勒频移。由于电离层不规则结构的影响，电波折射指数也产生随机起伏，使信号路径发生改变，引起多径效应以及降低卫星导航精度。导致电离层闪烁的电离层不规则结构的空间尺度由几厘米至几百千米，主要出现在 200～1000 km 的高度上，特别是 250～400 km 高度的夜间 F 层中，尤其在午夜前最为严重。电离层闪烁的出现有显著的时间和地域特征：在磁赤道附近地带(南北磁纬 20°内)电离层闪烁最强，且主要发生在夜间，闪烁有明显的日变化、季节变化和随太阳活动周期的变化；其次，是极光区和极盖区，电离层闪烁在白天和黑夜都有可能发生，且与太阳活动有密切关系；中纬电离层闪烁一般很弱且出现概率小。另外，太阳活动高年，全球电离层闪烁发生的强度和频率都比太阳活动低年强。

第 4 章 空间天气监测

本章介绍了空间天气因果链中各层次的主要监测目标和对象，并从天基和地基监测平台的角度，分别介绍了现有的空间天气研究和业务中主要的监测设备、基本原理和典型产品。

4.1　空间天气监测的主要对象

与地面天气监测系统相比，空间天气监测具有一些显著的特点：①监测的空间范围很大，从距离地面 20～30 km 的中高层大气向上直至太阳表面的活动区；②监测的物理对象复杂，既要监测中高层大气中的温度、密度、速度等流体力学参数，也要监测电离层、磁层和行星际以及太阳表面的粒子辐射、电场和磁场等离子体参数；③监测对象的时空尺度变化范围大，既要监测电离层中数分钟和数千米范围内不均匀结构的时空变化，又要关注从太阳表面到地球磁层顶整个日地系统超过 1.5×10^{8} km 范围内的空间天气因果链上关键区域的空间天气参数的整体分布及其变化。

空间天气研究和业务中通常关心以下三个主要区域：①空间天气的源头——太阳，此区域到地球约 1.5×10^{8} km；②空间天气的传播与演化区域——日地行星际和磁层，此区域从太阳表面一直到地面数千千米高空；③空间天气的地球响应区域——电离层和中高层大气，此区域从数千千米高空一直到地面 20～30 km。一次完整的空间天气事件一般具有从太阳表面形成与发生、然后在行星际空间传播和演化，最后在地球磁层，电离层和中高层大气产生影响和效应的一般规律。因此，从空间天气业务预报需求来说，需要对太阳—行星际—磁层空间—电离层和中高层大气这一空间天气事件因果链进行必要的监测。监测内容包括：太阳表面、行星际、磁层和电离层中的粒子、电场、磁场和波动等等离子体和电磁参数，热层和电离层中的密度、温度和速度等流体参数。

4.1.1　太阳

4.1.1.1　太阳黑子

太阳黑子数目是太阳活动水平最明显的标志之一，是太阳监测最基本的要素。利用可见光波段的望远镜可以直接看到太阳表面颜色较深较暗的黑子区域。

太阳黑子的光学监测要素包括黑子的数目、面积、位置和结构等。监测太阳黑子的技术手段较多，主要是在可见光波段对太阳表面进行成像，然后测量黑子的位置和面积，并根据某些约定规则对黑子计数和分类，最后形成预报员可直接利用的太阳黑子信息。

监测太阳黑子的典型仪器有太阳光球（色球）望远镜，其基本结构是一架焦距较长、口径较大的单透镜望远镜，通常要在光路中加上一个滤光片来减弱光强和减小色差。如果这个滤光片波长在 Hα 波段，就称为太阳色球望远镜，可以观测太阳色球层的光斑（对应于光球层黑子附近区域）等。

在望远镜系统的后端进行胶片或CCD成像，就可以得到太阳光球(色球)图像，可以用来监测分析太阳黑子等目标。

另外，太阳表面的能量通常是以磁能的形式存储，在太阳黑子活动区温度较低，而其磁场强度却非常大，因此通过太阳磁场望远镜可监测太阳黑子活动，并得到太阳黑子及其周围磁场的信息。太阳磁场观测要素是磁场的方向、结构、强度及其在日面的分布。通常是利用“塞曼效应”实现磁场观测，即太阳光球层发出的谱线会在磁场中发生分裂，测量分裂的谱线特征可以推算出磁场的大小。

4.1.1.2 太阳射电辐射

太阳从X射线、紫外光、可见光、红外光波段到微波波段都有一定的辐射强度。其中在可见光范围的辐射较为稳定，但在其他波段变化却比较剧烈。当太阳上发生射电爆发或耀斑伴随射电爆发时，在某些射电频率太阳辐射流量会显著增长。通常对太阳射电波段上的10.7，3.2和20 cm波长的射电进行监测，其中空间天气经常利用太阳在10.7 cm的射电流量作为描述太阳活动的一个重要参数。太阳10.7 cm的射电强度和太阳表面黑子数有很好的相关性，在许多重要的电离层和中高层大气模型中，太阳10.7 cm流量通常作为描述太阳活动水平的重要输入参数，因此，10.7 cm射电流量监测是太阳射电监测的重要内容。

太阳射电监测包括对某一频率射电流量的监测、射电频谱监测和射电成像监测。单一频率的射电流量监测要素是该频率射电流量密度随时间的变化曲线；射电频谱监测要素是频率和时间的连续谱图；在射电成像监测要素中，除某一频率射电辐射流量密度随时间的变化外，还包括该射电爆发源在太阳上的位置信息。以上信息预报员可以直接使用。

太阳射电监测主要通过无线电接收技术来实现。由于太阳射电辐射较强，利用一套小的抛物面天线(口径约2 m)的无线电接收系统即可实现对太阳射电流量的监测，但同时需要有自动定向系统保证天线指向太阳。射电频谱监测可利用多个单频率射电接收设备来实现，也可采用扫频技术来实现。射电成像监测技术最复杂，需要大量的小口径接收天线阵列才能实现。

典型的射电流量监测仪器是太阳射电望远镜，通常选择在10.7 cm波段连续监测太阳射电流量，它是由可跟踪太阳的抛物面天线、接收机系统和数据采集系统构成的。

4.1.1.3 冕洞

在用X射线或远紫外线波段拍摄的日面照片上，可以观察到大片不规则的暗黑的、像空洞一样的区域，这些区域称为冕洞。冕洞是日冕中气体比较稀薄的区域，由于日冕通常是高速太阳风的源头，而高速太阳风压缩地球磁层会引起近地空间天气扰动，因此对日冕的监测也是重要的太阳活动监测内容。

太阳冕洞监测通常获得的是在X射线(或远紫外)波段的太阳成像图片，包括冕洞的数目、面积、位置和结构等要素，这些信息预报员可直接使用。冕洞地面监测实现较困难，主要原因是在这一波段的太阳辐射由于大气吸收无法到达地面，因此需要建立空间望远镜系统才可以对冕洞进行监测。典型仪器是太阳X射线望远镜，包括望远镜准直系统、成像系统和数据采集系统，这样的望远镜一般需要安装在卫星上。

4.1.1.4 太阳耀斑

太阳耀斑是一种最剧烈的太阳活动，其主要观测特征是，日面上(常在黑子群上空)突然出现迅速发展的亮斑闪耀，其寿命仅在几分钟到几十分钟之间，亮度上升迅速，下降较慢。太阳耀斑是太阳能量剧烈的释放过程，对地球空间环境可造成很大的影响，是最重要的太阳爆发现象之一，也是太阳监测的重要内容。

太阳耀斑期间太阳辐射流量会在很宽的波长范围内增加，因此对耀斑的监测较容易实现，主要监测手段包括：太阳光球望远镜可观测到耀斑的白光强度增加，监测要素是太阳耀斑的位置和光学耀斑强度；太阳射电望远镜可观测到耀斑的射电流量增加，监测要素是射电流量强度随时间的变化；通常在X射线波段监测的耀斑对预报人员最具参考价值，利用X射线望远镜可得到太阳X射线耀斑爆发的位置和X射线耀斑强度。

4.1.1.5 日冕物质抛射

在剧烈的太阳耀斑爆发前后，通常会有大团致密等离子物质以高达每秒百万米的速度射离太阳外层大气，这些携带太阳磁场能量的等离子体通过行星际后，如果能够到达地球，将对地球产生巨大的影响，在地球两极就会出现明显的极光，也会出现磁暴、电离层暴和热层暴等剧烈空间天气现象。日冕物质抛射是危害最强烈的空间天气事件之一，也是主要的监测对象。

日冕物质抛射的成像观测对空间天气预报作用最大，但日冕抛射的物质是稀薄的等离子体且亮度低，因此观测时需要把亮度较高的光球色球层遮挡起来。为了排除地球大气的影响，观测通常是在空间飞行器中进行。日冕物质抛射过程的成像观测，通常是得到日冕物质抛射的连续照片或动画，由此推算日冕抛射物质抛射发生的时间、在太阳上的源区、日冕物质抛射的方向(尤其是关注面向地球的日冕物质抛射事件)、日冕物质传播速度等监测要素，预报员根据以上信息推测该事件是否可以到达地球，以及到达地球的时间及影响的可能程度。空间日冕仪是观测日冕物质抛射的主要设备，由大视野的白光或X射线望远镜和照相设备组成。

4.1.2　行星际和磁层

4.1.2.1　行星际太阳风

行星际太阳风是稀薄的太阳等离子体在行星际的传播，它将太阳的物质和能量“吹”向行星际空间。同时，由于行星际太阳风的等离子体电导率很大，可将太阳的磁场“冻结”在其中，而该磁场为南向时候，太阳风能量较容易注入地球磁层空间，因此对行星际太阳风的监测对预报地球空间天气的作用较大。

行星际磁云是日冕物质抛射事件的物质在行星际的传播，从日冕抛射的等离子体在行星际空间将形成类似“云”一样的结构，这些结构包含了来自太阳和传播路径上的信息。通常在高速太阳风或剧烈日冕物质抛射引起的行星际磁云前面，会观测到一个物质间断面，该间断面前后磁云等离子体的密度、速度、温度和磁场会突然发生变化。

行星际和磁层主要监测太阳风等离子体的密度、温度、磁场强度和方向等要素，对以上要素的监测可以利用空间飞行器安装的等离子体探针和磁强计来实现。

4.1.2.2　磁层高能粒子事件

磁层空间广泛分布着从几 eV 到 GeV 的粒子，其中能量在 MeV 以上的粒子称为高能粒子。磁层高能粒子有两个主要来源：地球辐射带高能粒子和来自太阳风的高能粒子，对它们的监测可以增进对地球辐射带的认识和监测太阳风暴对地球空间的影响，同时由于高能粒子可能对卫星等空间飞行器造成危害，也是空间天气监测的重要内容。

磁层高能粒子的监测要素是粒子的能谱和流量，通常使用的技术手段是在卫星上安装粒子探测器。如风云卫星安装的高能粒子探测器等。

4.1.2.3　磁层亚暴和磁暴

磁层亚暴是地球空间短暂的能量释放过程，持续时间为 1～2 h，主要扰动区域包括整个磁尾、等离子体片和极光带附近的电离层。亚暴的发生与行星际磁场和太阳风状态有密切关系，一般当行星际磁场持续一段时间偏南之后，就会发生一连串亚暴。磁层亚暴期间，可能造成高纬度地区无线电通信中断，地球同步轨道上的卫星充电等效应。因此，对磁层亚暴的监测具有实际意义。

磁层亚暴不是一个独立区域的独立现象，磁层亚暴发生时，地球许多区域和参数都会有响应，但由于对亚暴的认识和技术手段的局限，目前没有一幅完整的亚暴发生发展图像，因此也无法对亚暴进行全方位的成像观测。亚暴期间极区极光会突然增强，极区电流体系会出现明显改变。

磁暴是磁层能量最剧烈的释放过程，和磁层亚暴一样，磁暴发生时，地球许多区域和参数都会有响应，最典型的是地球磁场会出现剧烈的扰动，同时在地球赤道同步轨道外的区域会出现环电流增强现象。

对磁暴的描述通常使用 *Dst* 指数，该指数是由位于地球赤道附近的一系列地磁台站的磁场观测数据计算而来的。另外，通过对磁层环电流成像的技术也可以实现对磁暴的监测，该技术非常复杂，需要利用安装在卫星上的中性原子成像仪来实现。

有一点需要说明，目前监测磁暴和磁层亚暴都不是采用直接手段，而是通过构建一些指数来实现监测，就像气象中通过监测温度来识别寒潮等一样。在构建这些指数中，基本的数据是地面的磁场探测数据，基本的仪器是地面磁强计。

4.1.3 电离层与中高层大气

4.1.3.1 电离层背景等离子体

电离层是“浸泡”在中性大气中部分电离的等离子体，从距离地面 60 km 左右开始出现大量自由电子，一直到约300 km达到最大值，典型的最大电子浓度为约 10^{12} 个/m^3。

电离层背景电子密度的主要监测要素包括：某观测站垂直方向的最大电子密度，最大电子密度所在的高度，电离层电子密度廓线和电子总含量(*TEC*)。实现电离层电子密度廓线监测的主要技术手段，是利用电离层电子可反射部分短波频率的无线电波信号的特性，通过向电离层发射 1～30 MHz的短波信号，然后接收其回波进行分析可得约 100 km 到最大电子浓度高度的电子浓度廓线。典型的仪器是电离层测高仪，是由一套无线电信号发射装置、发射和接收天线以及数据处理系统组成雷达系统。在地面接收卫星发射的无线电信号，分析信号(双频)在穿过电离层时产生的信号延迟和相位变化的差值，可以得到卫星到接收机路径上的电子总含量。典型的设备是 GPS 接收机，可反演卫星到接收机路径上的斜向电子总含量，通过一定算法可换算成垂直 *TEC*。

通过特定仪器对电离层电子浓度在时间和空间尺度的连续监测，可监测电离层暴和电离层骚扰等典型电离层空间天气事件。

4.1.3.2 电离层扰动和闪烁

这里的电离层扰动，是包括电离层暴、电离层骚扰以及行进式电离层扰动等。电离层扰动是由来自于太阳、行星际和磁层扰动，以及来自于大气的重力波等现象引起的电离层波动和变化，其水平尺度为数千米到数百千米。电离层特征参量和 *TEC* 等参数可作为电离层扰动的监测要素，电离层测高仪、GPS 接收机、电离层多普勒接收机等可作为电离层扰动的监测设备。

在高纬度和赤道地区电离层，会出现尺度在数米到数千米范围内的电离层密度空洞，就像水中的气泡一样，可导致无线电信号通过电离层时出现闪烁现象。电离层无线电闪烁的监测对星地通信和导航等活动有重要意义，是电离层监测的重要内容。

电离层闪烁的监测要素是某一特定无线电信号的幅度和相位起伏强度，并可以计算出幅度闪烁指数和相位闪烁指数来表示闪烁的级别。一般利用高动态的 GPS 接收机或其他信号接收机接收穿过电离层的卫星信号，可实现电离层闪烁监测。

4.1.3.3 极区粒子沉降和极光

来自太阳或磁层空间的粒子到达地球附近，地球磁场迫使其中一部分沿着磁力线集中到南北两极，即产生极区粒子沉降。当他们进入极地的高层大气时，与大气中的原子和分子碰撞并激发而产生极光。极光是极区粒子沉降的光学表现，监测不同波段的极光即可反演极区粒子沉降的特征。

对极光的监测现阶段已经实现了成像观测，主要监测要素包括极光光谱、极光强度、范围和位置等。通过安装在极轨卫星上的紫外或其他波段照相机，可实现极光的成像监测。

4.1.3.4 中高层大气背景

中高层大气是从距地面 20～30 km 到数百千米的中性大气，其中大气密度、风速和温度等是中高层大气背景的主要监测要素，目前对中高层大气的监测的主要技术手段包括地面无线电雷达、光学雷达、星载无线电和光学遥感，以及掩星探测技术等。

地面无线电雷达包括中频雷达和流星雷达等。中频雷达向高空发射 2 MHz 左右的无线电信号，通过接收中层和低热层电子密度的起伏产生的回波信号，可反演 60～100 km 范围的中性大气风速度。流星雷达是接收微流星尘埃反射的高频无线电信号，通过跟踪流星尾迹的运行来反演高空大气风速度。

地面光学雷达包括地基法布里泊罗仪(FPI)、地基激光雷达等。地面 FPI 仪通过测量高空大气特定波长气辉辐射的强度、频率移动和谱线展宽来反演特定高度大气的密度扰动、风速和大气温度。激光雷达是主动光学设备，在地面发射激光信号，通过接收不同高度的反射信号，分析其强度和频率特性来反演大气密度、风速度和温度。

4.2　天基监测

空间天气的天基监测系统由卫星平台、有效载荷和信息接收处理应用等部分组成。其中，从观测对象与观测平台的距离而言，天基监测可分为天基遥感探测和就地探测两大类。

4.2.1　成像探测

成像探测是天基遥感探测的一种重要手段，是利用具有成像能力的遥感器收集和捕获探测对象发出的包含观测对象信息的光学和无线电等信号，获得观测对象的整体信息的一种非接触、远距离的探测手段。

4.2.1.1　太阳成像监测

由于地球大气对太阳 X 射线和极紫外线的吸收作用，在地面无法进行太阳 X 射线和紫外的成像观测。随着空间技术的发展，在空间进行太阳 X 射线和紫外观测，给我们从另外一个角度认识太阳提供了机会。天基太阳成像逐渐成为当代太阳物理研究和空间天气监测的重要手段。

天基的太阳成像探测主要包括太阳可见光成像和 X 射线、极紫外射线成像探测两类，太阳成像探测具有可实时获取太阳全日面和局部活动区太阳图像的优势，是监测太阳活动的重要手段。由于大气的吸收，地球上对红外线仅有 7 个狭窄的观测“窗口”，所以红外望远镜常置于高山区域；而波长短于 2900 Å 的紫外和 X 光辐射完全不能到达地面，地球磁场的作用也使太阳的粒子流不能完全到达地面，需要用空间望远镜来观测。

(1) 太阳成像监测的基本原理：天基的太阳成像观测设备的基本原理和地基的基本一样，利用一个配有成像设备的天文望远镜系统，获取太阳特定波段的图像（具体参见地基太阳监测部分）。天基太阳成像监测主要是对紫外光辐射、X 射线辐射（高能粒子流）等地面望远镜无法观测的波长进行观测。天基太阳望远镜的外形结构与地基可见光望远镜大同小异，但由于观测成像的波段不同，其终端设备与光学观测截然不同，需采用专门的调制和接收技术来获得来自太阳大气在该波长处的辐射信息，得到太阳的红外、紫外和 X 光单色像。

(2) 太阳成像典型仪器和产品：1991 年 8 月发射的日、美、英合作观测卫星“阳光（Yohkoh，日语‘阳光’的意思）”上的软 X 光望远镜成功地进行了太阳 X 射线成像；另一个著名的太阳空间观测计划是 1995 年 10 月发射的欧美合作观测卫星“太阳和日球层观象台（Solar and Heliospheric Observatory，简称 SOHO）”，其装载的远紫外成像望远镜拍摄的太阳远紫外像和大视角分光日冕仪拍摄的典型日冕物质抛射图像，为太阳物理和空间天气提供了宝贵资料。图 4.1 显示了阳光卫星和 SOHO 卫星拍摄的太阳图片。

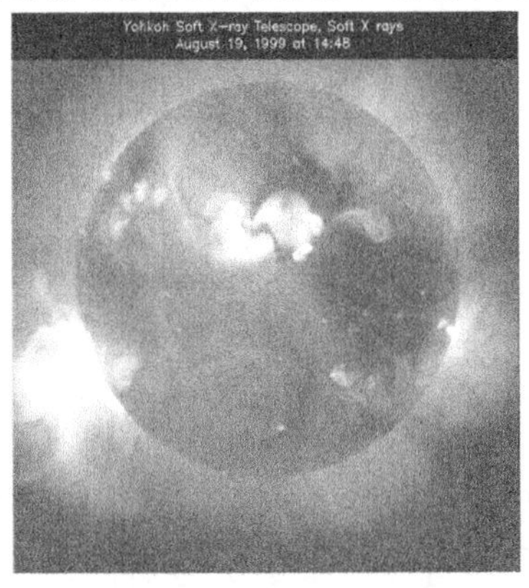

(a)

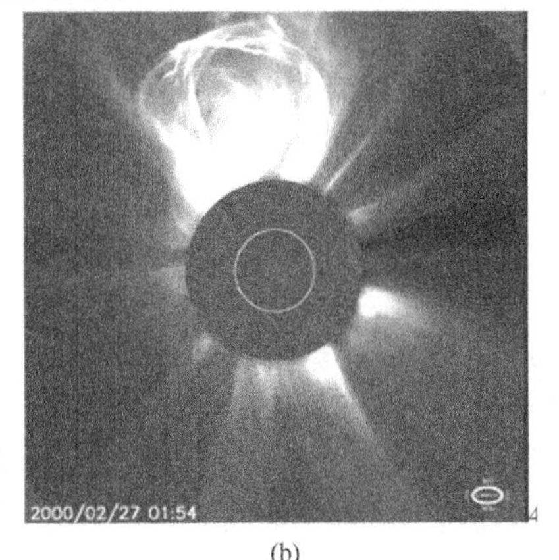

(b)

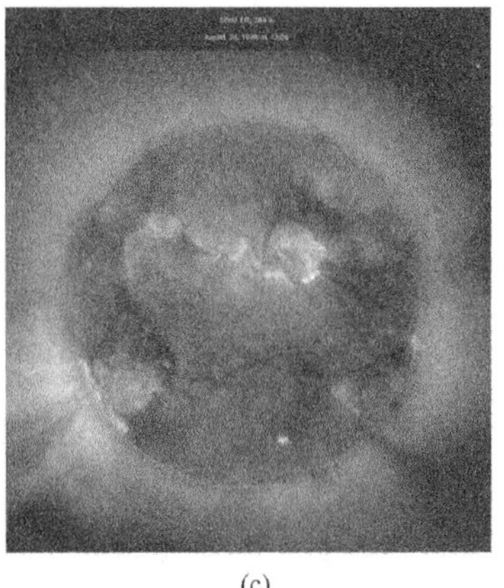

(c)

图 4.1　“阳光（Yohkoh）”卫星拍摄的太阳 X 射线照片（(a)拍摄于 1999 年 8 月 19 日）、“太阳和日球层观象台（SOHO）”卫星拍摄的太阳远紫外像（(b)，拍摄于 2000 年 2 月 27 日）和日冕物质抛射图像（(c)拍摄于 1999 年 8 月 20 日）（引自 http://www.lmsal.com/SXT/img/Last_SXT_Image.gif；http://sohowww.nascom.nasa.gov/data/realtime-images.html）

4.2.1.2 *磁层成像监测*

地球磁层是一个巨大的空间，包含了不同的等离子体区域，其基本物理过程和太阳风暴之间的关系仍未被人们所理解，最主要的原因是大多数的空间探测都是单点就地测量，即使是多点测量也不能完全覆盖其整个区域。由于不同事件的区别很大，基于单点探测的统计结果只能给出大概的图像，而非空间天气角度上的全球的图像。为了理解大尺度的磁层动力学过程，磁层成像监测（如极紫外、远紫外以及能量中性原子的全球成像），是对磁层动力学进行系统层面上的遥感测量的关键而有效的手段，同时也是研究地球空间各层之间耦合的最好方法。这些成像技术能够非常有效地监测磁层的高、中、低能粒子，从而可以获取高能粒子通量对空间天气的系统危害的直接证据，提高近地空间天气监测预警能力。

(1)中性原子成像：

①基本原理。地球磁层中的能量中性原子(ENA)是通过磁层中单价的高能离子（主要是 H^+ 和 O^+ 离子）与地球逃逸层地冕(Geocorona)中的原子之间的电荷交换机制产生的，产生的中性原子将以与原来离子几乎相同的能量和速度离开相互作用区，而且不受周围环境电磁场的影响，这一特性能够帮助我们利用遥感技术得到中性原子组成的图像。中性原子图像是由位于相互作用区域上方的遥感探测器在给定能量范围内连续探测到的能量中性原子组成的。中性原子图像的实现通常有两种方式：一种是在人们关心的等离子体区域外面的卫星轨道上进行成像，叫做高高度成像。如图 4.2（彩图见插页）所示的为一种典型的高高度成像探测方案，利用该方案进行探测的卫星有 CASSINI，POLAR，IMAGE，TWINS 和 TC—1 等，主要用于研究大尺度结构和动力学过程，如磁层大尺度环电流等；另外一种是在人们关心的等离子体区域内部的卫星轨道上进行成像，叫做低高度成像，利用该方案开展探测的卫星有 CRESS 和 ASTRID 等，主要用于研究粒子沉降等现象。由于电荷交换过程的动量守恒，源离子的信息（如能量和投掷角等）由能量中性原子所携带。通过中性原子成像技术得到能量中性原子的图像，再利用该图像可反演获得产生这些中性原子的等离子体浓度和分布。

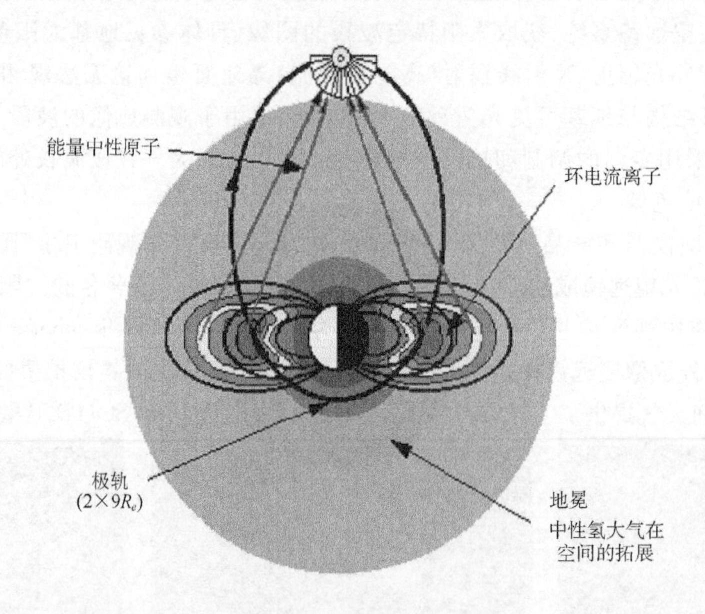

图 4.2 全球能量中性原子高高度成像探测示意图(引自 Sheldon 等 1993)

利用能量中性原子成像技术可研究磁层环电流的大尺度结构和动力学过程，尤其是研究在磁暴和亚暴过程中，环电流是如何增强和衰减的，以及如何响应太阳风暴的。在地球磁层环电流区域的等离子体的分布和能量可以估算环电流的总体状态。环电流的增强是地磁暴发生的主要因素，也是影响中低纬度电离层天气的重要原因。因此，通过中性原子成像图像确定磁层空间等离子体分布，进而估算环电流状态，对磁暴和中低纬度电离层暴的监测和研究具有重要意义。

②典型仪器和产品：图 4.3 所示为 IMAGE 卫星高能中性原子成像仪探测到的磁暴期间环电流的

中性原子图像。该仪器可以从一个有利的位置对磁层离子分布的动力学特征进行全球尺度上的成像测量。主要观测的参数包括内磁层由高能离子和背景低能中性粒子电荷交换产生的中性原子，以及中性原子的成分氢原子(H)和氧原子(O)等。该仪器的主要指标包括：

能量范围：20～500 keV；

视场：120°×360°；

像素角分辨率：3°×3°；

时间分辨率：30 s

质谱分辨：H 和 O 原子。

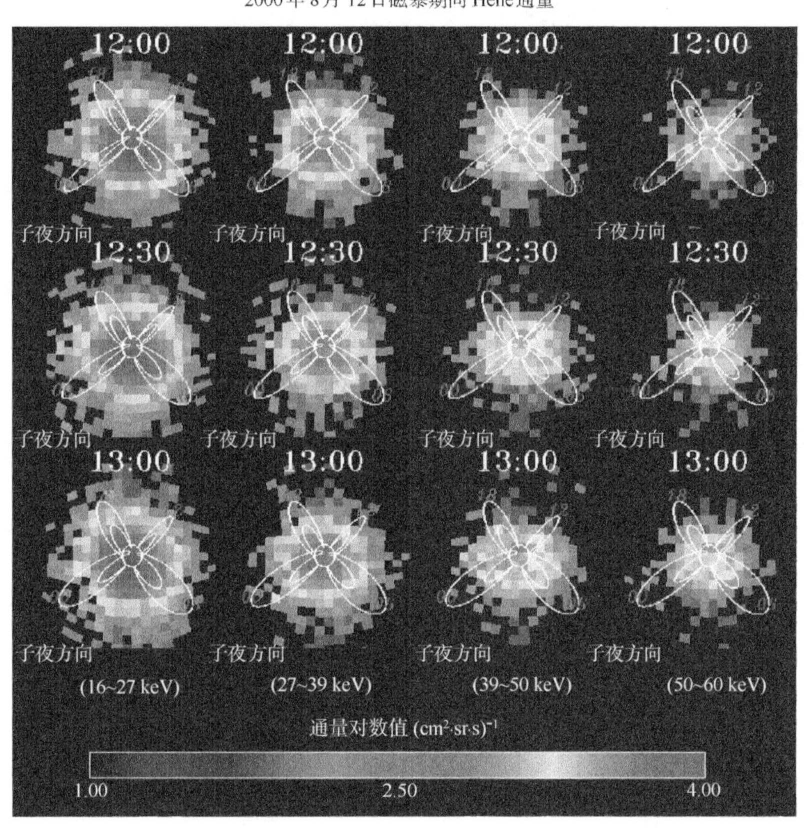

图 4.3　2000 年 8 月 12 日 12:00—13:00 IMAGE 中性原子成像仪 HENA 获得的中性原子图像(引自 Zhang 等 2005)

(2)极紫外成像：

①基本原理。包围在地球大气层外的是一个稀薄的等离子体区域，等离子体层中等离子体的显著特征是其可在 EUV 波段发生不同程度的散射，其散射强度与散射点离子密度成正比。因此研究等离子体层离子分布的最好方法是通过光学方法对辐射进行成像，再通过图像反演得到等离子体层的离子密度分布。利用极紫外(EUV)光学成像技术可进行磁层等离子体整体成像探测、监测，并获取等离子体层整体特征和行为。

等离子体层 EUV 散射谱的两条最主要谱线为：He^{+} 30.4 nm 和 O^{+} 83.4 nm，其他离子成分虽然也有辐射，但由于在等离子体层中含量极低，不利于探测。选用 30.4 nm 谱线探测的图像能反映等离子体层离子的总体分布，由其动力学特征可以推导等离子体层的动力学特征。该谱线是一条独立的线光谱，是等离子体层中强度最强的辐射，且这一波段的背景辐射可以忽略不计，因此仪器容易实现，便于光学探测，几分钟就可以拍摄一幅图像，比较适合于进行磁暴和亚暴期间等离子体层对地磁活动反应的观测，如图 4.4 所示的即是利用 EUV 成像技术探测等离子体层的一种方案。

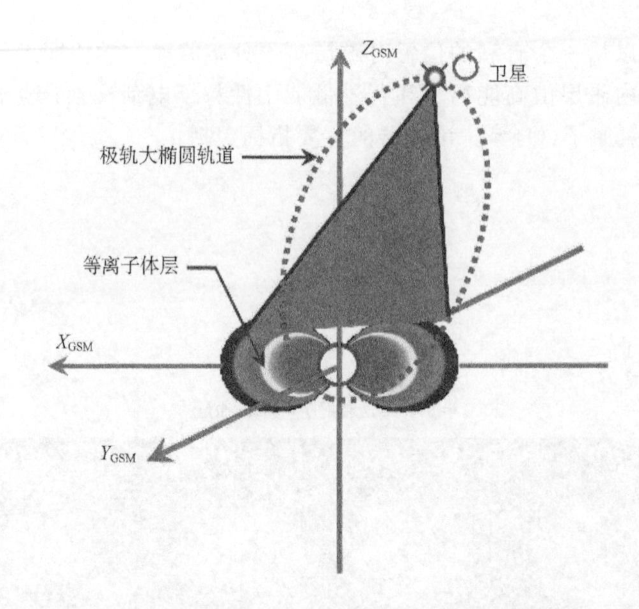

图 4.4　从卫星轨道利用 EUV 成像仪探测地球等离子体层示意图

图中椭圆点线表示卫星轨道，三角区域表示视场角度

②典型仪器和产品。美国的 IMAGE 卫星 EUV 成像仪可对地球等离子体层进行成像，主要技术指标见表 4.1，仪器结构和拍摄的磁层等离子体层整体图像如图 4.5 所示。

表 4.1　IMAGE 上多光谱 EUV 成像仪主要技术参数

项　目	参　数
工作波段	OⅡ 83.4 nm，OⅡI 91.1 nm，OⅠ 130.4 nm，OⅠ 135.6 nm，NⅠ 140.3 nm，NⅠ 149.3 nm
光谱带宽	2.5 nm(FUV)，8 nm(EUV)
视场	1.6°(对应地面范围 1000 km)
角分辨率	1.0′(对应地面分辨率 10 km)
时间分辨率	100 s
辐射强度	0.1 R～3 kR(夜间)　1 R～20 kR(白天)
口径	140 mm
焦距	640 mm

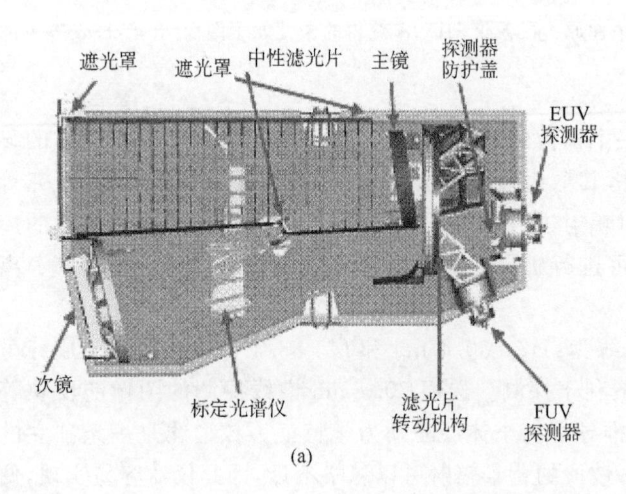

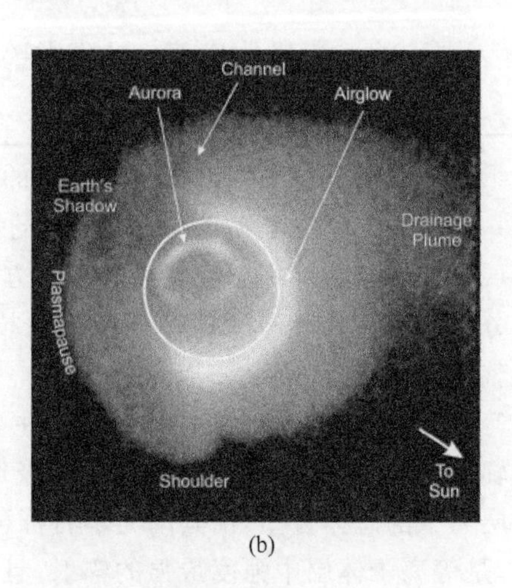

图 4.5　IMAGE 上多光谱 EUV 成像仪(a)和探测的 EUV 图像(b)

(b)中的大小两个亮环分别为拍摄的地球大气气辉和极光

(引自 Sandel 等 2003)

4.2.1.3　极光成像监测

极光活动是极区最重要也是最直观的空间天气现象，其强度和分布直接反映了地磁活动状态，高磁纬度地区带电粒子的动力学特征，以及地球电离层和磁层、太阳风的相互作用特征。对极光特性的研究有助于研究地磁暴和磁层亚暴期间地球磁场的扰动、磁层等离子体注入过程、电离层对太阳风变化的响应，以及电离层和磁层相互作用的动力学过程。

（1）极光成像监测的基本原理：由于极光椭圆所占据的区域很大，地面的观测还无法完整描述极光椭圆的整体位形。对于极光椭圆的整体观测只能依靠卫星。为保证对高纬度地区的覆盖，极光成像探测通常采用高高度、大椭圆的近极轨轨道卫星来实现。远紫外（FUV）极光成像监测的基本原理如图4.6所示。光线从左侧进入并被主镜反射，再经过副镜反射后进入主镜周围的光电阴极中。在传感器上有一层弯曲的 BaF_2 滤光片，用来阻挡波长小于140 nm的光线，而CsI阴极则对波长＞190 nm的光线进行抑制。光线到达光电阴极后产生光电子，再经过倍增后，在磷光层上形成图像并通过光纤锥缩小后在CCD上成像，最终得到极光图像。

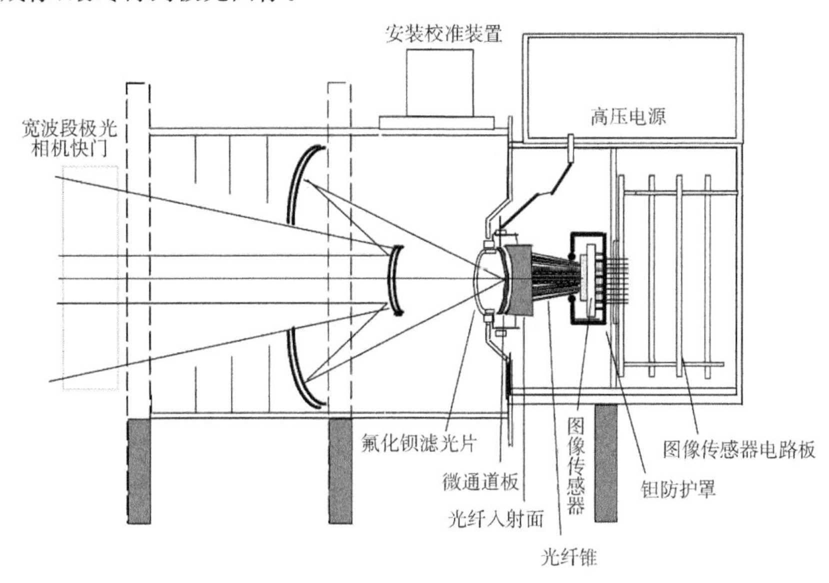

图4.6　远紫外极光成像仪原理图（引自Mende等2000）

（2）极光成像典型仪器和产品：第一幅地球FUV辐射完整图像是1972年APOLLO 16飞船搭载的Far Ultraviolet Camera Spectrogragh从月球上拍摄的，该仪器探测到了地冕、极光、气辉和赤道气辉等。目前，国际上极光成像监测主要有2000年3月美国宇航局（NASA）发射的IMAGE卫星，其装载的远紫外极光成像仪可在140～190 nm波段范围内对极光成像，角分辨率达到0.13°。

IMAGE卫星、远紫外极光成像仪和极光图像如图4.7所示。

(a)

(b)

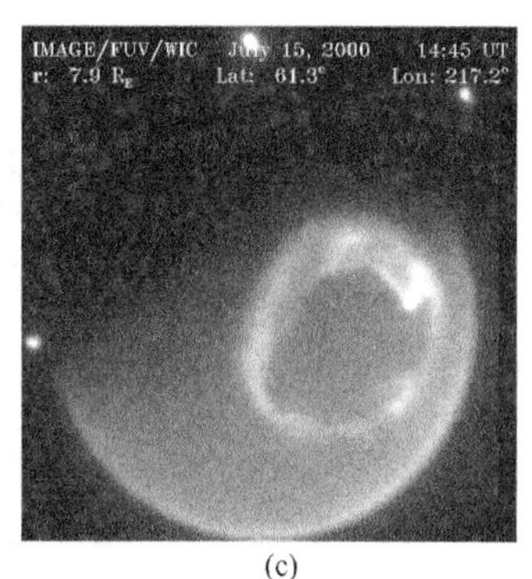

(c)

图4.7　IMAGE卫星（a）、远紫外极光成像仪（b）和极光图像（c）
（引自 http://image.gsfc.nasa.gov/gallery）

4.2.1.4　电离层成像监测

广义的电离层成像监测，可大致分为电离层的光学成像监测和无线电信标层析成像监测。由于直接对自由电子成像监测的困难，一般通过对某些特定离子(如 O^+)的特定光谱进行成像探测，通过一定的方法反演电子的分布和变化，从而实现电离层的成像监测。另外，通过在空间飞行器上发射特定的无线电波信号，在地面布设接收站网，通过类似于医学成像中常用的层析(Tomography)技术，可获得电离层二维成像。

(1)电离层光学成像：

①电离层光学成像监测基本原理。电离层和高层大气的分子及原子受到太阳紫外辐射的作用将产生激发，甚至电离，激发态的分子或原子跃迁回基态时发出的光，即为气辉。即使在夜晚，虽然激发源已经消失，但由于激发态的寿命较长，或者因分子、原子等的复合，高层大气也存在发光现象(夜气辉)。由于太阳紫外辐射、大气及电离层组分直接决定着气辉的形成，气辉的分布还随太阳活动、地磁活动强度的变化而发生改变。通过对高层大气中气辉的监测和成像，即可获得发出气辉的中性大气和带电粒子的浓度及变化，间接实现电离层和高空大气成像监测。在电离层 F 区，尤其是在峰值高度附近，电离层主要由 O^+ 和自由电子组成且二者浓度大致相等，因此可以通过成像测量 O^+ 而获得 F 层自由电子的密度分布。在 F 层内，O^+ 离子在 F 层区域内与电子(e)再复合生成 O 原子，并且释放出一个光子($h\nu$)，释放出的光子波长为 135.6 nm，具体复合过程见式(4.1)。

$$O^+ + e \rightarrow O + h\nu \tag{4.1}$$

在 F 层区域内，可以通过测量 135.6 nm 的辐射强度，计算出 O^+ 的密度。在此区域内，O^+ 的密度与电子的密度相同，进而可以计算出电子的密度，计算公式如式(4.2)。

$$I = \alpha \times \int n_e^2(s)\,\mathrm{d}s \tag{4.2}$$

其中，α 为复合系数，n_e 为电子密度，s 为光程。

在电离层测量过程中，利用光学成像设备，对电离层中的气辉辐射强度进行测量，测量出全球不同位置的电离层电子分布密度梯度。

②典型仪器和产品。电离层 FUV 和 EUV 测量仪器有三类：第一类是多光谱技术，采用高分辨率成像光学系统，再配以不同波段的滤光片，对全球 FUV 和 EUV 波段辐射进行直接观测，通过数据反演，计算得到全球电子密度分布。第二类是采用成像光谱技术，即采用 FUV 和 EUV 成像光学系统，配合高光谱分辨率的光栅光谱仪，可以获得高空间分辨率和高光谱分辨率的 FUV 及 EUV 图像。例如，美国发射的 GUVI 卫星是采用此方案的电离层测量仪器。第三种光度计测量，此方法测量简单，对 FUV 仪器要求不高，适合进行卫星搭载。

图 4.8 是美国和我国台湾联合发射的 COSMIC 卫星上的小型电离层光度计(TIP)的实物和结构图。

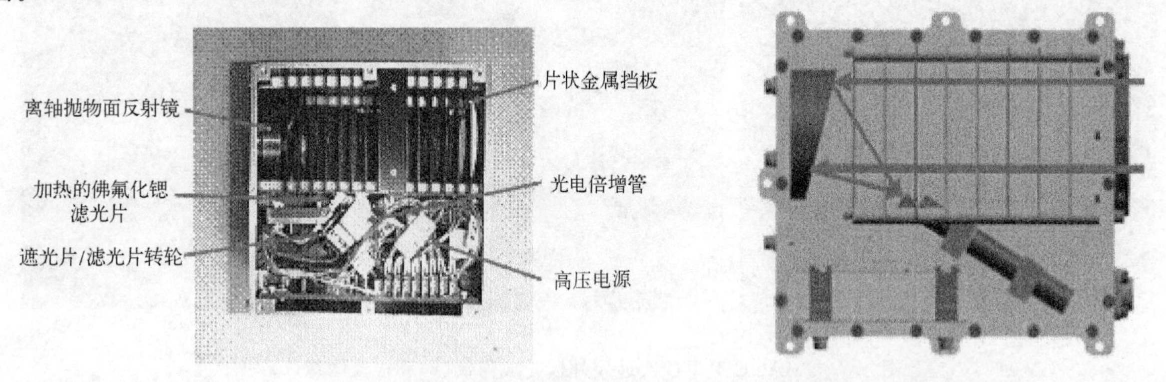

图 4.8　COSMIC 卫星的小型电离层光度计(TIP)实物(a)和结构示意图(b)

(引自 http://www.cosmic.ucar.edu)

TIP 主要技术参数见表 4.2。

表 4.2 TIP 主要技术参数

项 目	参 数
工作波段	135.6 nm
视场	3.8°(对应地面范围 1000 km)
辐射强度	0.1 R～3 kR(夜间) 1 R～20 kR(白天)
探测灵敏度	150 计数/(R·s)
口径	54 mm
相对孔径	F/1

图 4.9(彩图见插页)分别为 COSMIC 卫星的 TIP 和 TIMED 卫星的 GUVI 在 135.6 nm 的成像结果比对,两者测得气辉的强度一致。

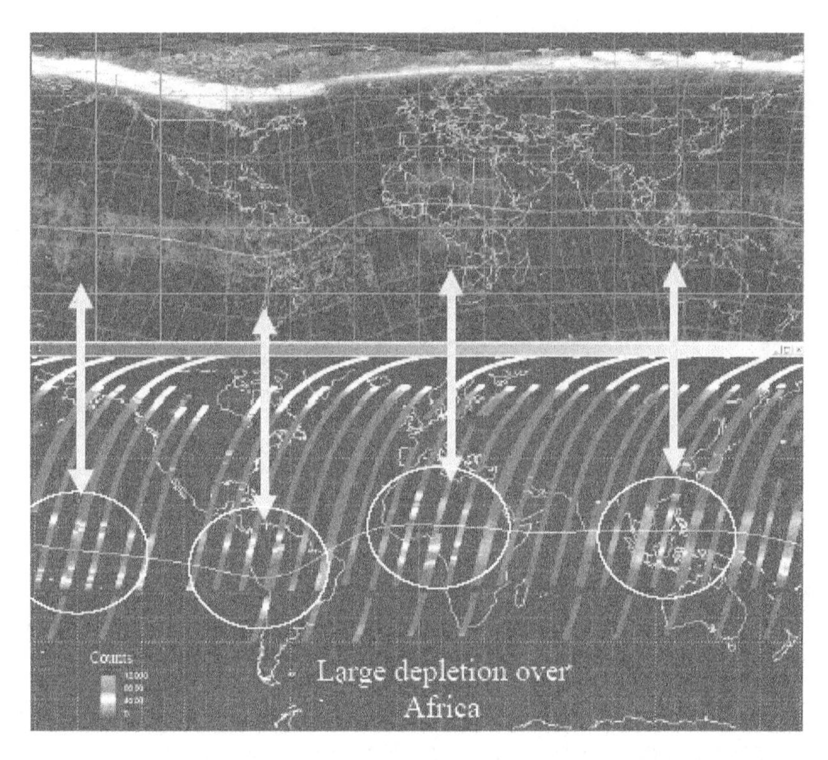

图 4.9 TIMED 卫星 GUVI 拍摄的图片(上图)和 COSMIC 卫星(下图)测量的高层大气气辉对比
两台仪器拍摄所使用的光谱通道不相同

(2)电离层层析成像:

①电离层层析成像监测的基本原理。层析成像断层扫描是以大量经过物体截面的衰减信号来产生截面影像的技术,其好处在于它不需要通过切割物体来得到物体内部的信息。早在 1917 年 Randon 发表可以从投射数据重建原函数的理论后,即奠定了断层扫描成像的基础。Randon 转换后来被应用到各种不同的领域上,如医学上的人体断层扫描、地球物理学上的地层结构探勘、天文学、分子生物学、材料学和工业检测等。由于这项技术的应用不受限于探测物体的大小,从微生物组织的观察到星球的探测都能应用此项技术进行研究,应用上相当广泛,可提供被扫描物体更多维度的信息,有利于研究受测物体的结构。

1986 年 Austen 等开始将断层扫描技术应用于电离层的探测上。他们将多个地面接收站所接收电波路径上的全电子含量,利用计算机断层扫描技术重建出二维电离层电子浓度分布,所发展之反演技术称为电离层计算机层析或断层扫描技术。该技术借助卫星发射的电波信号探测电离层,透过地面接收站接收取穿过电离层电波信号的相位，由相位信息反演电波路径所形成剖面上的电子浓度分布。

图 4.10 所示为电离层层析探测的基本原理，在一次卫星过境中，地面一系列接收站都可以接收到卫星的信号，卫星发射的两个相干电波信号在电离层中传播，由于电离层的多普勒效应，到达地面接收机时，双频载波间的相位差可表示为：

$$\Delta\varphi = \Psi + \varphi_0 = C_0\int_r^s N_e \mathrm{d}l \tag{4.3}$$

其中 N_e 为电子浓度，$\mathrm{d}l$ 为沿电波路径上的微分长度，s 为发射卫星信号位置，r 为地面接收站位置，其中 Ψ 为地面接收机记录的信号相对相位差，φ_0 为待定相位积分常数，包含了两个信号发射天线处的初始相位差和 $2n\pi$ 模糊度。C_0 为常数，包含了卫星运行轨迹和发射的相干信标的信息，就现在常用的卫星信标频率为 150 和 400 MHz 而言，$C_0=1.612\times10^{-15}$ $\mathrm{m^2\cdot rad}$。通过地面的相位差数据(Ψ)，在采用一些技术(如最小曲率法、双站法和多站法等)确定 φ_0 后，就可以得到射线路径上的斜向 TEC 值。

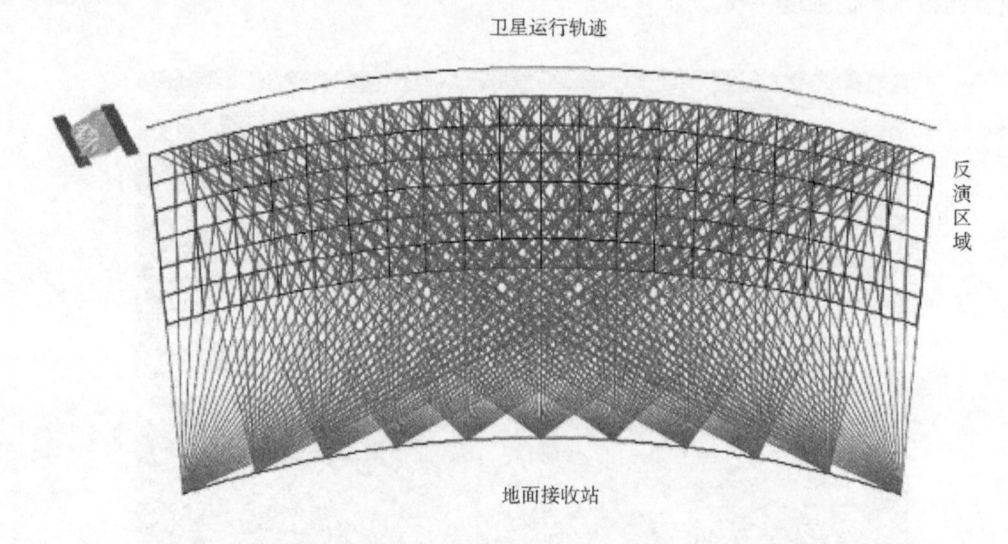

图 4.10　电离层层析监测原理(图片引自宋昆霖硕士论文)

假设卫星轨迹和地面接收站为同一平面，可将该平面上电波路径所形成之区域(反演区域)，离散成许多方形网格，每个网格中的电子浓度可视为一定值，而通过上述办法可得到斜路径上的 TEC。

在图 4.11 所示的一个将反演区域分为 4×4 的网格区域中，假设第 j 个网格中的电子浓度为 $N_j(j=1,2,\cdots,16)$，电波路径共有 P 条，第 i 条路径交于第 j 个网格内的路径长度表示为 D_{ij}($1,2,\cdots,P-1,P$)，第 i 条路径所对应的电子总含量为 T_i，如此方程组(4.4)中第 i 条路径的电子总含量(线积分)可近似成方程组(4.4)中之第 i 列方程式。

$$\begin{aligned}
D_{1,1}N_1 + D_{1,2}N_2 + D_{1,3}N_3 + \cdots + D_{1,16}N_{16} &= T_1 \\
D_{2,1}N_1 + D_{2,2}N_2 + D_{2,3}N_3 + \cdots + D_{2,16}N_{16} &= T_2 \\
D_{3,1}N_1 + D_{3,2}N_2 + D_{3,3}N_3 + \cdots + D_{3,16}N_{16} &= T_3 \\
&\vdots \\
D_{P,1}N_1 + D_{P,2}N_2 + D_{P,3}N_3 + \cdots + D_{P,16}N_{16} &= T_P
\end{aligned} \tag{4.4}$$

在给定初值的情况下，通过各种迭代算法(如代数重建算法 ART、倍数重建算法 MART 和同步迭代重建算法 SIRT 等)可求解上述线性方程组，得到反演区域内电子浓度 N_j，从而获得电离层二维成像。

②典型的电离层层析系统介绍。实际运行的电离层层析成像监测系统主要利用快速运行的极轨卫星发出的 VHF 和 UHF 频段的无线电信号，在短时间内对电离层实现一次快速扫描，通过地面接收台

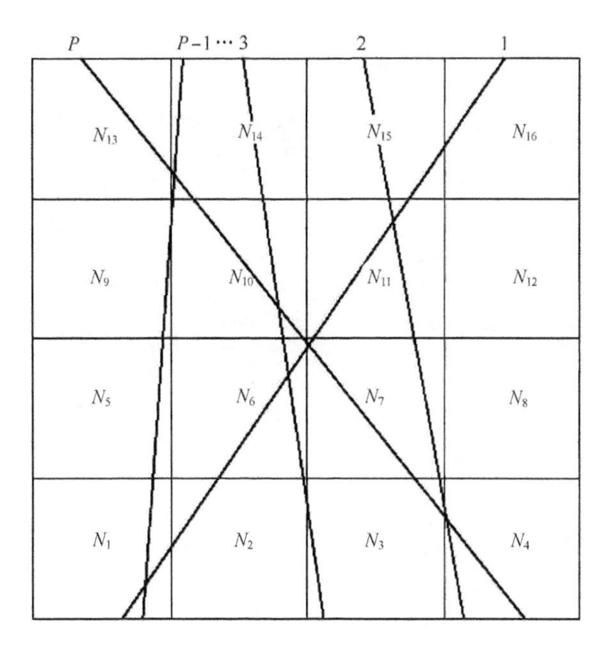

图 4.11　层析反演的网格示意图

（$N_1 \sim N_{16}$为划分的网格区域，穿过其中的斜线为电报路径）

站记录双频信号的差分多普勒相位，并反演得到电离层二维层析成像结果。20 世纪 80 年代俄罗斯、西北欧洲和北美相继建立了试验性的电离层层析监测系统，这些监测系统均分布在中高纬度地区，获得了有关中纬度槽、电离云密度增强和电离层行扰等有意义的探测结果。

我国台湾中央大学曾经建立了一个低纬度电离层层析监测链网。此扫描网由北向南共有六个观测站，武汉大学参与此项工作。该监测网包括我国大陆的上海和温州、台湾的中坜和高雄，国外菲律宾的碧瑶和马尼拉等站。采用美国伊利诺伊大学研制的 JMR-1 接收机，接收美国海军导航卫系统（NNSS）的无线电信号，开展电离层层析成像监测，该层析监测链取得了一系列有意义的结果。

台湾当局在 2006 年与美国合作发射 COSMIC 卫星，该卫星由六颗装载了三频信号发射机的小卫星星座组成，可在 150，400 和 1066.67 MHz 三个频段连续发射相干的无线电信号，在地面各地的接收站接收后，可推算在电离层高度（90～700 km）范围内高分辨率的电子密度和总电子含量，是进行电离层层析成像的极佳信号源。

图 4.12 所示为 COSMIC 卫星的结构，图中可见三频信标发射系统和天线。

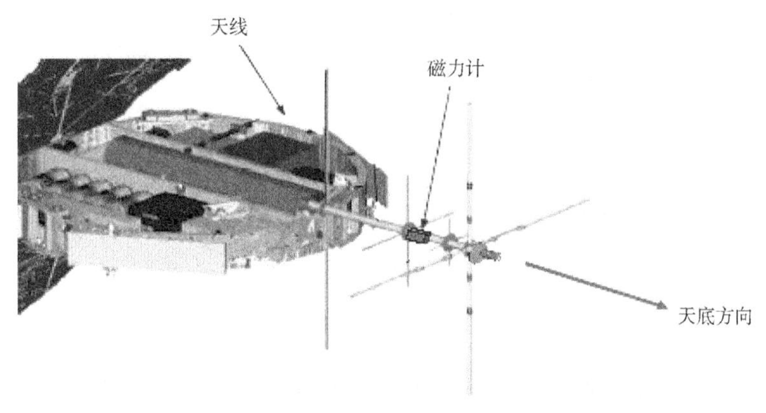

图 4.12　COSMIC 卫星装载的三频信号发射系统（图片引自于陈威名硕士论文）

我国台湾中央大学 2003 年重新建立了一个低纬度地区电离层层析探测链，接收站位于中央大学、南投、垦丁等地。采用美国某一公司的接收机，该接收机可接收 COSMIC 和 OSCAR/NNSS 等 14 颗卫星发射的 150，400 和 1066.67 MHz 三个频率的卫星无线电信号，通过分析其差分多普勒记录得到斜向全电子含量数据值，经由断层扫描技术，每天可获得我国东部地区 50 多个电离层剖面，用于电离层断层扫描的研究和业务中。图 4.13 是该系统的地面接收站。

图 4.13　位于我国台湾中央大学的三频信标地面接收系统(图片引自陈威名硕士论文)

该系统从 2006 年 6 月各接收站首次获取数据开始到目前为止，已连续工作两年多，一般没有特殊情况影响时，各个站所接收的资料数据包括卫星通过的轨道、相对 *TEC* 随时间的分布、电离层闪烁指数随时间的变化、VHF 随时间变化的相位图、UHF 随时间变化的相位图、投影至 350 km 处之闪烁指数的变化轨道图等。

图 4.14 是 2006 年 10 月 13 日一次卫星过境时在某站得到的数据记录，图中第一到第三行分别为 VHF、UHF 和 L 波段的差分相位变化，第四行是以上三个波段信号强度。根据图 4.14 中的相位记录数据，可计算卫星通过该站时一组斜 *TEC*。根据一次卫星过境期间地面一组观测站的斜 *TEC* 数据，利用式(4.4)可通过图像重建方法得到一次电离层层析成像，其中 2006 年 12 月 28 和 29 日的一组结果如图 4.15(彩图见插页)所示。

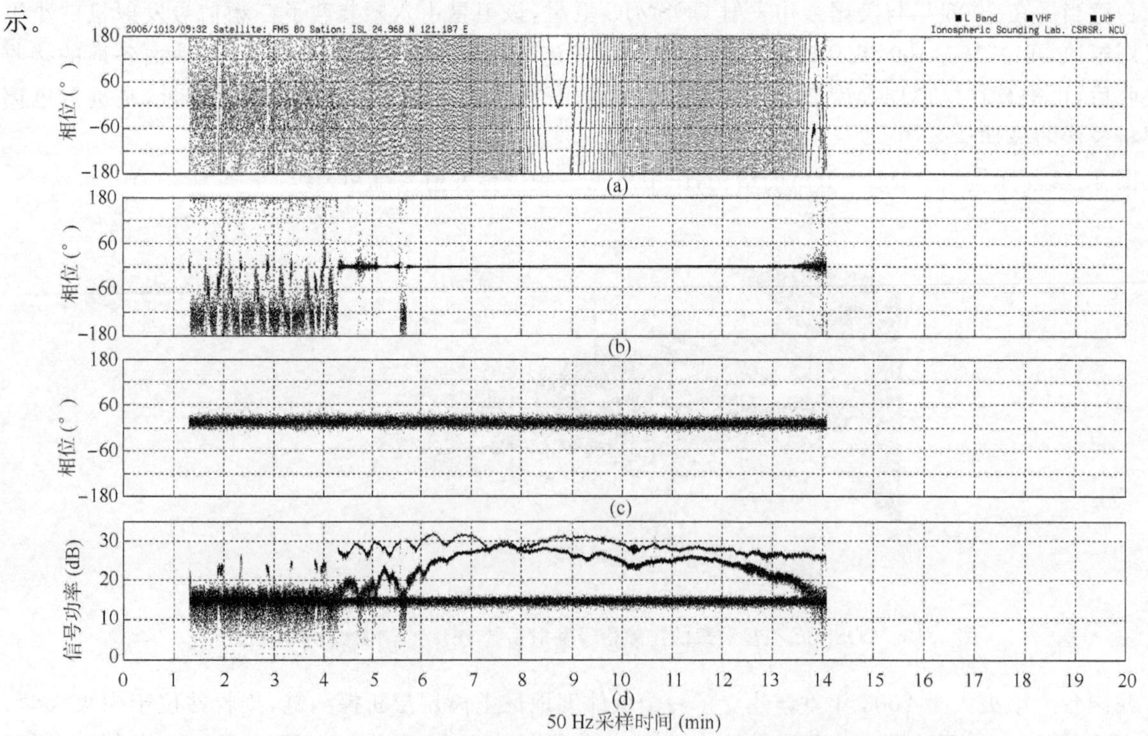

图 4.14　2006 年 10 月 13 日一次卫星过境时在某站得到的数据记录(图片引自陈威名硕士论文)

((a)—(c)分别是在 150，400 和 1066.67 MHz 三个频率接收的信号相位和时间变化，(d)为以上三个频率信号的功率

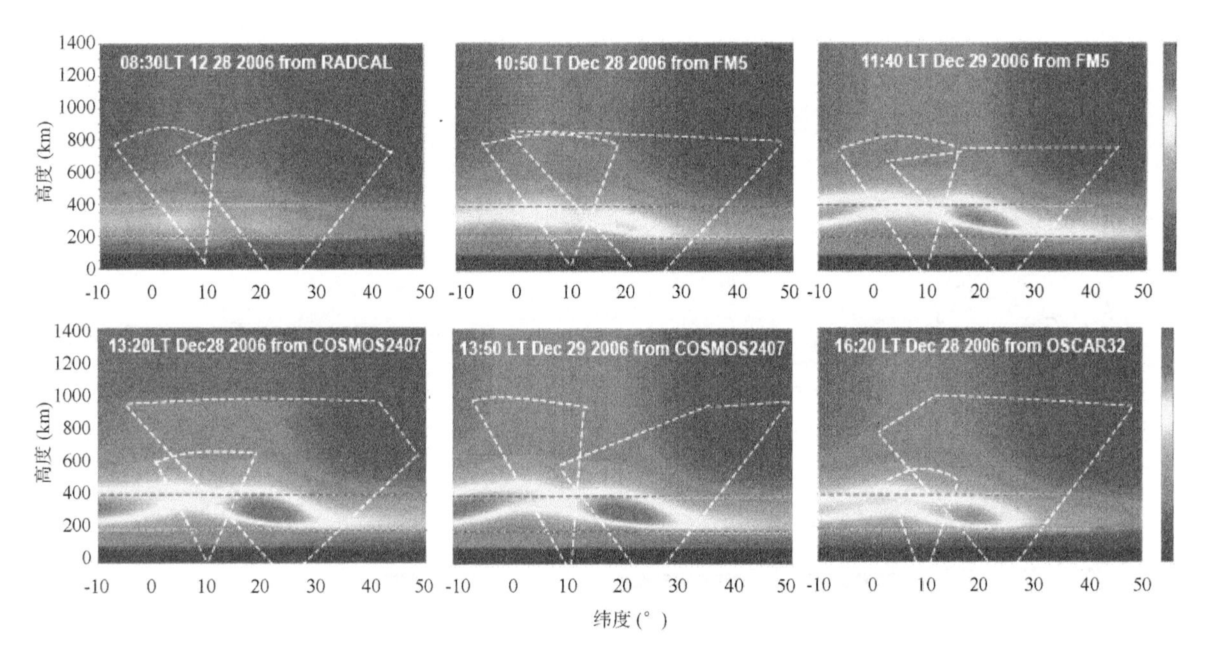

图 4.15　2006 年 12 月 28 和 29 日电离层层析反演结果(图片引自陈威名硕士论文)

4.2.2　粒子探测

空间粒子测量主要是对空间带电粒子(电子、质子和重离子)、空间中性粒子,甚至空间 X 射线、伽马射线的测量。其中,地球内外辐射带、太阳能量粒子事件和银河宇宙线中的中高能质子和电子、电离层中的低温等离子体是空间天气粒子监测的主要内容,但这两种测量原理和方法有一定的差别,前者一般属于高能粒子探测范畴,后者属于电离层探测的内容。关于电离层探测见 4.2.2.2 节,下面介绍能量粒子的探测。

4.2.2.1　高能粒子探测

(1) 探测原理:利用带电粒子与物质相互作用后产生的电离和激发效应,可实现对带电粒子的测量,包括电子对、光电效应和康普顿效应。其中,电子对效应是高能粒子测量的重要手段。其基本原理如下:高能质子通过准直器射入传感器时,在各半导体探测器内沉积能量,以电离方式产生相应的电子空穴对,这些电子空穴对在高压电场的作用下,汇集到输出端并产生电荷脉冲。该电荷脉冲高度与质子在该半导体探测器中沉积的能量成正比。分析各半导体探测器的脉冲高度,即可判断高能质子及其能量。

(2) 典型仪器和产品:由于高能粒子往往对卫星安全运行造成危害,不仅是空间天气研究业务部分重要的监测对象,也为卫星运行部门所关注。因此不仅几乎所有的具备空间天气监测能力的卫星(包括美国的 NOAA,GOES 和 DMSP,我国的风云系列卫星),而且大量其他应用目标的卫星(ENVISAT,资源和北斗)等都安装了高能粒子监测设备。下面介绍我国风云三号卫星装载的空间环境监测仪及其探测产品。

风云三号卫星的高能粒子(离子和电子)探测器采用望远镜探测技术,望远镜是由三片半导体探测器组成的。每个进入观测视场范围内的粒子都会在望远镜内产生信号,不同能量、不同种类的粒子在望远镜中的信号有差别,通过对信号差异的鉴别区分粒子的能量和种类,将每个粒子的信息都记录下来,从而实现对空间粒子环境的探测。高能粒子(离子和电子)探测器探测能谱范围:3.0～300 MeV 离子能谱;0.15～5.7 MeV 电子能谱。图 4.16 和图 4.17 分别为风云三号卫星高能粒子探测器的基本原理和样机。

2008 年 5 月风云三号卫星成功发射后,经过在轨测试目前运行良好,图 4.18 是 2008 年 7—8 月期间测量的高能质子和电子的全球拼图。

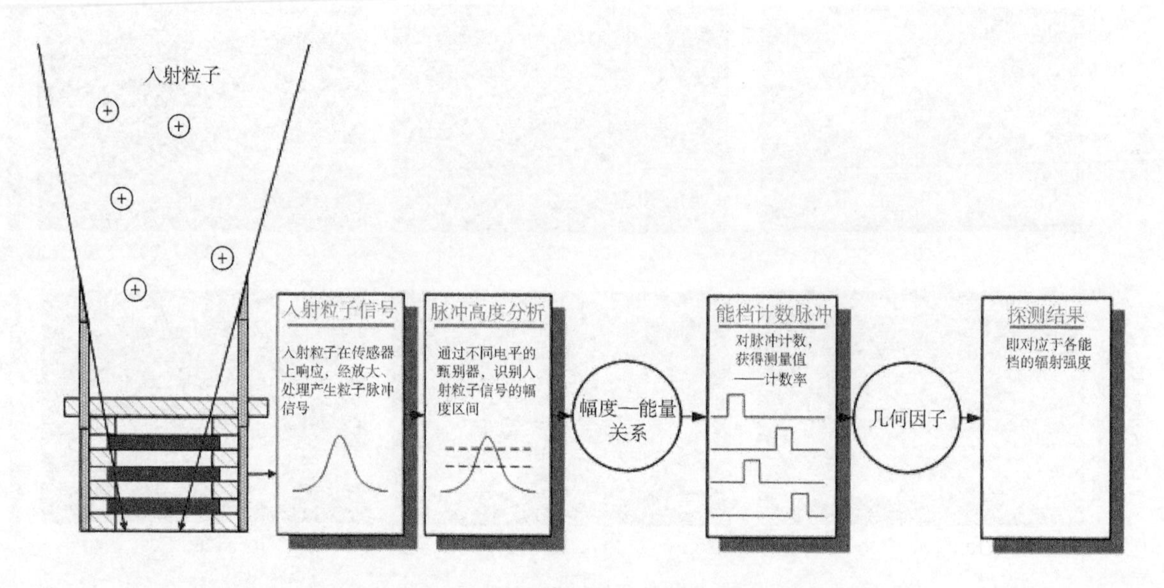

图 4.16　风云三号卫星高能粒子探测器的基本原理

图 4.17　风云三号卫星高能粒子探测器样机

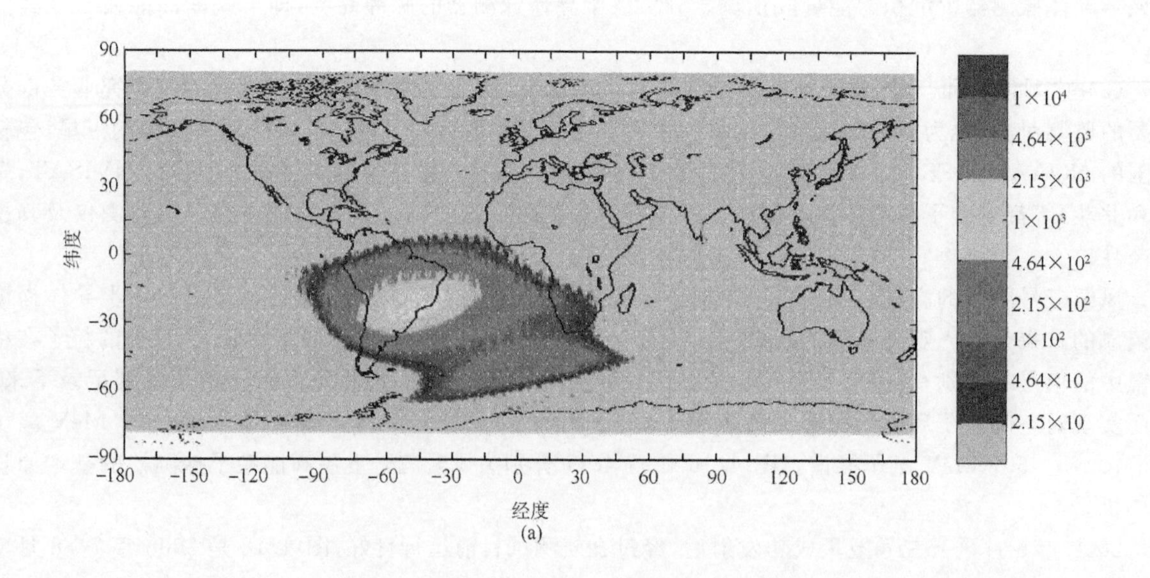

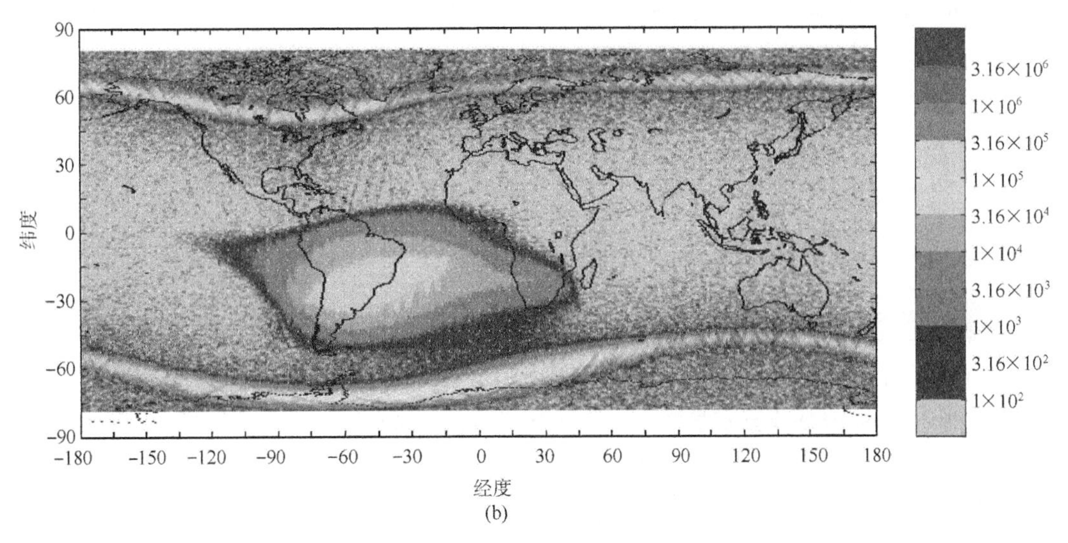

图 4.18 2008 年 8 月风云三号卫星监测的 3～5 MeV 质子(a)和 0.35～0.65 MeV 电子(b)的全球分布
(单位：$cm^{-2} \cdot Sr^{-1} \cdot s^{-1}$)

4.2.2.2 电离层等离子体探测

与辐射带中广泛分布的高能粒子相比，电离层中自由电子的能量低得多，一般温度 1000～2000 K 的电子(典型的电离层 F 区等离了体温度)对应的电子热能大约是 0.1～0.2 cV，因此电离层中的电子和离子属于稀薄的冷等离子体，其测量方法与前述的高能粒子测量方法明显不同，通常常用 Langmuir 探针及其衍生的阻滞分析器和离子漂移计联合探测等离子体的密度、温度和漂移速度等。在电离层应用中，通常在低轨道卫星上安装以上设备组合进行就位探测，Langmuir 探针常用于测量电子密度、温度和卫星电位以及电子密度涨落；阻滞分析器和漂移计用于测量离子密度、温度、成分和漂移速度矢量以及离子密度涨落。下面简要介绍探针探测的基本原理和结果。

(1) Langmuir 探测原理：探针探测就是利用一根小的金属电极，将其浸泡在等离子体中，通常将探针通过一个电源接到参考电极上，随着加到探针和参考电极间的电压变化，测出相应的电流，所得到的电流和电压的关系曲线称为探针的特性曲线。在一般情况下，通过分析探针的特性曲线，可以获得电子体温度、密度等参数。

假定探针所在处的等离子体的空间电位为 U_s，探针相对于所在处等离子体的空间电位为 U_p，则探针相对于参考电极的电压 $V=U_s+U_p$，若以纵坐标表示探针回路的电流 I_p，横坐标表示探针相对于电极的参考电压 V，则图 4.19 是一个典型的探针的电压-电流特性曲线。

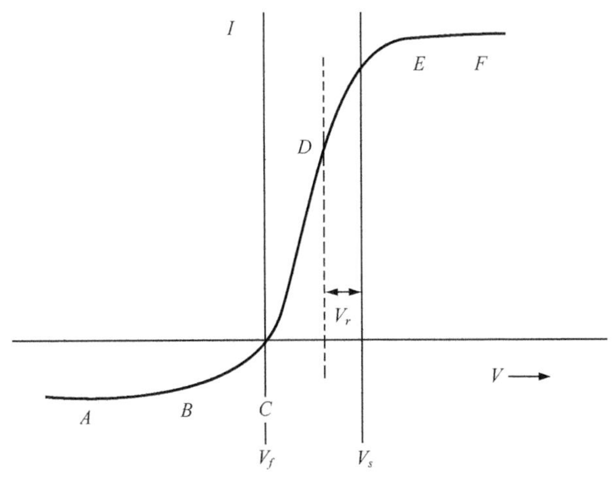

图 4.19 典型探针的电压-电流特性曲线(引自焦维新 2002)

探针的伏安(电压-电流)曲线可以分为三个特征区域(AB,CD 和 EF)和两个过渡区域(BC 和 DE),其中 CD 特征区域,在假设电子速度分布为麦克斯韦情况下可得到如下关系:

$$\ln I = C_0 + \frac{eV}{kT_e} \tag{4.5}$$

从式(4.5)可看出 $\ln I$ 和 V 是一条以 e/kT_e 为斜率的直线,通过度量在 $\ln I$-V 图中直线的斜率可以得到电子温度。在国际单位制中可得到电子温度为:

$$T_e = \frac{11\ 600}{k\ln I} = C_0 + \frac{eV}{kT_e} \tag{4.6}$$

式中 I_e 为探针饱和电子电流(在伏安特性曲线上,EF 段是电子饱和区,其电流即电子饱和电流),S_e 为探针接收电子面积,可近似认为是探针浸入等离子体部分的总面积。

知道 T_e 后,可根据公式 $n_e = 4I_e/eS_e\sqrt{8kT_e/\pi m_e}$ 得到电子密度。同样,利用 AB 段的伏安曲线可以求出离子温度 T,但大量的试验证明,采用此方法所求的 T 偏高,其原因是由于正离子速度不符合麦克斯韦分布的假设。

(2) 典型的测量和产品:利用探针及其衍生的测量设备进行就地探测是一种直接接触式探测方法,虽不能获取大面积范围内的等离子体参数,但可获取较高空间分辨率的多种等离子体绝对参数,已在多种空间天气卫星上得到应用。

美国的 DE—2 卫星、国防气象卫星(DMSP)系列、导航定位中断预报卫星(C/NOFS)计划、新一代极轨气象卫星(NPOESS)、德国的 CHAMP 卫星等均同时配置了遥感和就地探测仪器,以互相补充。C/NOFS卫星上携带了相干散射雷达和 GPS 掩星接收机,用于反演(或重建)电子密度剖面、闪烁和总电子含量,同时安排了 Langmuir 探针及其衍生探测手段(阻滞势分析器和离子速度矢量计)就地测量电离层等离子体动力学参数(电子密度、温度和离子漂移速度等)。我国台湾发射的华卫一号卫星装载了包括探针和阻滞分析器在内的电离层等离子体探测仪,其探测数据广泛用于电离层研究和业务中。

图 4.20 和图 4.21 分别为 DMSP 卫星在 2003 年 10 月 28 日测量的离子密度、温度和速度及华卫一号卫星在 2003 年 10 月 28 日—11 月 1 日测量的离子密度、温度和速度。

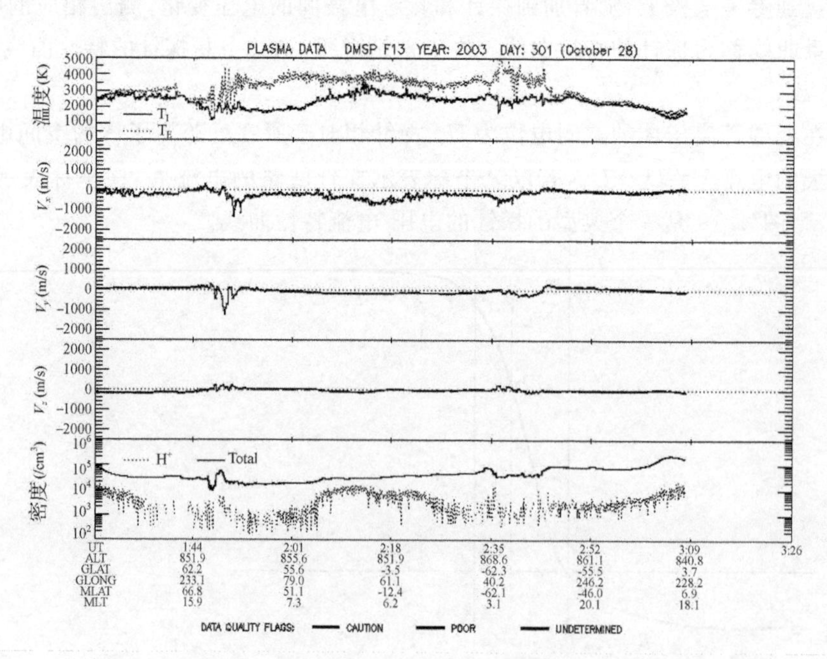

图 4.20 DMSP 卫星在 2003 年 10 月 28 日测量的离子密度、温度和速度

(引自 http://cindispale.utdallas.edu/DMSP_data_at_utdallas.html)

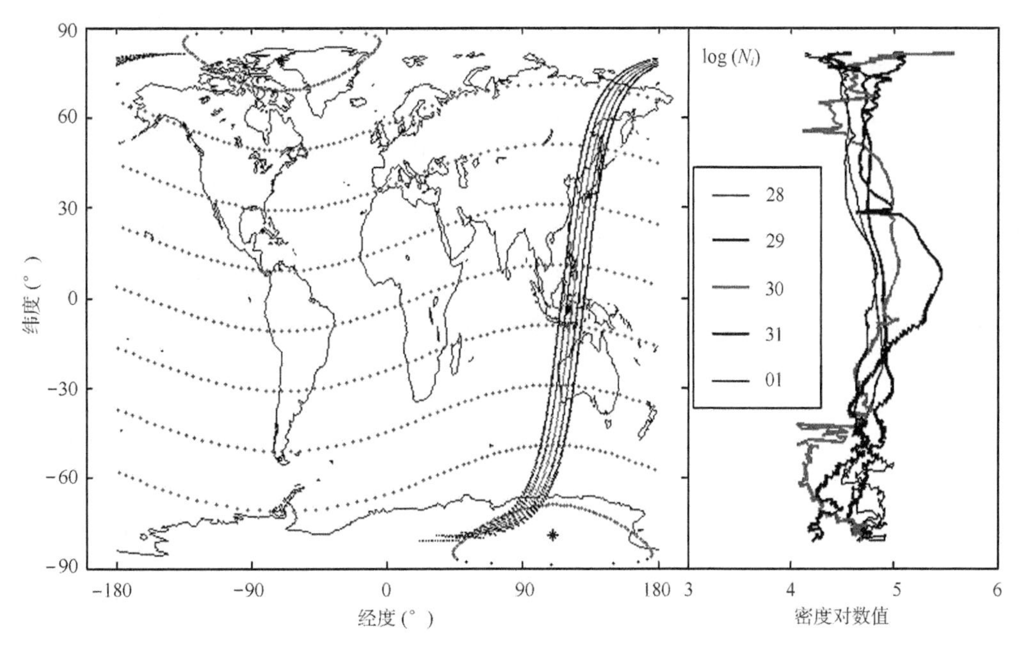

图4.21 华卫一号卫星在2003年10月28—11月1日测量离子密度、温度和速度的结果(本图片由赵必强提供)

4.2.3 主要业务探测卫星

4.2.3.1 国外业务探测卫星

美国国家海洋大气局(NOAA)从1978年开始的TIROS—N及其后的NOAA—6到NOAA—14(1994年12月发射)系列极轨卫星上装载有空间环境监测仪SEM—1;1998年起,NOAA极轨卫星开始新的系列卫星POES系列,卫星上搭载的空间环境监测仪在空间环境中心(SEC)的要求下改进成为SEM—2。NOAA的极轨卫星系列(POES)在800多km的太阳同步轨道飞行,搭载的空间环境监测仪主要探测高能离子和电子,从NOAA—15开始,新一代的空间环境监测器(SEM—2)为总能量探测器、改良的总电子探测器、中能量质子和电子探测器。总能量探测器设计成测量进入极区大气的由极光粒子携带的能量流,这些能量流的磁场和空间分布将有助于测量极光的活动水平和相应的磁层对大气的能量输入。中能量质子和电子探测器可探测30 keV到大于200 MeV的质子与电子流量,这些进入大气层粒子的增强流量将会使短波无线电传播发生显著和广泛的衰减,极端情况甚至造成无线电中断。高能粒子也影响暴露在辐射中的宇航员,特别是在高能太阳粒子事件发生期间,宇航员在高轨道执行任务时受其影响更大。依据这些探测数据,SWPC在空间天气预报中每天给出极区粒子分布图片,可以监测太阳高能粒子事件等重大空间天气事件,是空间天气预报的重要参考资料。

NOAA于1974年开始了静止环境卫星的研制和业务。在1995年发射GOES—8以前,卫星采用的是自旋稳定方式控制姿态,之后采用了三轴稳定卫星平台。在GOES系列卫星上均载有空间环境监测器。GOES—12(GOES—M)卫星开始搭载X射线成像仪,对太阳进行全日面成像观测,监测、研究太阳活动区、耀斑、CME(日冕物质抛射)、冕洞等,增进对太阳活动如何影响空间天气的理解。NOAA决定在以后所有的GOES系列同步气象卫星上都安装SXI(太阳X射线成像仪),SXI是GOES卫星主要的空间天气仪器,其获得的图像被用于NOAA和美国空军预报员监视太阳活动,描述来自于太阳的高能粒子、太阳风暴和日冕物质抛射的动力学过程。SXI的主要功能为:给冕洞定位,用于预报引起周期性地磁暴的高速太阳风暴,也给作为抛射源的瞬时冕洞定位;给日面上的耀斑定位,用于西半部的质子事件警报;监测影响地球并引起地磁暴的日冕物质抛射的指标变化,大尺度地、长期地监测包括较弱的日冕物质抛射事件的发生。为了预报耀斑的发生,观测活动区域的形态、复杂性及温度,监测将要转向太阳日面东部的活动区域。

DMSP是美国国防气象卫星,除传统的气象探测能力外,具有很强的高空大气和电离层探测能力,主要空间天气载荷包括电子离子分析仪、电离层探针和外临边成像光谱仪等，可探测卫星轨道高度上电离层电子和离子密度、温度及运动速度，热层大气和电离层的几种主要大气成分和电子、离子密度的高度分布等。

美国 NPOESS 卫星是在合并了 POES 卫星和 DMSP 卫星的基础上形成的美国新一代国家极轨业务卫星，其装载了新一代空间环境探测包(SESS)，它的功能强大，可探测高、中、低能粒子，地球磁场，大气风场和密度，电离层等离子体和极光等，是美国 NOAA 空间天气预报中心(SWPC)的主要数据来源。SESS 包括的主要仪器有：远紫外圆盘/临边成像仪，极紫外/远紫外临边成像仪，带电离子探测器，等离子体探测器，磁强计，相干信标，GPS 掩星接收机等，可获得包括粒子和磁场、高空大气和电离层的电子总含量及电子密度廓线和极光粒子及其成像等，共计 13 种空间天气产品。

1995 年 12 月 2 日发射的位于日地引力的平衡点的 SOHO 卫星装载的主要仪器包括了多个波段的太阳紫外成像仪和大视场日冕仪，这些观测极大地促进了太阳耀斑爆发和日冕物质抛射(CME)等剧烈空间天气事件的研究，通过 SOHO 的太阳监测数据，不但给出了 CME 的许多观测性质，还在很大程度上改变了我们已有的关于 CME 与太阳耀斑过程的看法。SOHO 卫星的 CME 观测还为磁暴的警报、太阳高能粒子加速机制的研究提供了非常重要的观测资料。

4.2.3.2 我国业务探测卫星

目前，我国拥有的两种系列气象卫星(极轨卫星和对地静止卫星)上都载有空间环境监测仪。

FY—1 是我国第一代极轨气象卫星，运行在 900 km 的太阳同步轨道，FY—1 搭载的空间环境监测仪 SEM 主要监测卫星轨道空间的高能带电粒子(重离子、质子和电子)。空间粒子成分监测器监测 6 道重离子成分、5 道质子通量(能谱)和 1 道高能电子积分通量。该数据可以探测该轨道上的带电粒子状况，监测太阳高能粒子事件期间的粒子环境变化，为空间天气预警提供重要参考。

风云二号(FY—2)静止气象卫星位于约 36 000 km 高度的赤道上空，对地球及空间环境进行连续监测。FY—2 的空间环境监测器(SEM)的主要任务为实时监测太阳活动和该轨道空间的带电粒子辐射。FY—2 空间环境监测器由空间粒子探测器和太阳 X 射线探测器两台仪器组成。空间粒子探测器实时监测轨道空间的质子、电子及 α 粒子的能谱及通量变化。太阳 X 射线探测器实时监测太阳软硬 X 射线暴，直接反映太阳活动水平。太阳耀斑爆发时，太阳 X 射线要先于耀斑粒子几小时至几天达到近地空间，利用该时间差及太阳 X 射线暴特征，可以预报和警报太阳质子事件及粒子扰动。

FY—3 为第二代极轨气象卫星，与第一代极轨气象卫星相比，其轨道有重要改进，包括上午星、下午星(830 km 高度)和低倾角卫星(400 km)三颗卫星组成的星座，同时，卫星载荷探测能力全面提升。新一代的空间环境探测包(SESS)包括多通道粒子探测器、GPS 掩星接收机、气辉电离层光度计、极光照相机，全面探测该轨道的带电粒子、等离子体、高空大气环境。对空间天气研究预报和应用意义重大。

FY—4 卫星将具备全新的空间天气综合监测能力，计划装载太阳紫外—X 射线成像仪，X 射线流量监测计和高能粒子监测仪等空间天气观测仪器。新一代的风云系列卫星的发展，将有力促进我国空间环境监测体系的建立，加快我国空间环境相关研究，保障我国空间天气业务的正常运行。

4.3 地基监测

地基监测是空间天气监测的重要手段，目前逐渐形成组网监测、自动化监测和无缝隙监测的能力。地基监测的主要内容包括太阳、电离层和中高层大气、地磁场和宇宙线监测等。

4.3.1 太阳监测

4.3.1.1 光学监测

(1)基本原理：最简单的太阳观测仪器是太阳照相仪，也称为光球望远镜。它实质上就是配备有照相装置的天文望远镜，主要用于对太阳直接进行照相。这种望远镜不加滤光片或只加很宽的滤光片(波宽大于 10 Å)，基本上相当于接收全波段的白光照相。这样拍摄到的照片是太阳最底层大气—光球的形象。

可见光波段的太阳辐射几乎全部来自太阳光球层，其他太阳大气层(如色球层)的辐射强度几乎可以忽略，但在某些来自其他太阳大气层发射谱线所在波长处非常窄的波段中，其辐射强度可以超过光球辐射强度，在此波长处用非常窄的单色光(波宽小于 1 Å)可以用来观测别的太阳大气层，由此得到的太阳像就称在此波长处(或发射此波长谱线的太阳大气层)的太阳单色像。如在太阳光球望远镜光路中附加透过波长在来自色球层的 Hα(波长 6562.8 Å)发射线处，透过波宽非常窄(波宽小于 1 Å)的滤光器，得到的就是太阳 Hα 单色像，即太阳色球像，这样的望远镜就叫做太阳色球望远镜(太阳 Hα 望远镜)。

(2)典型仪器和产品：中国科学院国家天文台怀柔太阳观测基地的多通道太阳望远镜由五个不同功能的望远镜组成，可观测得到太阳的光球单色光像、色球单色光像和光球矢量磁场像等，是一架观测研究太阳的综合性科学望远镜。图 4.22 为其观测的太阳 Hα 图片。

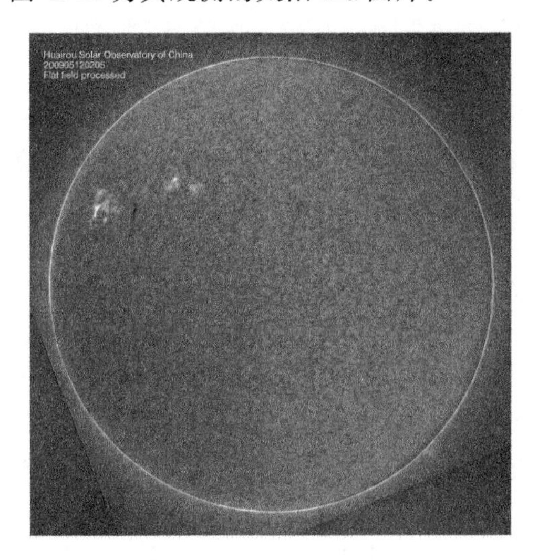

图 4.22　2009 年 5 月 12 日国家天文台怀柔太阳观测基地观测的太阳 Hα 图片
(本图片由国家天文台怀柔太阳观测基地提供)

4.3.1.2　*磁场监测*

(1)基本原理：太阳大气中存在磁场，磁场在太阳活动现象中扮演着不可或缺的角色。太阳黑子实质上是太阳上磁场最强的区域。太阳磁场望远镜是测量太阳磁场的基本设备。目前，太阳磁场测量主要借助于太阳光谱线的逆塞曼效应。所谓逆塞曼效应，是指在磁场的作用下，光谱中某些对磁场敏感的吸收线发生分裂的现象。

磁场平行于视线方向(纵向)磁场时，谱线分裂成左旋和右旋圆偏振的 2 条支线；磁场垂直于视线方向(横向)磁场时，谱线分裂成 3 条支线，中间的 π 线是线偏振，旁边 2 条 σ 支线是部分线偏振。支线间的距离称为裂距，它同磁场强度成正比。在太阳光球望远镜光路中加入适当的滤波和偏振光分析器件，便可在磁场敏感谱线轮廓某些固定位置上，测量出具有不同偏振状态的分裂支线间的强度变化，进而计算出磁场强度。太阳磁场望远镜就是用这种间接方法来测定磁场的。

(2)典型仪器和产品：中国科学院国家天文台怀柔太阳观测基地的太阳磁场望远镜，是由 35 cm 真空折射望远镜、1/8 Å 双折射滤光器、3 组水晶调制器、由电脑控制的 CCD 成像系统组成的，可通过观测得到太阳的光球单色光像，色球单色光像和光球矢量磁场像等(图 4.23)。

4.3.1.3　*射电监测*

(1)基本原理：对于太阳射电波段的辐射，也有专门的观测仪器——太阳射电望远镜。太阳射电望远镜是观测和研究来自太阳的射电波的基本设备，它包括收集射电波的定向天线，放大射电信号的高灵敏度接收机，信息记录、处理和显示系统等。

(a)

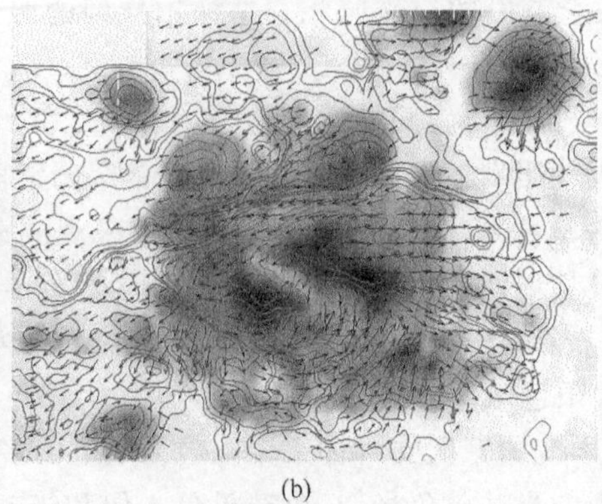

(b)

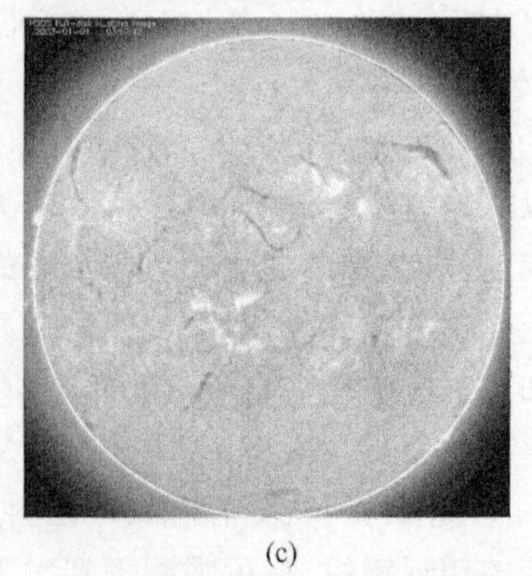

(c)

图 4.23　国家天文台怀柔太阳观测基地太阳磁场望远镜全景像(a)、观测到的太阳黑子单色像和矢量磁场(b)（其中红色和蓝色等高线代表了正极和负极纵向磁场的大小及分布）和拍摄的太阳色球单色像(c)（本图片由国家天文台怀柔太阳观测基地提供）

经典射电望远镜的基本原理和光学反射望远镜相似，投射来的电磁波被一精确镜面反射后，同相到达公共焦点。用旋转抛物面作镜面易于实现同相聚焦，因此，射电望远镜天线大多是抛物面。射电望远镜表面和一理想抛物面的均方根误差如不大于 $\lambda/16 \sim \lambda/10$，该望远镜一般就能在波长大于 λ 的射电波段上有效地工作。对米波或长分米波观测，可以用金属网作镜面；而对厘米波和毫米波观测，则需用光滑精确的金属板（或镀膜）作镜面。从天体投射来并汇集到望远镜焦点的射电波，必须达到一定的功率电平，才能为接收机所检测。目前的检测技术水平要求最弱的电平一般应达 10～20 W。射频信号功率首先在焦点处放大 10～1000 倍，并变换成较低频率（中频），然后用电缆将其传送至控制室，在那里再进一步放大、检波，最后进行记录、处理和显示。

(2)典型仪器和产品：太阳射电望远镜是地面上探测太阳活动的主要常规设备，被广泛地应用于太阳活动的研究和监测工作之中。1965 年，我国第一台太阳射电望远镜投入使用，此后，太阳射电望远镜的观测随着无线电与数字技术的进步有了很大的发展，而太阳射电流量也被广泛应用于太阳活动的研究与预报业务中。目前，已经把在 10.7 cm 波段的太阳射电流量用来作为表征太阳活动水平的一个重要参数。图 4.24 是国家天文台在怀柔太阳观测基地的太阳射电望远镜（天线）和观测结果。

(a)

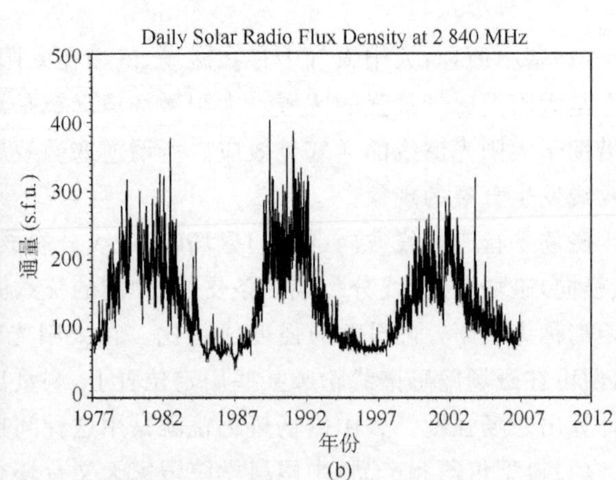

(b)

图 4.24　国家天文台在北京怀柔太阳观测基地的 2840 MHz 的太阳射电望远镜(a)
太阳 10 cm 射电辐射流量和观测结果(b)
（本图片由国家天文台太阳射电研究团组提供）

4.3.2 地磁场监测

4.3.2.1 基本原理

地磁场测量仪器多种多样，有利用永久磁铁与地磁场相互作用的机械式磁力仪，有利用质子在磁场中旋进原理的质子旋进磁力仪，有利用变化磁场电磁感应原理的感应式磁力仪，有利用光波通过磁场时发生谱线分裂性质的光泵磁力仪。此外，还有磁通门磁力仪、超导磁力仪、无定向磁力仪、旋转磁力仪等等。

在不同的使用场合，对磁力仪有不同的要求：固定地磁台站的磁力仪要求基线值和标度值长期稳定可靠，野外磁场巡测要求磁力仪防震性能良好，安装方便、测量快捷，古地磁和医学诊断用的磁力仪要求精度高，卫星磁力仪要求抗干扰力强。下面介绍较常用的感应式磁力仪和磁通门磁力仪。

感应式磁力仪，是利用电磁感应原理制作而成的磁力仪。感应电动势可分为动生电动势和感生电动势，所以感应式磁力仪也有不同类型。其中，地磁感应仪是利用导体运动切割磁力线产生动生电动势和电流的原理而制作的经典磁力仪，用于测量磁倾角。感应环磁力仪是利用通过闭合线圈的磁通量变化产生感生电动势和电流的原理而制作的经典磁力仪，用于测量快速变化磁场（如脉动）。而旋转磁力仪这是专门用于测量岩石标本磁性的仪器。仪器由一对感应线圈组成，将岩石标本置于其中，恒速旋转，则线圈中将感应出交变电压，其振幅决定于标本的磁矩和旋转速度。空间天气的地磁测量常用地磁感应仪和感应环磁力仪进行地磁场倾角和地磁扰动测量。

磁通门磁力仪的探头中有一个高磁导率合金制成的磁芯，在弱磁场中就能达到饱和磁化状态。具体做法是：在两个平行的磁芯上分别绕以初级和次级线圈，两个初级线圈串联起来通以 50～1000 Hz 的激励电流，使磁芯达到饱和状态，次级线圈与差动放大器相连。在外磁场为零时，磁芯中所感应的交流磁通的正半周与负半周完全对称，两个次级线圈的输出均为零。当沿磁芯轴向加一稳恒磁场时，则磁芯在某一半周先达到饱和，正负半周不对称，两个次级线圈的输出电压差与外加磁场的强度成正比，测量此电压就可得到地磁场的强度。这种仪器能测量地磁场的方向和强度。把 3 个相互垂直的探头组合在一起，就能构成分量磁力仪。

4.3.2.2 典型仪器和产品

北京十三陵地磁台于 1985 年建立，位于北京市昌平区十三陵乡德胜口（40.3°N，116.2°E）。该台是以观测及实验为主的综合性地磁台站，设有地磁记录室、观测室、控制室、综合实验室、古地磁室等多座无磁实验室，1990 年竣工投入使用，目前是我国唯一的数字化地磁台站，已出版多卷地磁观测报告。图 4.25 是北京十三陵地磁台站的磁通门磁力仪（探头）和观测结果。

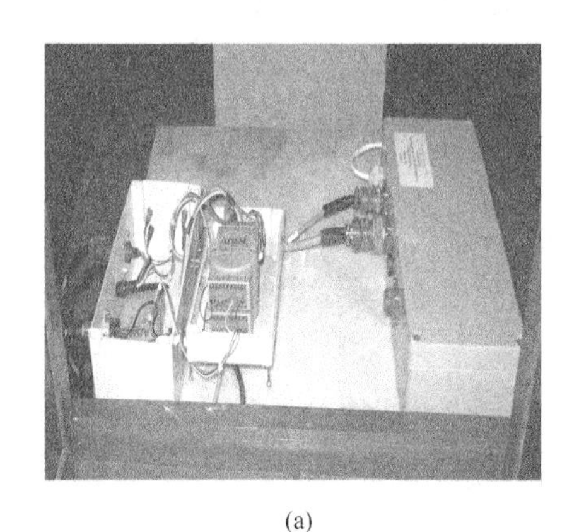

(a)

(b)

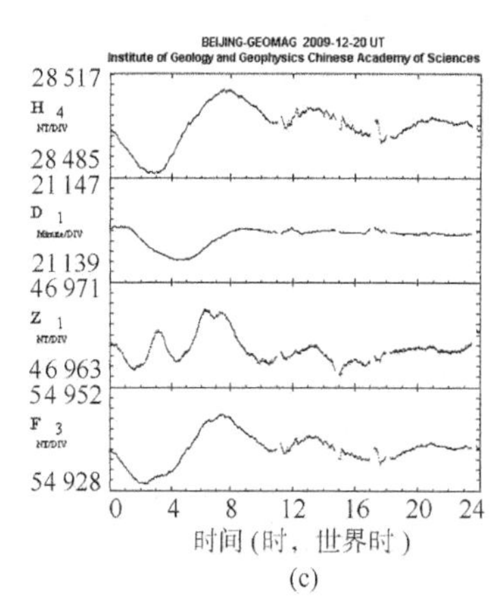

(c)

图 4.25 北京十三陵地磁台站的仪器（a，b）和观测结果（c）

（本图片由中国科学院地质与地球物理研究所提供）

4.3.3 宇宙线监测

4.3.3.1 基本原理

随着人类空间事业的发展,宇宙线在空间天气领域的作用逐渐显现出来,利用地面宇宙线监测结果进行地磁暴的预报,是空间天气业务中的重要内容。

地基观测到的粒子通常是宇宙线粒子与大气层分子相互作用过程中产生的次级粒子,通过反演可以推断原始的宇宙线特征。初级宇宙线粒子与大气层原子的相互作用产物有多种:发生核碎裂反应,形成质量更轻的核碎片及中子等;发生核相互作用,生成各种更小的基本粒子,如 π 介子、μ 介子、κ 介子、超子、中微子、电子及 γ 光子等。依照这些次级成分的物理特性可以粗略划分为:电磁成分、介子成分和核成分。

(1) 电离室:电离室宇宙线探测最典型的设备,最早是由 Compton 等在 20 世纪 30 年代设计和制造的,通过捕捉宇宙线成分在电离室气体中造成电离形成的放电信号来记录宇宙线粒子。补偿电离室的原理与普通的球形积分电离室类似,即收集大量带电粒子电离气体产生的电子-离子对,得到平均电离电流,反映了入射粒子的强度。补偿电离室的主要特点是采用了放射源来补偿太阳活动及地磁活动都比较平静时的平均强度宇宙线产生的电离电流,因而能够灵敏地测量宇宙线相对于太阳及地磁活动平静时的变化,这种设备目前已经很少使用。

(2) 方向性宇宙线望远镜:宇宙线望远镜就是两个或两个以上的探测器沿同心轴排列,只有一定角度范围内的粒子,才能同时穿过望远镜的两个或多个探测器而被记录。这种计数管望远镜与电离室的区别在于能够研究宇宙线变化与粒子到达方向的依赖关系。望远镜由平行的多组(两组或三组)计数管组成,每组计数管之间相互连接,且并联到复合电路中。复合电路只记录同时通过两组或三组计数管的宇宙线粒子,即记录某一确定的小立体角内的粒子。

(3) 地面中子探测器:为了记录从大气层来的高能中子,可以使之通过减速剂(石蜡或石墨)变成热中子,再被计数管记录。但热中子的穿透能力仍然很强,不容易捕捉到,人们提出了局部中子的产生方法,即让快中子与计数管周围的局部浓缩物质(高原子量物质)发生核反应,产生大量的次级中子。利用减速剂对局部产生的中子进行减速,最后这些数量较丰的局部中子被计数管记录,间接反映了宇宙线高能中子的强度。这种方法大大减少(甚至消除)了在大气和周围物质中形成和慢化的中子,极大地增强了局部产生的中子引起的计数。这种局部中子产生器(如铅)、减速剂(石蜡或塑料)和中子探测器(BF_3正比计数管)的组合称为中子堆。

4.3.3.2 典型仪器和产品

美国 Oulu 中子堆是国际上较著名的宇宙线观测基地,其观测结果广泛用于研究和业务中。如图 4.26 所示为用 Oulu 观测数据给出的宇宙线变化。我国广州建有大面积闪烁体望远镜,它有 24 个相对独立的探头单元组成多方向望远镜。

4.3.4 中高层大气监测

4.3.4.1 探测原理

中高层大气监测方法主要分为主动式探测和被动式探测两种。主动式探测主要是由发射源发射激光或者无线电波,探测大气回波的响应来计算大气风场、温度场以及密度。被动式探测则是依靠观测大气中分子或原子的跃迁辐射形成的极光或气辉特定谱线的多普勒移动及展宽,来确定大气的风场和温度场。具体原理如下:

(1) 主动式探测:

①激光方式。激光探测是主动能量探测方式,具有高的时空分辨率、高的探测灵敏度,可实现准连续探测,以及不存在大气探测盲区等独特优势,已成为对中高层大气多种参数探测的不可替代的重要手段。激光探测主要通过大气中钠层对激光的荧光共振机制和大气分子对激光的瑞利散射,来探测特定

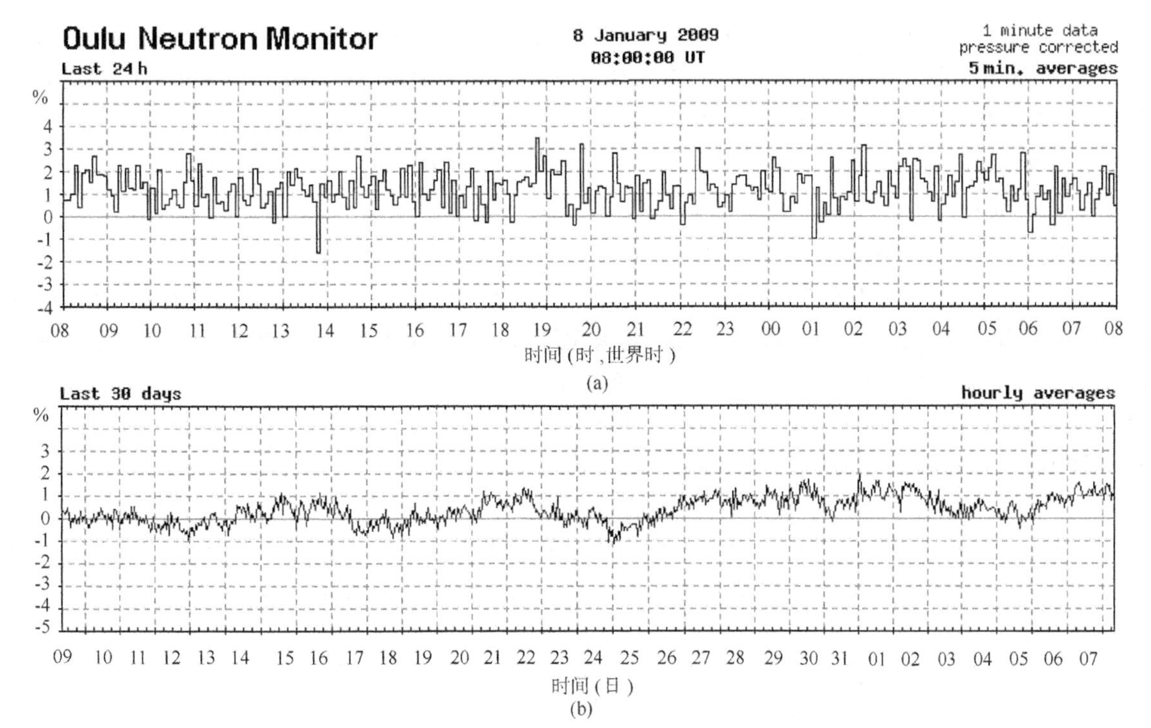

图 4.26　中子堆国际通用格式给出的数据曲线(http://cosmicrays.oulu.fi)
纵轴表示宇宙线通量在平均水平上的波动,平均水平为宇宙线上一年度平均值
(a)2009 年 1 月 7—8 日;(b)2008 年 12 月—2009 年 1 月

高度上原子密度、波动以及风场、温度场等信息。对 20～120 km 近地空间探测而言,由于大气中的气溶胶成分已可忽略,因此,目前利用瑞利散射激光雷达已可实现对 20～80(90) km 大气的密度、温度、波动等参数的探测,也可实现对 20～60(70) km 风场的探测;利用高空钠层(或钾层)的共振荧光增强机制,还可实现对 80～120 km 原子密度、波动(低分辨率)和温度、风场(高分辨率)的激光雷达探测。

②无线电波方式。无线电波方式是利用电离层 D 区和 E 区下部(60～100 km)存在的大量等离子体不均匀云团对无线电波的反射和衍射来探测高空大气风场和动力学参数的一种无线电遥感探测技术。低电离层产生雷达回波的机制有两个原因:一方面是电离层对中频雷达波的部分镜式反射;另一方面是电离层中电子密度不均匀产生的散射。对于不均匀体界面上存在折射指数梯度,垂直入射电波在分界面上将发生菲涅耳(Fresnel)部分反射,菲涅耳反射系数与电波频率的平方成反比,即频率越低,则信号越强,但当频率太低时,电波将在较低的高度上发生全反射,却得不到较高高度上的回波。散射回波信号来自大气不均匀体。大气中折射指数扰动对电波具有散射作用。60～90 km 高度大气的电子密度稀薄,且电子密度随高度增加而迅速增加、梯度很大;在这里带电粒子与中性成分的碰撞频率很高,带电粒子被中性风携带,并以同样的速度运动。该层媒质可以被看成是水平分层的媒质,垂直入射电波在水平分界面上将发生菲涅尔耳部分反射。理论分析表明,其部分反射系数与电子密度的梯度成正比、与电波频率的平方成反比。自 20 世纪 50 年代开始,中频电波的部分反射实验被应用于测量低电离层电子密度不规则体结构。20 世纪 80 年代以来,由于雷达技术的发展,中频电波部分反射实验被应用于测量不规则体的漂移速度和电子密度,由于该层大气不规则体的漂移冻结在大气中性风中,所以中频雷达技术作为独立的中层大气风场探测技术得到了极大的发展。

(2) 被动式探测:中高层大气风场和温度场测量是利用测量气辉特征辐射的被动光学遥感方法进行的。其主要测量原理是根据气辉谱线的多普勒频移和展宽来实现的,这就要求探测系统具有极高的光谱分辨能力。干涉光谱仪是目前探测中高层大气风场和温度场的重要手段。高层大气风场(80～300 km 高度)的被动式探测主要是利用干涉成像光谱技术和电磁波的多普勒效应,通过探测高层大气中的原子氧跃迁辐射的气辉(或极光)的干涉图,来反演高层大气视线方向上的速度和温度。多数干涉仪以高层大气(80～300 km)中自然形成的气辉(极光)为被探测源,其两条主要谱线来源于亚稳态原子氧

O(1S)和 O(1D)跃迁时所形成的两条单线(波长分别为 5577 和 6300 Å),其谱线线型为高斯分布。亚稳态原子氧在跃迁之前同周围的分子经过多次碰撞与背景大气形成热平衡态,产生共同的温度和整体速度,这即是我们要测量的风场和温度场。

4.3.4.2 典型设备

(1) 测风激光雷达:国际上,用于高空探测的瑞利散射激光雷达技术研究主要集中在法、美等国;用于钠层(或钾、铁层)探测的共振荧光激光雷达技术研究主要集中在美、德等国;用于中层测风的多普勒激光雷达技术研究主要集中在美、法等国。其中,法国 OHP 的瑞利散射激光雷达已有 20 多年的研究历史,其探测高度达到 90 km,且探测精度高,属国际最高水平。美国 CSU 的钠层荧光激光雷达和德国 IAP 的钾层荧光激光雷达都采用了窄带发射激光技术,前者可实现中层顶区温度和风场测量;后者与瑞利和拉曼激光雷达结合,可实现 1～105 km 全程温度测量。而且二者都采用了原子滤光技术,具有全天时探测能力。国内,中国科学院武汉物理与数学研究所率先于 1996 年研制成功这两种高空探测激光雷达,于 2004 年建立了将二者融入一台激光雷达中的双波长高空探测激光雷达,并于 2005 年实现了基于钠原子滤光的白天探测,使该双波长激光雷达的钠层荧光通道具有全天时探测能力。武汉大学随后也建立了钠层荧光激光雷达,并正在建立用于中层顶区测温的铁层荧光激光雷达。近年来,中国科学技术大学也建立了钠层荧光激光雷达。

多普勒测风激光雷达分为两大类:相干式和直接式。前者基于气溶胶的米氏散射,适用于低空测风;后者基于米氏散射或瑞利散射,原则上高低空兼可。因此,对于 20 km 以上高空测风,需采用直接检测方式。直接式测风又分为环纹成像型和边缘检测型两种。前者如美国 Michigan 大学激光雷达;后者如美国 Goddard 空间飞行中心激光雷达和法国 OHP 的激光雷达。对这两种类型激光雷达,特别是对将其用于星载全球测风的优劣,有过许多探讨,以致美国 NASA 曾经决定将其分别进行搭载上天实验,以确切探讨其优劣。国内,青岛海洋大学进行了多年基于 I_2 分子鉴频和稳频的直接式低空测风激光雷达研究,并取得了较好结果。据悉,上海光机所和安徽光机所曾开展过星载测风激光雷达预研。中国科学院安徽光学精密机械研究所最近开展了低空测风激光雷达研究。中国科学院武汉物理与数学研究所则开展过基于原子鉴频和原子稳频的激光多普勒测速技术研究,研制成实验样机,并进行了实验室测速验证实验,获得了较好结果。

中国科学院武汉物理与数学研究所提出的双波长高空探测激光雷达技术方案,利用若干关键技术,将上述两种机制融入一台激光雷达中,实现对 20～110 km 的全程探测。他们在已有的双波长高空激光雷达及其白天探测技术的基础上,增加瑞利散射风场探测功能,使之成为一种具有多种探测功能的激光雷达:在夜间,能探测 20～80 km 大气密度、温度及波动;80～110 km 原子密度和波动;20～60 km 风场。

中国科学院武汉物理与数学研究所研制的双波长激光雷达技术指标见表 4.3。

表 4.3 中国科学院武汉物理与数学研究所研制的双波长激光雷达技术指标

风场	探测高度	20～60 km(夜间);20～40 km(白天)
	探测范围	±80 m/s
	测量精度	20～40 km: 2～3 m/s;40～50 km: 5 m/s;50～60 km: 10 m/s
温度	探测高度	20～60 km(夜间);20～40 km(白天)
	测量精度	20～40 km: 5 K;40～60 km: 10 K
密度	探测高度	20～120 km(夜间);20～50 km(白天);80～110 km(白天)
	测量精度	20～60 km: 5%;60～80 km: 10%;80～110 km: 5%
波动	探测高度	20～60 km(夜间);80～110 km(夜间);20～40 km(白天);80～110 km(白天)
	测量精度	20～60 km: 10%;80～110 km: 10%

(2) 中频雷达:自 20 世纪 80 年代以来,由于探测中层大气的雷达技术和分析方法不断完善,特别是雷达的发射机实现了全固态化,使中层大气探测雷达具有设备简单、价格低廉、运行方便和无人值守等突出优点,因此中层大气探测雷达站迅速增加。目前国际上共有 20 多个中层大气雷达站在运转,主要分布在北美、澳大利亚、日本、南极大陆等国家和地区,它已经成为这个区域风场和电子密度常规观测的最主要手段,以及中层大气风场参考模式的最重要的资料来源。国际上比较著名的中频雷达生产厂商包括澳大利亚大气雷达公司、日本三菱重工等,正在使用的比较典型的中频雷达包括 Buckland Park 中频雷达、Davis 中频雷达、挪威 ALOMAR 天文台中频雷达等。其技术发展方面主要体现在:基于高精度、高频率稳定度的收发系统;高可靠性的大功率(5～10 kW)全固态发射模块;大动态范围、超低噪声、超高灵敏度的数字接收机;智能化数据处理终端等。在探测模式上,除了传统的 DBS 技术外,随着全相关分析技术算法(FCA)的成熟和稳定,多采用空分天线模式。

国内武汉大学研制的中频雷达方案计划可实时、全天候获取 60～100 km 高度范围内的大气水平风场和电子密度数据,具有远程控制功能,提供实时中高层大气风场等天气变化功能的大气探测雷达,能够实时提供 60～100 km 高度范围内的水平风场和电子密度数据,给出 1 和 24 h 的水平风及电子密度剖面,显示观测结果,并具有远程控制和获取观测数据,提供实时中高层大气风场等天气变化功能。雷达系统采用全固态发射、高灵敏度、大动态数字接收和高性能可编程信号处理器技术,以实现从强噪声背景下提取微弱信号。智能化数据终端处理可以灵活的设置参数,通过本地控制或遥控方式,使操作方便,适合于无人值守,连续工作。同时,雷达设计中将采用 4 副天线接收回波,利用全相关分析方法(FCA)从回波中获得大气风场。利用空间相关分析方法得到地面衍射图形,通过采样之间衍射图形移动分析,反演大气风场。

利用中频雷达配合我国已有的 ST 雷达和“子午工程”即将建设的 MST 雷达,将构成一个能够实时、连续提供局地上空 1～110 km(不含 25～60 km)高度范围内大气风场资料、监测大气风场变化规律的一体化无线电遥感系统,大大提高大气风场观测能力,为研究低层大气和中高层大气间扰动的传播特性和规律提供可靠的观测数据,有效改进数值天气预报的质量。

中频雷达主要设计技术指标:

①工作频率范围:1.8～2.8 MHz(具体频率点待定);

②探测范围:60～100 km;

③脉冲宽度:高斯脉冲,10～25 μs;

④脉冲重复频率:60～200 Hz;

⑤探测方式:空分天线(SA)、全相关分析(FCA);

⑥功率合成方式:全固态发射;

⑦发射功率:54 kW;

⑧工作比:0.5%～5%;

⑨收发天线:4 副,交叉半波偶极子天线,圆极化,O/X 模式;

⑩增益:≥10 dB;

⑪动态范围:≥60 dB;

⑫接收机噪声:13 dB (S/N=10 dB);

⑬收发隔离:≥75 dB;

⑭性能指标:

速度:优于±2 m/s;

高度分辨率:2 km;

时间重复率:2 min。

(3) FPI 成像光学干涉仪:FPI(Fabry-Perot Interferometer)属于多光束干涉成像光谱仪,它具有极高的光谱分辨率和灵敏度,可以得到高精度的风场信息。由于中高层大气风场通常在几十米/秒到几百米/秒的范围,气辉谱线的多普勒移动十分微小,探测仪器必须具有极高的光谱分辨本领。另外,FPI 的干涉仪部分无移动部件，稳定性和抗干扰性强，是地面和星载观测气辉谱线的理想仪器。NASA于1991年发射的UARS卫星搭载的测风干涉仪(HRDI)就是一台FPI，用于测量10～40和50～120 km高度的风场信息，风速测量精度可达5 m/s。美国在2001年发射的TIMED卫星上搭载的TIDI，也是一台基于F-P原理的全球风场、温度场测量仪器，使用OH和O的谱线来观测，探测高度为60～300 km，风场探测精度为5 m/s，温度场探测精度为3 K。NCAR在密歇根市郊和加拿大的雷索卢特湾(Resolute Bay)配置了地面FPI，用于地面观测中高层大气风场。NCAR的FPI仪器使用OH(8920 Å)和O(5577和6300 Å)，观测高度为87 km(OH线)，97 km(O 5577 Å)，250 km(O 6300 Å)，观测精度为：OH 3 min积分观测精度为10 m/s，O(5577 Å)3 min积分观测精度为4 m/s，O(6300 Å)5 min积分观测精度为6 m/s。

在对中高层大气风场和温度场测量的仪器中，FP干涉光谱仪是非常重要和广泛使用的一类探测仪器。FPI仪器具有极高光谱分辨率和灵敏度，稳定性和抗干扰性好，特别适合地面观测。随着我国航天事业的发展，FPI会在中高层大气的观测研究中发挥更大的作用。NCAR、FPI主要由扫描器、准直系统、滤光系统、定标系统以及成像系统组成，其结构如图4.27所示，FPI光谱成像图和FPI观测结果如图4.28和图4.29所示。

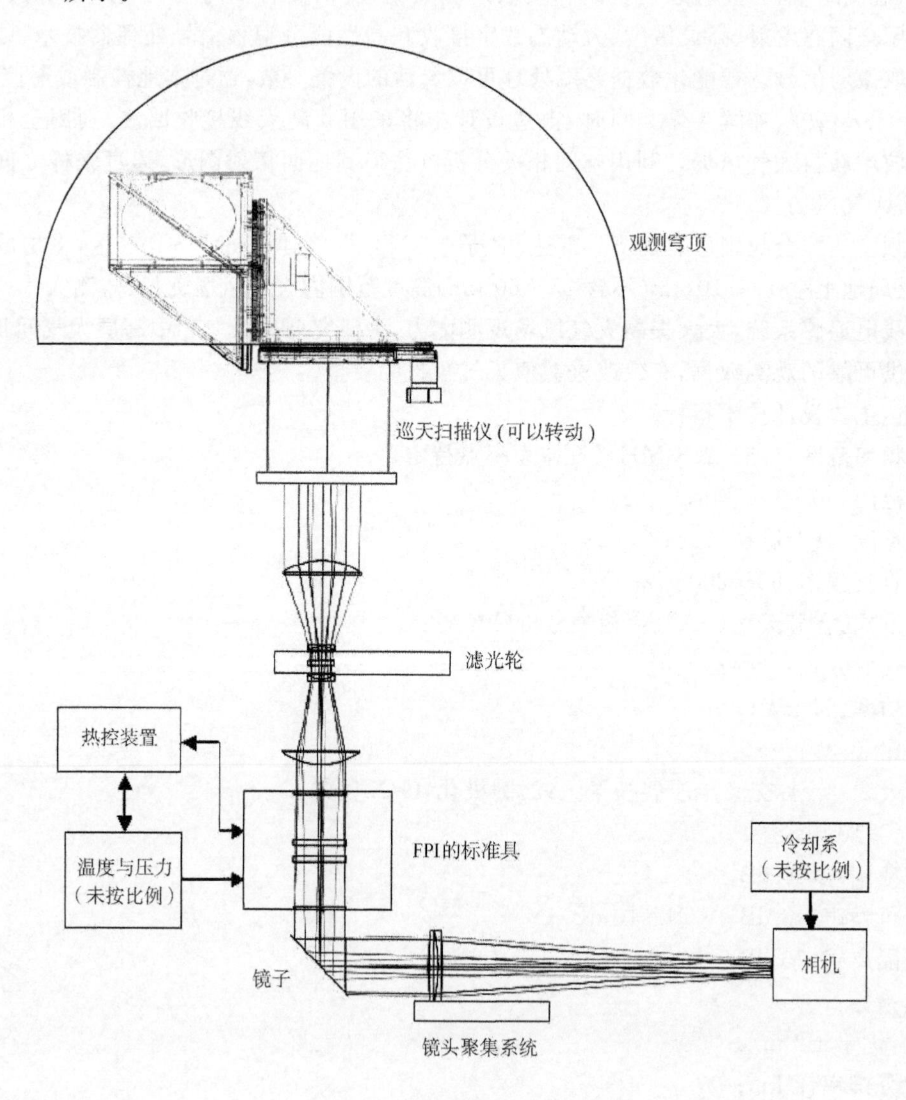

图4.27 FPI设备构造(Wu等2004)

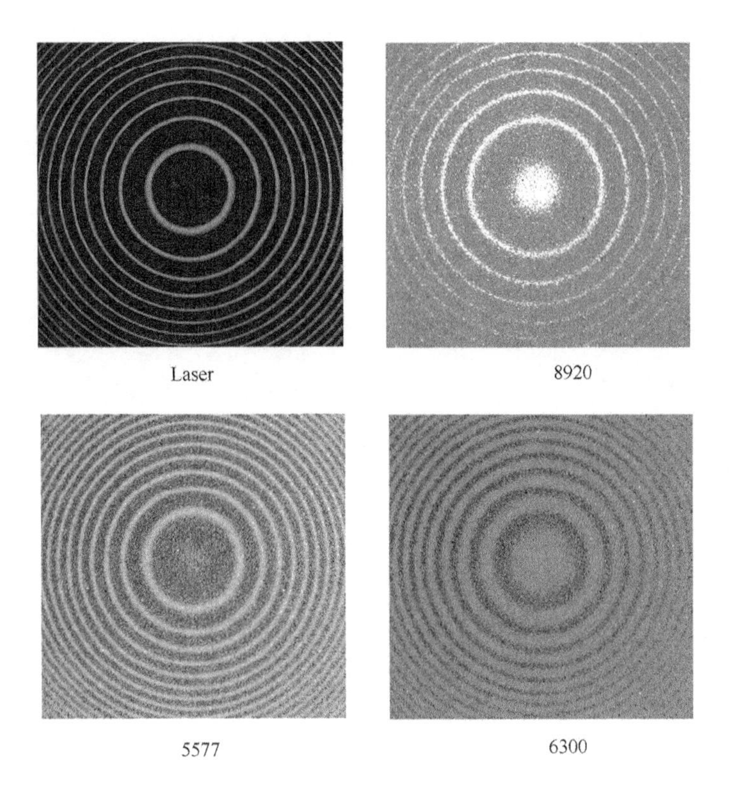

图 4.28　FPI 光谱成像图(Wu 等 2004)

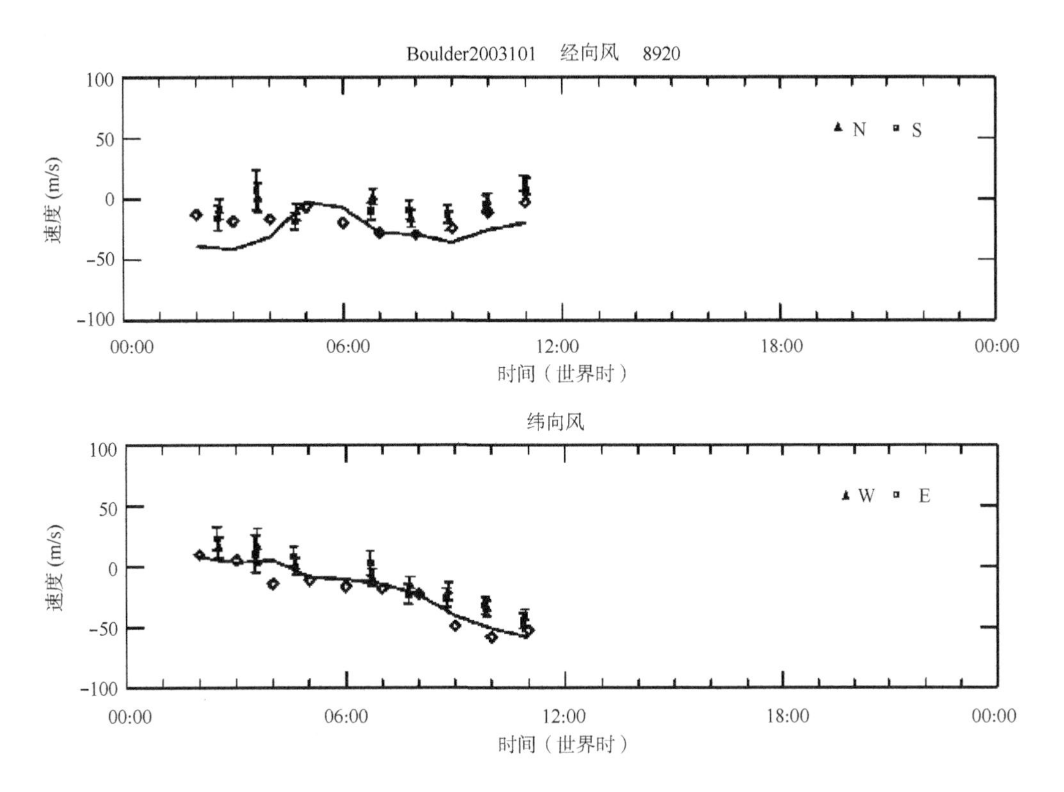

图 4.29　FPI 观测结果图(Wu 等 2004)
8920 Å 气辉谱线波长所在高度上反演的风速

4.3.4.3 主要产品

(1) 测风激光雷达:

①风场数据。

②温度场数据。

③密度场数据。

④波动数据。

(2) 中频雷达:

①风廓线图。

②风矢图。

③风羽图。

④电子密度剖面。

⑤信噪比图。

⑥气象报表文件。

(3) FPI 成像光学干涉仪:

①大气风场数据(87 km,97 km,150 km)。

②大气温度场数据(87 km,97 km,150 km)。

4.3.5 电离层监测

4.3.5.1 电离层垂直探测

电离层垂直探测是电离层研究中最古老,但至今仍然是非常重要的电离层地面常规探测。早在 20 世纪 20 年代中期,就是垂直探测技术结束了人们对电离层的种种猜想,最终证实了电离层的存在。

(1)探测原理:电离层数字测高仪是地面观测研究电离层的主要常规设备。它通过垂直发射扫频高频脉冲波,当电波频率 f 等于电离层等离子体频率 f_P 时,信号发生反射。测量从电离层反射回波到达接收机的时间延迟,获得各频率点电离层虚高,即频高图。对频高图进行反演,可获得电离层峰下电子浓度剖面。现代数字测高仪不仅能进行虚高测量,还可对信号幅度、极化、多普勒频移、到达角和漂移等多种参量进行测量,观测研究电离层结构与运动,并能实现频高图的自动度量分析和数据网上传输发布,开展大范围电离层空间环境的实时监测和分析。

(2)典型仪器和产品:目前,电离层测高仪的主要发展趋势是电离层测高仪的数字化,主要的数字电离层测高仪有美国 Lowell 大学研制的 DPS,加拿大生产的 CADI 等。

DPS—4(Digisonde Portable Sounder)是由美国麻州 Lowell 大学研制的另外一种电离层数字测高仪(图 4.30),它是在 DGS—256 的基础上发展起来的新一代小型化电离层数字测高仪(Haines and Reinisch,1996)。DPS—4 的特点为:

①采用了先进的直接数字频率合成(DDS)技术,所以频率的生成和转换非常灵活。

②通过使用脉冲相位编码、数字脉冲压缩和多普勒积分等技术,大大提高了系统信噪比,这样可以极大地降低系统的峰值发射功率。

③充分利用计算机网络技术,实现了较强的网络功能。

CADI (Canadian Advanced Digital Ionosonde)是由加拿大生产的一种低功耗、结构紧凑、操作灵活的现代电离层数字测高仪(MacDougall 等 1993),如图 4.31 所示。由于采用了 PC 雷达的结构方式,因此,CADI 数字测高仪在硬件结构上简单巧妙,系统控制灵活方便。但与 DPS－4 相比,它的系统控制和数据处理软件较少,所能完成的功能也受到限制。

如图 4.32(彩图见插页)是 DPS 和 CADI(厦门电离层观测站)获得的电离层频高图。

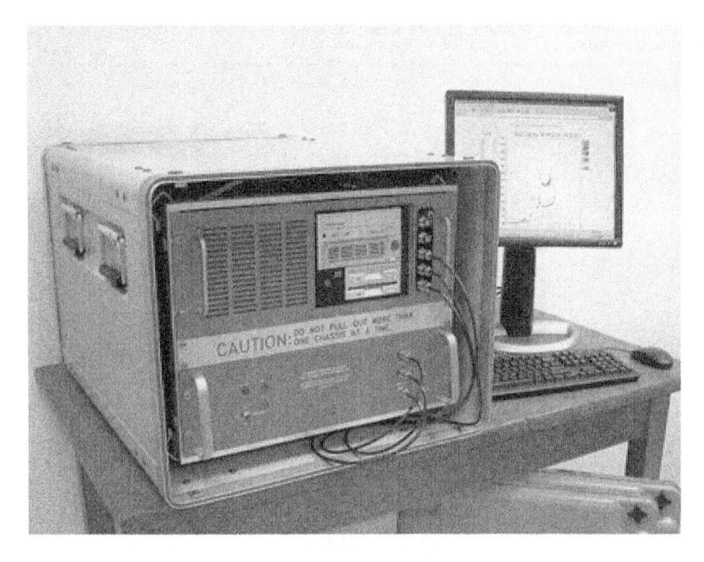

图 4.30　美国麻州 Lowell 大学研制的电离层数字测高仪 DPS—4

图 4.31　加拿大研制的电离层数字测高仪(CADI)

4.3.5.2　电离层 GPS 监测(*TEC* 和闪烁)

(1) 基本原理:

①电离层 *TEC* 测量。全球定位系统的卫星上带有精确的原子钟,它是以卫星到地面站的时间信号所经历的时间作为观测量,换算为距离后确定点位。每颗 GPS 卫星发射两种不同频率的电磁波信号,通过测定这两个频率信号的时延差和相位差可以推算沿电波路径上的电子总含量(*TEC*)。

利用差分载波相位观测量获得含有未知参量的积分总电子含量,只能反映 *TEC* 的相对变化,称为相对 *TEC*,而将通过差分伪距观测量得到的积分总电子含量称为绝对 *TEC*。

由差分伪距观测得到的绝对 *TEC* 的精度不是很高,即使是使用精码,其精度只能达到 1 TECU 的数量级。相对 *TEC* 含有一未知的初值参数,只能得到 *TEC* 的相对变化,得不到 *TEC* 的绝对大小。为了获得高精度 *TEC* 值,依据最小二乘法原理,结合这两种观测量,采用相对 *TEC* 数据和绝对 *TEC* 数据"对齐"的方法,利用载波相位观测量平滑伪距观测量,就可以获得高精度的绝对 *TEC*。

②电离层闪烁测量。电离层闪烁现象是指电波信号穿越电离层时,由于电离层等离子体不均匀结构及其时空涨落引起的电波幅度、相位、时延的快速变化。电离层闪烁影响自 VHF/UHF 一直到 S 波

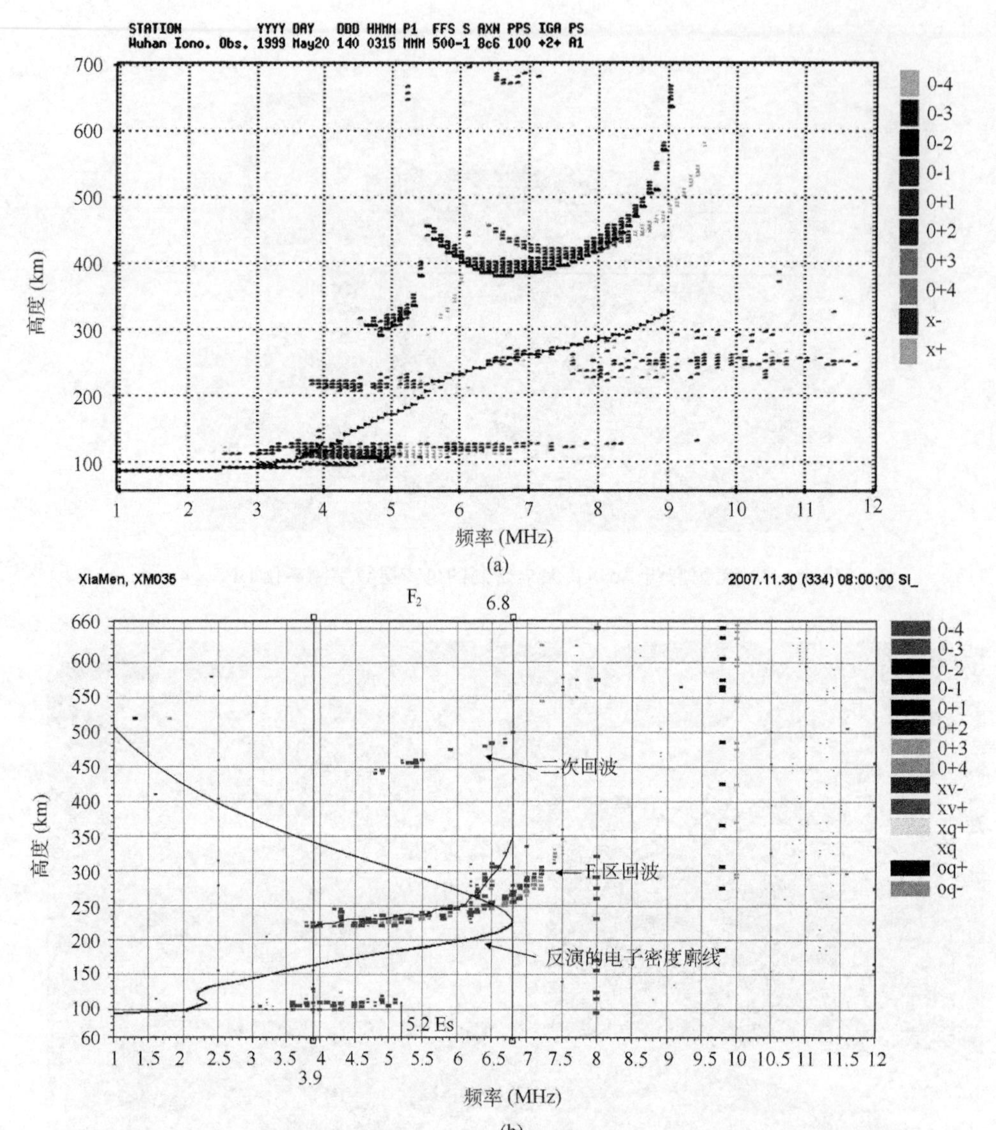

图 4.32 武汉电离层观测站(a)和厦门电离层观测站(b)获得的电离层频-高图

(图 a 由刘立波提供)

段间电磁波的传播,对 30～60 MHz 间电波的影响也不可忽略。卫星导航信号是由导航卫星发播的具有相对稳定的强度、相位(频率)的扩频信标信号,其经由电离层传播到地面接收站时,带来了信号强度抖动和信号相位抖动。由于卫星发播信号的特征是已知的,地面接收机通过跟踪这一信号,就可以推知电离层附加时延及其抖动、信号强度抖动、相位抖动信息等。这些信息也就是电离层闪烁观测设备所要探测的物理量。

Ⅰ. 载波相位闪烁:在进行相位闪烁探测时,地面卫星导航接收机的基本观测量是高采样频度的导航信标载波相位观测量。首先,对观测到的 L_1 频段和 L_2 频段载波相位进行剔除背景趋势处理,得到瞬时的载波相位抖动 ϕ,再进行求方差处理,即可得到相位闪烁指数(〈 〉表示取数学期望):

$$\sigma_\phi = \langle \phi^2 \rangle - \langle \phi \rangle^2$$

Ⅱ. 幅度闪烁:在进行幅度闪烁探测时,地面卫星导航接收机的基本观测量是高采样频度的导航信号的窄带功率(Narrow Band Power,简称 NBP)和宽带功率(Wide Band Power,简称 WBP)。

将 NBP 与 WBP 相减得到瞬时的信号功率估计,送入低通滤波器(LPF)进一步得到信号幅度抖动强度的估计:

$$SI = \frac{(NBP - WBP)}{(NBP - WBP)_{\text{LPF}}}$$

并按照下式求得幅度闪烁 S_4 指数：

$$S_4 = \sqrt{\frac{\langle SI^2 \rangle - \langle SI \rangle^2}{\langle SI \rangle^2}}$$

(2)典型仪器和产品：GPS 接收机的结构大体如图 4.33 所示。

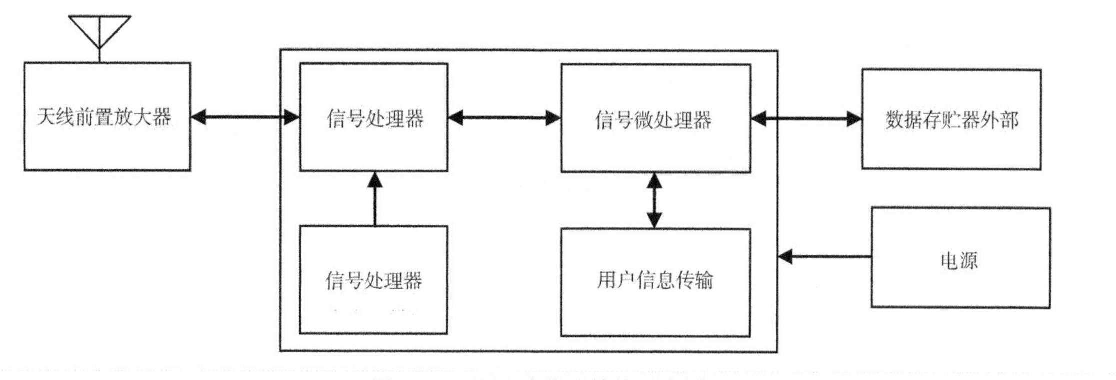

图 4.33　GPS 接收机结构示意图

典型仪器(如加拿大 NovAtel 公司的 GPS OEM4 系列)在军工高动态定位导航和数据采集领域具有无可比拟的优势，高动态输出(20 Hz 原始和 20 Hz 位置)、高精度(RTK 精度为 1 cm±1 ppm，1 ppm $=10^{-6}$)、小体积(85 mm×125 mm×16 mm)、低功耗(2.7 W)、宽电压输入(6～18 V)、具有多项专利技术，能够同时测量电离层 TEC 和电离层闪烁。

TEC 地图产品如图 4.34 所示。电离层幅度和相位闪烁产品如图 4.35 所示。

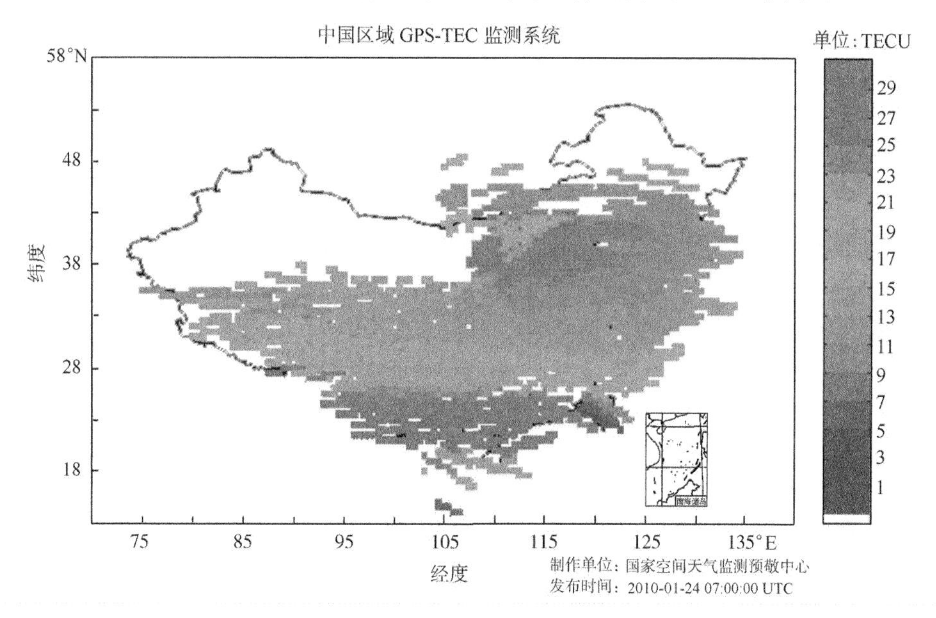

图 4.34　电离层 *TEC* 地图

4.3.5.3　非相干散射雷达

(1)基本原理：单个电子对电磁波的散射称为汤姆孙散射或非相干散射，戈登(1958)指出电离层中的自由电子对无线电的散射可以非相关叠加，而利用地面大功率雷达有可能观测到这种散射的回波，从而获取电离层特性的方法为非相干散射雷达探测技术。

电离气体对电磁波的非相干散射，是指由于离子和电子随机热运动而导致的等离子体密度微小涨落所引起的电磁波散射。由于散射截面非常小，散射信号非常微弱，只有强有力的大功率雷达才能探测到非相干散射信号。同时，等离子体集体相互作用会导致电子的运动是部分相关的。尽管这种相关性

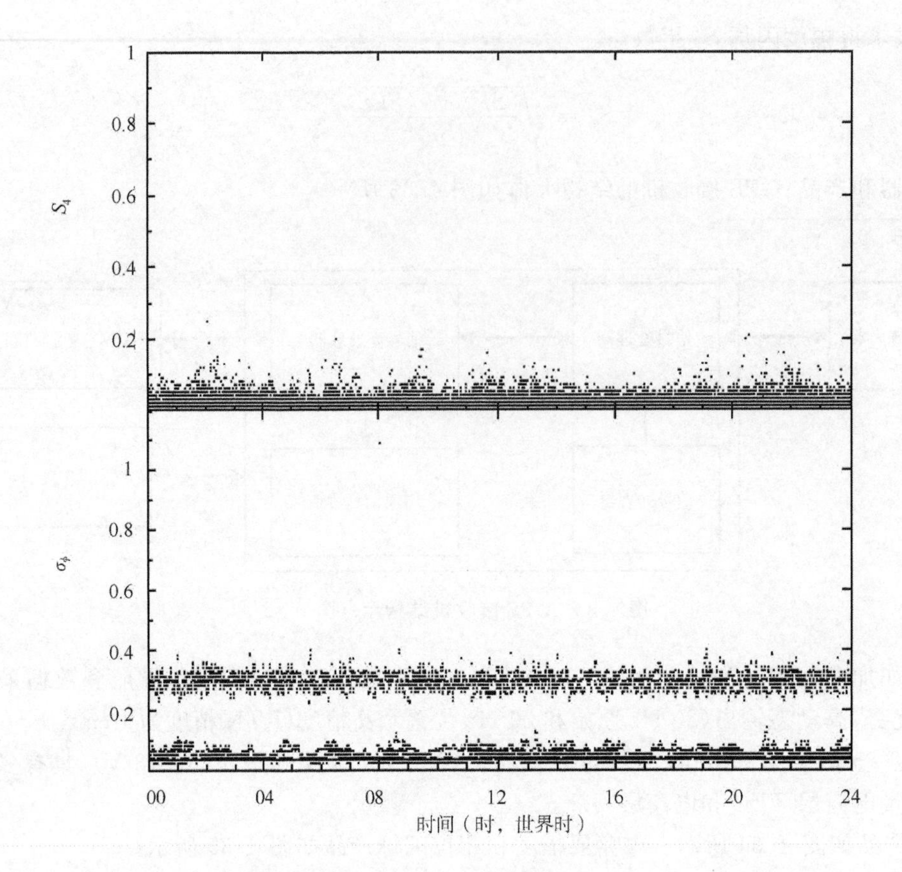

图 4.35　电离层幅度和相位闪烁地图(引自 http://space.iggcas.ac.cn/)
2009 年 12 月 4 日，中国科学院地质与地球物理研究所

对总的散射截面来说影响不大，却会对散射信号的多普勒频谱产生深刻的影响，而正是这种额外增加的复杂性极大地增大了观测数据的价值。

非相干散射雷达主要测量电离层中的电子密度(N_e)、电子温度(T_e)、离子温度(T_i)和离子视线速度，以上参量均可由雷达的散射信号的功率谱求出，其他参量可由这四个参量推导出来。

图 4.36 所示为典型电离层 F 区非相干散射雷达信号功率谱，是由中间部分的离子线和两边较远部分的等离子线组成的，离子线分布在发射频率(f)两侧，呈双峰状。离子功率谱的半功率宽度与离子平均热速度相关：

$$B_f = \frac{4}{\lambda}\sqrt{\frac{8kT_i}{m_i}} \tag{3.3}$$

式中 k 为玻尔兹曼常数，λ 为波长，m_i 为离子质量。

而两峰之间的宽度(F)与离子和电子热速度相关：

$$2F = \frac{4}{\lambda}\sqrt{\frac{kT_i}{m_i}\left(1+\frac{T_e}{T_i}\right)} \tag{3.4}$$

散射回波谱的电子分量由两条等离子体线组成，根据它们对发射频率的偏移(f_P)可求出电子密度：

$$\pm f_P = \pm 9\sqrt{N_e} \tag{3.5}$$

另外，利用回波总功率也可确定相对电子浓度的高度剖面，再借助其他手段(如垂直探测等)可获得绝对电子浓度。

在一定的假定条件下，非相干散射雷达对电离层等离子体的多种重要参数(如电子密度、电子与离

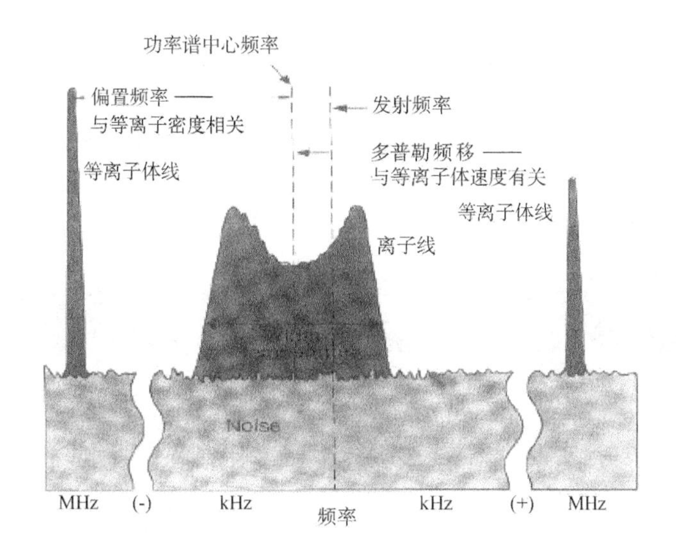

图 4.36 电离层 F 区非相干散射雷达信号功率谱示意图(此图由武汉大学电信学院提供)

子的温度、离子体漂移速度等),可以同时进行测量;且测量高度可覆盖由 D 区(大约 60～70 km)直到 2000 km 高度的区域。所以,目前非相干散射雷达是研究电离层结构与动力学过程的最强有力的地面探测工具。除此之外,由上述等离子体参数的测量,还可以提供对某些中性大气参数的很好的非直接测量,如大气温度和风速等。现在,在世界各地共有十几部非相干散射雷达,其中最精密、最复杂的应属 EISCAT 雷达,即欧洲非相干散射雷达。

(2)典型仪器和产品:单站的非相干散射雷达探测可获取电离层垂直结构,多站的非相干散射雷达测量在此基础上还可以测量电离层等离子体的运动。由于非相干散射雷达功率大、耗电多而维护成本高,不可能进行长期连续观测,目前全世界范围内工作的非相干散射雷达约十多部。最著名的单站是阿雷西博站,其雷达天线直径约 300 m,工作频率为 430 MHz,峰值发射功率为 2 MW,平均发射功率为 100 kW,垂直向上发射脉冲波探测电离层。阿雷西博站观测到的一个典型电离层电子浓度剖面和电子温度如图 4.37 所示。

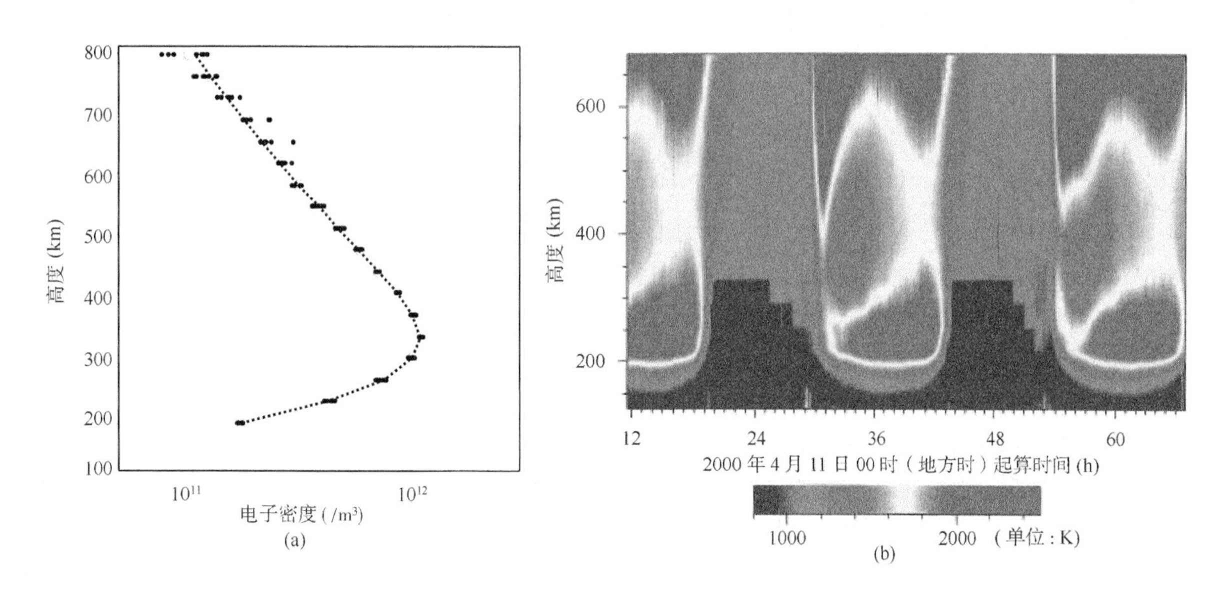

图 4.37 阿雷西博站观测到的一个典型电离层电子浓度剖面

((a)由刘立波提供)

目前，最先进的是欧洲非相干散射雷达，即 EISCAT 和 E—Svalbard 雷达。EISCAT 雷达工作在 VHF(224 MHz)和 UHF(931 MHz)两个频段，发射兼接收机均在挪威。其中，UHF 系统是三站雷达(另外两个接收机分别在瑞典和芬兰)，可以测得等离子体漂移速度全矢量。1994 年在 Svalbard 岛上(处于极尖区纬度附近)，建成 EISCAT—Svalbard 雷达，拥有一个完全可操控的直径为 32 m 的抛物柱面天线。1999 年另一个直径为 42 m，但方向固定的天线建成。图 4.38 给出 EISCAT 雷达三站系统的示意图。其中，UHF 系统的天线是抛物面状天线，VHF 系统的天线是抛物柱面天线。

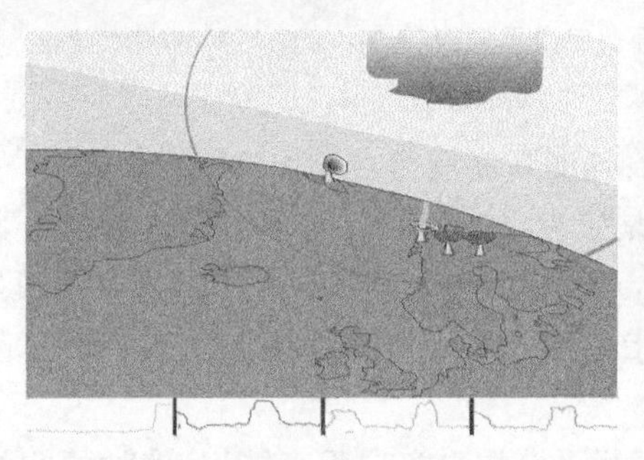

图 4.38　EISCAT 雷达三站系统示意图(各图分别为各站雷达天线照片和雷达系统联合工作图)
(图片来自于 http://www.eiscat.se)

每年 EISCAT 雷达观测的时间大约是 2000 h。雷达观测的模式可以分为通用模式(Common Programs, CP)和特殊模式(Special Programs, SP)两种。通用模式(CP)是利用几种(目前有七种)已发展成熟的实验模式来对电离层进行长期的观测，得出的原始 CP 观测数据对所有 EISCAT 联盟成员国都公开。特殊模式(SP)是由 EISCAT 联盟成员国的科学家为了某些他们感兴趣的特殊现象研究而设计的雷达运行模式。图 4.39(彩图见插页)是 EISCAT 雷达 2007 年 3 月份的观测结果，包括电子浓度、电子和离子温度以及离子漂移速度四个参量。

4.3.6　组网监测

地基观测是空间天气业务获取信息和数据最重要的方式之一，具有方便、机动、连续、可靠、投资少、易维护等特点。前面提到地基观测的主要内容包括太阳、电离层和中高大气层、地磁场和宇宙线等。其中，由于电离层、中高层大气、地球磁场等具有很强的区域特性，以上区域的小尺度结构和变化可能严重影响航天、通信、导航等空间天气主要用户，是空间天气监测预警的重要内容，因此为了获取完整的信息，地基空间天气观测系统必须对电离层、中高层大气和地球磁场进行组网观测。

地基监测在国内有一定的基础，中国科学院在漠河、北京、武汉和海南有四个电离层监测台站(图 4.40)，包括电离层测高仪和地磁的监测仪。信息产业部有一个为军方服务的电离层监测网(长春、北京、广州、重庆、成都、拉萨等 13 个台站)，主要的仪器是传统的测高仪。国家地震局有一个覆盖全国范围的地磁监测网络，主要是传统的地磁监测仪。国家天文台和紫金山天文台有太阳光学，射电、微波和磁场观测，主要为科研服务。国家海洋局中国极地研究中心在南极有电离层和中高层大气监测站，包括数字式电离层测高仪、扫描光度计、全天空电视摄像机、成像式宇宙噪声接收机、地面臭氧浓度监测仪、单色极光全天空 CCD 摄像机、磁通门磁力计和感应式磁力计。并计划在北极建立观测站。

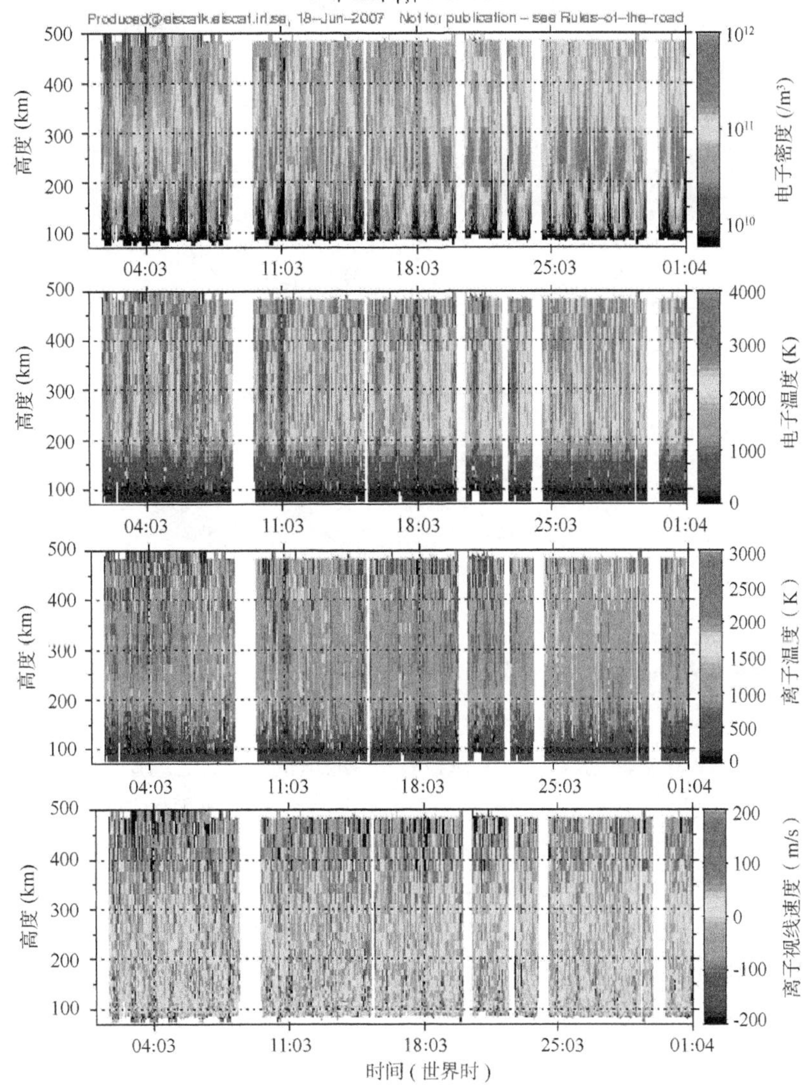

图 4.39 EISCAT 雷达 2007 年 3 月份的观测结果

(http://www.eiscat.se/groups/IPY/summary_plots/)

目前，正在实施的地面探测项目“子午工程”，主要的目标是充实、完善 120°E 附近的北起漠河，经北京、武汉、海南并延伸到南极的综合观测链。整合了分散在全国多个部门的传统观测仪器，并新建部分新仪器，利用无线电、光学和地磁等多种科学设备，对中高层大气和电离层进行监测，为空间天气监测预报提供数据基础。

中国气象局为开展空间天气业务需要，结合国内探测基础，以国家业务中心的层面进行全国组网、全国布局，重点开展薄弱环节的探测能力建设，通过“气象监测与灾害预警工程”及其他项目的建设，大力加强 30 km 以上的中高层大气环境探测，适当进行关键地点的电离层探测，开展必要的地基太阳活动观测，实现从地面气象、气候到中高层大气和电离层环境的无缝隙探测能力，并加强空间天气数据收集和共享平台建设，通过与国内现有监测能力相结合，初步具备空间天气业务监测能力。

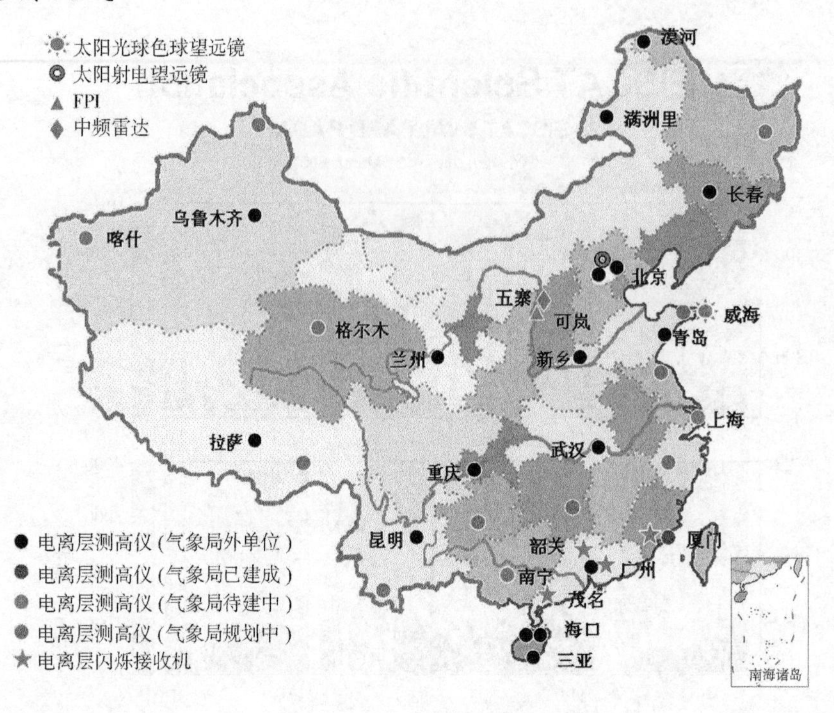

图 4.40　地基空间天气监测布局

4.4　天地一体化监测

空间天气观测的目标是能够把太阳大气、行星际和地球的磁层、电离层和中高层大气作为一个有机系统,按灾害性空间天气事件的时序因果链关系,合理配置空间和地面的监测体系,了解灾害性空间天气过程变化的物理规律。稳定可靠的空间天气业务持续获取关键区域、关键数据的天基地基探测能力,单独的天基或地基探测手段都不能完全满足这样的监测目标,需要形成有天基卫星平台与地基监测网络组成的,我国自主的从太阳到地球的空间天气全球整体行为变化的天地一体化的观测体系。

天基观测平台的建设可综合利用极轨、静止两个系列的气象卫星,以及“夸父计划”和其他空间天气卫星的全方位监测系统,实现对太阳活动和太阳耀斑的实时监测能力,能够确定日冕物质抛射和太阳耀斑发生的时间、强度及持续时间。具备对太阳 UV-EUV-X 射线、太阳射电辐射、太阳和银河高能粒子监测能力,实时监测高能粒子事件;具备对全球电离层和高空大气环境探测能力。探测电离层电子密度、温度和速度的全球分布及廓线,高空大气成分、温度和速度的全球分布及廓线。地基以国内现有监测台站为基础,适当补充建设,形成分布合理的网络。

4.4.1　地基观测

地基监测系统包括地面对太阳、磁层和行星际、电离层和中高层大气的监测系统。在我国地基监测有较好的基础,正在建设的“子午工程”和“气象监测和灾害预警工程”有较大规模的建设内容。

4.4.2　天基观测

在我国,天基监测系统以稳定的业务卫星(如风云卫星的空间天气监测)为主要信息源,综合利用其他科学卫星(如“夸父计划”)的空间数据,兼顾并充分利用国外先进卫星的空间环境数据,根据需要在适当的时候发射专门为空间天气服务的专用卫星,建立实时数据接收、传输和处理系统。特别值得一提的是,我国要发射的空间天气卫星(如“夸父计划”等),可以完成现有轨道卫星不能很好实现的监测任务,如可发射位于 L_1 点的空间天气卫星,监测包括太阳风和日冕物质抛射(CME)等。“夸父计划”由三颗卫星(如图 4.41)组成。“夸父—A”将置于绕日地平衡点 L_1 的晕轨道,主要用以观测太阳极紫外和远紫外辐射、白光日冕物质抛射、射电波、局地等离子体及磁场和高能粒子等。“夸父—B1”和“夸父—B2”将置于一地球椭圆极轨，相位相差半个周期，以实现对北极光椭圆和内磁层的连续观测(即每周 7 d 每日 24 h)。“夸父—B1”和“夸父—B2”的成像观测项目相同，即对北极电子极光和质子极光的高时空分辨率的测量，南极广角极光成像，辐射带中性原子成像，等离子体层 EUV 成像，以及必要的磁场、粒子和波动等局地观测项目。“夸父计划”的目标是实现从太阳大气到地球空间完整扰动因果链的全程观测，其中包括太阳耀斑、CME、行星际磁云、激波，以及它们的地球响应，诸如磁亚暴和磁暴等。

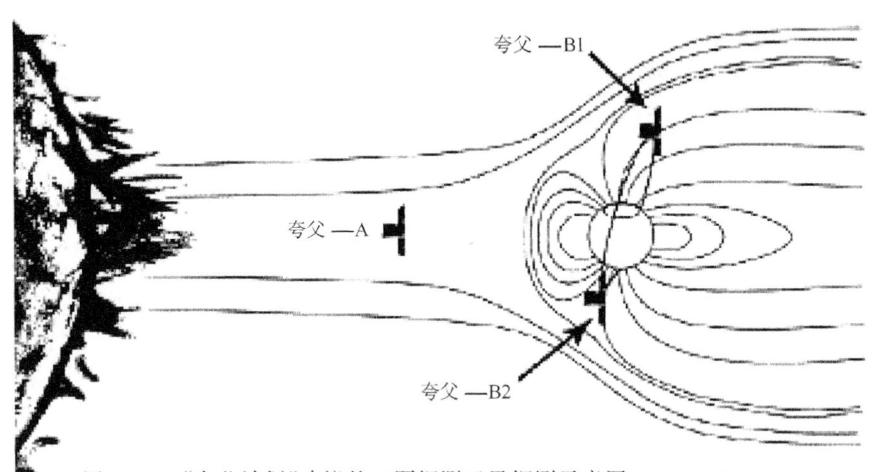

图 4.41　“夸父计划”建议的三颗探测卫星探测示意图(引自 Tu 等 2008)

目前，我国的“风云”系列气象卫星分为太阳同步轨道(LEO)和地球同步轨道(GEO)两个系列，未来可增加低倾角卫星(MEO)；“夸父计划”包括“夸父—A”(L_1)和“夸父—B”(极轨大椭圆)两个轨道，二者相结合，能够较好地对空间天气现象的发生、传播及其效应进行观测，但仍不能完整地监测日地空间天气因果链的每个环节。为了满足空间天气监测预警需求，国家空间天气监测预警中心提出建设“九章”(Jeou-Jang, JJ)空间天气虚拟星座的设想。“九章”空间天气虚拟星座新增了赤道低轨道(高度约 800 km，倾角约为 0°)和赤道大椭圆轨道(高度几个地球半径，倾角约为 0°)，配合已有的“风云”系列气象卫星和“夸父计划”，共有 7 种不同的轨道，根据各自的轨道特点，分别配制相应的有效载荷，有针对性地进行空间天气监测(图 4.42)。

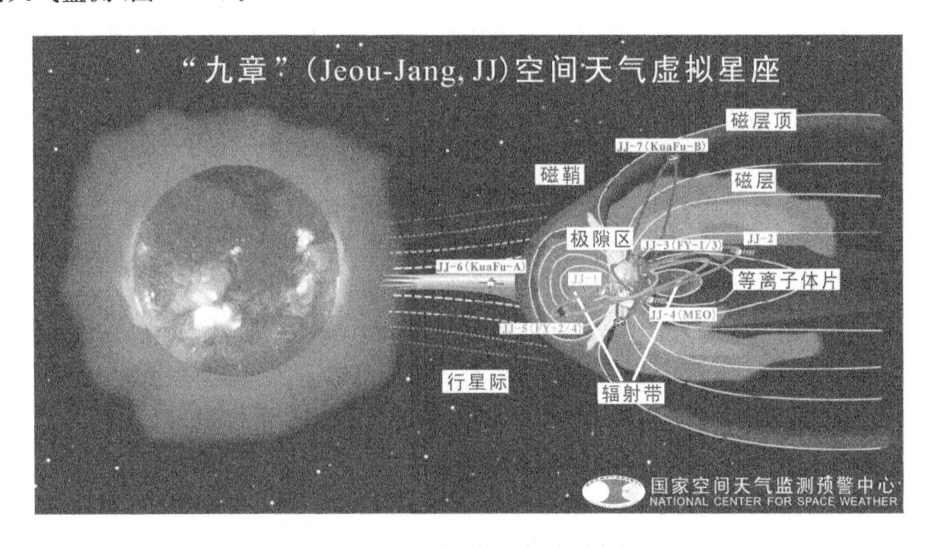

图 4.42　天基空间天气监测布局

“九章”空间天气虚拟星座在不增加太多投入的基础上，能够基本满足对整个日地空间天气因果链的全程监测，极大提高我国空间天气监测和预警预报能力，使我国步入空间天气监测预警大国行列，从而为我国航天、航空、通信、石油、电力和国家安全服务。

第5章 空间天气预报

本章介绍了针对不同空间天气区域的预报内容、对象和要素，并根据预报时效的不同，分别从统计预报和数值预报的角度描述了现开展的空间天气警报、短期预报、中期预报和长期预报等预报内容及产品，阐述了其主要方法和基本原理，以及可能的检验方法；作为一个典型的范例，最后介绍了美国现有的业务预报系统及其预报能力。

5.1 预报要素与时效

根据日地空间区域的划分，空间天气预报包括太阳活动预报、行星际空间天气预报、磁层天气预报、电离层天气预报和中高层大气天气预报。按照预报时效的不同，空间天气预报可以分为长期预报、中期预报、短期预报、警报和现报等。

5.1.1 太阳活动预报

太阳活动预报包括长期太阳活动预报、中期太阳活动预报、短期太阳活动预报和太阳活动现报。长期太阳活动预报预测未来一个太阳活动周内太阳活动趋势，预报内容包括黑子数的高峰值、高峰期、低谷期和极小值。太阳活动长期预报能为国家的中长期航天发展规划提供决策依据。实践表明，航天器的寿命长短与太阳活动水平的高低关系密切。此外，太阳周预报常被用于地球上旱、涝、地震等灾害的预测，气象学者多年前就发现了某些地区的年降水量和气温等的变化有类似于太阳活动水平的周期起伏。

中期太阳活动预报是中期空间天气预报的一个重要支柱。它的主要内容是预测未来一个月或27 d(即一个太阳自转周的平均时间)的太阳活动总体水平，例如：黑子数的平滑月均值或太阳在2800 MHz的辐射通量，以及预测未来一个月内在哪些天、在日面上何处会有较大的太阳黑子群，会有较多的或较大的太阳爆发产生。这类预报所涉及的空间天气变化，对于安排航天飞行器发射、空间任务的执行、通信计划的实施及其他领域的预防措施的考虑具有参考意义。太阳活动中期预报可以帮助航天任务、通信工作、电磁勘探、信鸽竞飞等活动选择比较安全的时期，避开空间天气可能的剧烈变化时段；可以为某些科学实验或研究工作选择空间天气可能会发生相对变化的时段，以便抓住机会做试验和观察。

太阳短期预报是指未来1～3 d的太阳活动预报，内容主要包括太阳活动区、太阳耀斑、日冕物质抛射、射电流量 $F_{10.7}$ 和太阳黑子数等。

5.1.2 行星际天气预报

行星际天气预报是指对未来某一时段内行星际空间天气要素和现象的预测。主要是对日球层，特别是对1 AU附近的太阳风参数的预报，以及太阳高能粒子事件预报。

太阳风参数预报主要描述和预报太阳风密度、速度及行星际磁场的大小和方向，并预测太阳爆发现象在行星际的表现、传播和演化。

太阳高能粒子事件预报主要给出卫星轨道附近太阳高能粒子和宇宙射线的描述、警报和预报，预测太阳高能粒子对人类航天活动的影响和对深空探测航天器的相关效应。该预报以短期预报为主，预报未来几小时到几天内事件发生的可能性、预期的峰值通量、峰值发生的事件、总流量和事件持续的时间。

5.1.3　磁层天气预报

磁层天气预报的预报对象为磁层带电粒子和场，包括不同轨道磁场分布的现报和预报，不同轨道带电粒子能量的现报和预报，以及关于质子事件和高能电子增强事件的警报。

5.1.4　电离层天气预报

电离层天气预报是对电离层空间天气要素、现象和事件作出的现报、短期预报和警报。

电离层天气预报涉及的内容较多，目前业务中提供的预报内容主要有电离层状态参数（TEC，f_oF_2和N_mF_2）的现报和短时预报以及用户专项预报等。其中、专项预报是根据不同专业用户需求发布的有针对性的预报，如通信广播部门需要的可通频率、信号吸收和误码率预报，测量部门所需的折射误差预报，卫星用户所需的卫星信号闪烁指数预报，导航部门所需的导航误差预报等。此外，极光强度预报也可归为电离层预报的内容。

5.1.5　中高层大气天气预报

中高层大气天气预报主要包括对中高层大气参量（密度、温度、风场和大气成分等）的结构分布和扰动进行的现报和短时预报。

由于探测手段的制约，中高层大气天气预报是目前发展最为滞后的领域，各主要空间天气预报机构的日常业务中都还没有涉及中高层大气的天气预报。

5.2　预报方法和预报检验

空间天气预报方法可分为统计预报（包括经验预报）和数值预报两种。目前，无论是在国内还是国外，空间天气数值预报都处于起步阶段，业务上以常规的统计预报为主。

5.2.1　统计预报

经验预报是根据空间天气学理论和预报员的实践经验，对观测数据进行分析、推理来预报未来空间天气趋势。统计预报通过对大量的历史资料采用数理分析方法，找出各种空间天气事件发生频率、强度分布等规律，建立统计预报模型，对未来事件作出预报。

统计预报方法是目前业务中的一种常用方法。采用回归分析方法、多因素分析方法和现象滤波技术等。近年来，在空间天气预报中大量应用了人工神经网络方法。

目前，地磁预报大量采用人工智能技术（AI）技术。现在已发展许多种AI技术，包括人工神经网络、专家系统、模糊方法、遗传算法等，人们把这些方法总称为智能混合方法（HIS）。这些方法在非线性动力系统运作下学习数学功能并且能解释所学到的东西，有些与物理模型相结合已取得了可喜的结果。当前用于地磁等空间天气预报的集中神经网络是前馈多层后向传播网（MLBP）及其扩展的带有反馈的Elman网、自组织图网（SOM）以及径向基函数网（RBF）。瑞典Lund大学给出的Lund空间天气预报模型系统大量地采用了这些技术。

国内，周晓燕利用神经网络方法开展了大地磁暴预报的研究工作，取得了重要进展，这一预报可提前4 h预报大地磁暴主相发生的时刻。胡雄（1998）将神经网络首次引入质子事件的预报中，所采用的是全连接型神经网络。

5.2.2 数值预报

数值空间天气预报就是使用空间天气的数学模型来预测空间天气。这类模型一般以物理规律为依据，以一定的观测数据为基础，描述或解释物理现象。空间天气所涉及的区域非常广泛，无论局域探测还是遥感遥测，都只能像“瞎子摸象”一般不能覆盖所有的空间天气范围。所以，没有可靠的数值预报模式，就不能从整体上掌握空间天气变化的规律，更谈不上预报。目前，空间天气预报的能力远远落后于当前的气象预报，急需加强。特别是如何借鉴气象预报理念，建立基于超级计算机的空间天气数值天气预报操作模式，是未来空间天气预报最主要的发展方向之一。

图 5.1 可以说明未来的预报模式所包含的过程。观测可以说是一个对“真实”状态的相对“忠实”的记录，但其空间和时间具有离散性和独立性；模式所给出的状态有着其物理上内在的动力过程及时空完整性，但“模式”状态仅仅是“真实”状态的近似。为把观测和模式这两种不同但又互补的信息融合起来，给我们产生一幅既逼近真实状态又包括内在物理过程的四维图像，需要运用同化技术。同化技术能充分利用多种观测数据准确表述研究对象的当前状态，因而对提高资料分析质量和提高预报准确率都有重要意义。显然，数据同化预报模式首先需要一个物理模式来提供准确的空间天气的初始状态，即背景。然后，将大量不同来源的数据与空间天气的初态结合进行资料分析，得到此刻天气状态的最佳估算值，同时为下一次数据同化循环提供背景。

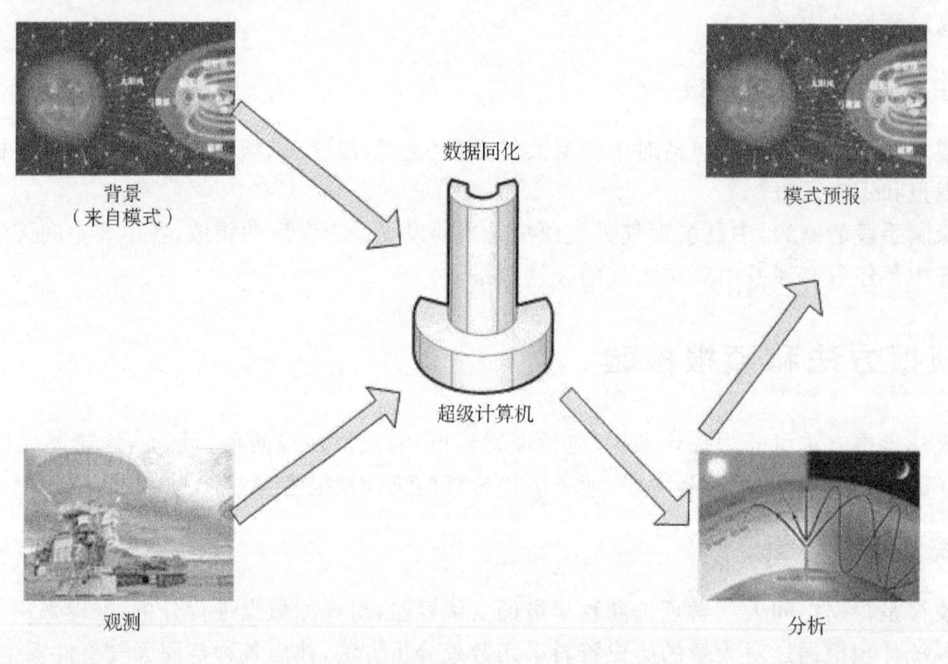

图 5.1 预报模式过程(http://www.eset.com)

随着空间探测数据的增多，一些学者已经开始在空间天气领域尝试使用数据同化技术，特别是电离层研究，如 Schunk 等(2005)。但总的来说，使用数据同化技术仍属于起步阶段。

5.2.3 预报检验

空间天气检验工作的开展，标志着空间天气预报的正规化和业务化水平的提升。对不同变化幅度的产品，采用同样的方法，检验后的水平差异很大。需要从物理定义角度进行分级检验。此外，不同用户的需求不同，对漏报和虚报的关注程度也不相同，如卫星发射时希望宁可虚报不能漏报；如地磁扰动对日常通信的影响可能希望宁可漏报，少虚报。因此，对于不同用户，评价指标也要慎重选择，以反映真实的预报水平。

空间天气预报检验流程如图 5.2 所示。

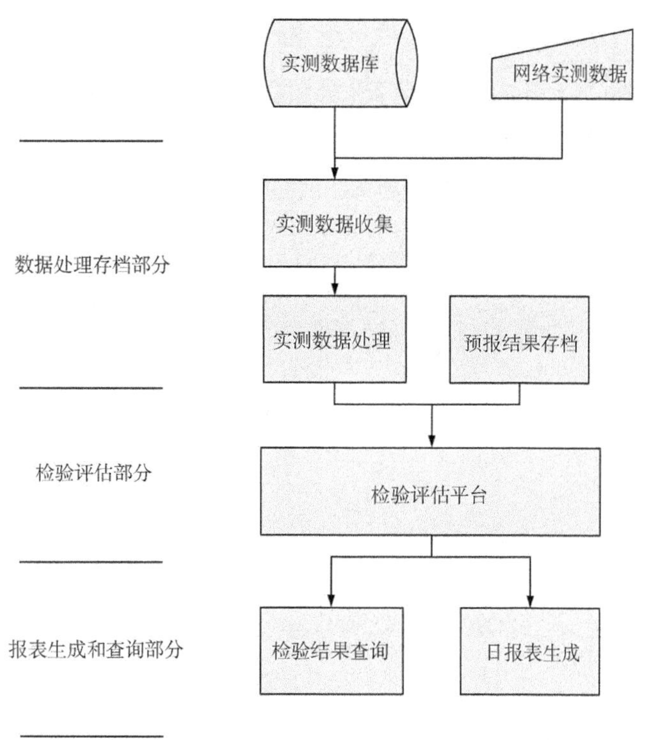

图 5.2 空间天气预报检验流程

5.2.3.1 指数预报的检验

对指数预报(如太阳 10.7 cm 射电流量、地磁 Ap 指数预报)效果的检验主要是通过对预报指数进行月、年的预报准确率、平均绝对误差、均方根误差、标准均方根误差的检验。检验公式如下：

预报准确率：

$$PC = \frac{\text{预报正确的次数}}{\text{预报总次数}} \times 100\% \tag{5.1}$$

平均绝对误差：

$$TEA = \frac{1}{n}\sum_{i=1}^{n} TEA \tag{5.2}$$

绝对误差：

$$TAE_i = O_i - F_i \tag{5.3}$$

相对误差：

$$T_i = \frac{O_i - F_i}{F_i} \tag{5.4}$$

标准均方根误差：

$$TNRMSE = \sqrt{\frac{\sum_{i=1}^{n}(O_i - F_i)^2}{\sum_{i=1}^{n}(F_i - \overline{F})^2}} \tag{5.5}$$

均方根误差：

$$TRMSE = \sqrt{\frac{1}{n}\sum_{i=1}^{n}(O_i - F_i)^2} \tag{5.6}$$

实测值平均值：

$$\overline{F} = \frac{1}{n}\sum_{i=1}^{n} F_i \tag{5.7}$$

其中 n 为预测数据总个数;O_i 为第 i 次预测值;F_i 为相应的实测值。

5.2.3.2 空间天气活动水平预报的分级检验

对空间活动水平(如太阳活动水平、地磁活动水平、电离层环境)的分级检验,参考气象 TS 方法对活动水平进行检验。确定其 TS 评分值、漏报率和空报率三个参量的公式如下:

TS 评分:

$$\mathrm{TS}_k = \frac{NA_k}{NA_k + NB_k + NC_k} \times 100\% \tag{5.8}$$

漏报率:

$$PO_k = \frac{NC_k}{NA_k + NC_k} \times 100\% \tag{5.9}$$

空报率:

$$FAR_k = \frac{NB_k}{NA_k + NB_k} \times 100\% \tag{5.10}$$

式中 NA_k 为预报正确次数;NB_k 为空报次数;NC_k 为漏报次数。

以上参数计算需符合以下原则:当实况出现的空间天气活动级别和预报的级别不一致时,选择较大量级作为检验的级别,评分时只评定该级别。如预报大磁暴,出现特大磁暴,评定特大磁暴为漏报(NC_4 增加),不评定大磁暴空报(NB_3 不增加)。预报大磁暴,出现小磁暴,评定大磁暴为空报(NB_3),不评定小磁暴漏报(NC_2 不增加)。

(1) 太阳活动水平:将太阳活动水平分为极低、低、中、高、极高(表 5.1)五个等级。采用 TS 方法对活动水平进行检验。

表 5.1 太阳活动水平预报检验分类

实况	预报				
	平静	小扰动	中等扰动	大扰动	特大扰动
极低	NA_1	NB_2	NB_3	NB_4	NB_5
低	NC_1	NA_2	NB_3	NB_4	NB_5
中	NC_1	NC_2	NA_3	NB_4	NB_5
高	NC_1	NC_2	NC_3	NA_4	NB_5
极高	NC_1	NC_2	NC_3	NC_4	NA_5

(2) 地磁活动水平:地磁活动水平分:平静、小磁暴、大磁暴、特大磁暴(表 5.2)四个等级。采用 TS 方法对活动水平进行检验。

表 5.2 地磁活动水平预报检验分类

实况	预报			
	平静	小磁暴	大磁暴	特大磁暴
平静	NA_1	NB_2	NB_3	NB_4
扰动	NC_2	NA_2	NB_3	NB_4
剧烈扰动	NC_3	NC_3	NA_3	NB_4
暴	NC_4	NC_4	NC_4	NA_4

(3) 电离层环境:电离层环境分为平静、扰动、剧烈扰动、暴(表 5.3)四个等级。采用 TS 方法进行检验。

表 5.3　电离层环境预报检验分类

实况	预报			
	平静	扰动	剧烈扰动	暴
平静	NA_1	NB_2	NB_3	NB_4
扰动	NC_2	NA_2	NB_3	NB_4
剧烈扰动	NC_3	NC_3	NA_3	NB_4
暴	NC_4	NC_4	NC_4	NA_4

5.3　预报内容

5.3.1　太阳活动预报

太阳活动预报，可以根据预报方法、预报对象、预报的用户以及预报时效等将预报分类。空间天气领域中最广泛使用的是，按预报的时效将预报分为四类：太阳活动的长期预报、中期预报、短期预报和警报。

长期预报主要是以年为时间尺度的预报，时效为 1 年以上至十几年。中期预报时效为半个月至几个月，短期预报是指时效为几天或短至几十分钟的预报。不同种类的预报除时效上不同之外，在预报方法上，预报内容上，预报因子和服务目的上都会有不同程度的差异。此外，还有太阳活动警报。警报是指在太阳活动事件已经发生的情况下，预报它是否会产生对地球空间环境有影响的事件，或者预报已有事件的延续情况。

5.3.1.1　太阳活动的长期预报

太阳活动长期预报的主要预报内容是太阳黑子数的长期变化，特别是黑子数的太阳周变化。黑子数或称黑子相对数虽然是一个缺乏物理意义的统计量，但是由于它已有二百多年的观测历史，积累的资料多而完整，作为一个统计量它能清楚地表征太阳活动的周期性，因而受到了广泛的重视。把太阳黑子周或更长期的黑子活动的预报按其方法分为如下四种：

(1)时间序列法。这种方法是将黑子数作为时间的函数进行统计预报，其中比较典型的是把黑子数的观测值或某种平滑值看做一个非平稳随机时间序列，为研究太阳黑子活动的周期性，使用了包括古代极光及黑子目视记录的历史资料，至今已发现太阳黑子活动具有 11，22，80 年左右以及 200 年左右的周期。神经网络方法也被试用于预报。与上述方法相类似的是时间曲线拟合法。Wilson 曾提出长短太阳黑子周的概念，他用三条正弦曲线相加来拟合黑子数曲线，外推预报值，也有的作者用其他曲线或多条线回归法预报黑子数。

(2)活动周参量法。此法是利用不同活动周或活动周内部各参量(如极值，上升或下降段的时间长度之间的经验关系)作预报，主要预测未来太阳周黑子相对数极大值及其时间位置，这是长期太阳活动预报的重点工作之一。这种预报所使用的经验公式，多是由概率统计法和相关分析法所得到的，有的作者引入高值周与低值周的概念，对不同的周使用不同的预报公式；也有研究者对奇数和偶数周分别给出预报方程；还有作者引入快升与慢升周概念作预报。

(3)先兆法。这种方法是利用极小期或太阳周下降期的地球物理量的测量，来预报下一个太阳周黑子数极大值，例如：王家龙(1987)曾用 21 周地磁指数平滑极小值预报第 22 周黑子数，极大年均值为 185＋40，这个预报值与实际值很接近，但预报提前量不多。

在地球物理先兆法中，特别值得一提的是异常磁静日法。研究发现，异常磁静日(AQD)事件的幅度与静日 $Sq(H)$ 幅度之差、AQD 事件的平均幅度及 AQD 数目的变化率等在极小期的数值均与其后的活动周黑子数极大值彼此相关。王家龙(1979)发表的用异常磁静日法预报的第 21 周黑子数极大年年均值(155±31)与实际观测的峰年年均值(155.3)符合极好。利用极小期的地磁扰动数目曾成功的准确预报第 21 周和第 22 周的极大值．

这种地球物理现象先兆预报法，在物理上是可以解释的，它把极小期地磁场的活动状况，通过极小期的太阳磁场与极大期太阳的磁活动状况联系在一起。

另一种利用太阳活动周内部性质之间关系的预报方法，可以称为太阳活动现象先兆法。此法是基于这样的认识，即太阳活动实际上主要是磁场活动，强的中低纬度磁场活动必然是由太阳周开始时出现在极区或高纬度的弱磁场的某种活动形式演化来的。因此，根据极小期的某种测量（如极区光斑的数目，新周黑子的纬度、极区磁场强度等）应能预报极大期黑子活动情况。曾用式(5.11)做太阳周黑子数极大值预报。

$$R_m = 110 \mid B \mid \tag{5.11}$$

其中 B 为极小期极区磁场强度；R_m 为黑子数极大值。

(4)行星位置法。行星或其集体在太阳上的潮汐力对太阳活动的影响究竟有多强，能否用行星的作用来预报太阳活动等，是一直在争论的问题。以 Landscheidt 为主力，将行星位置预报方法的研究又推进了一步，他们计算太阳绕太阳系质心运动的转矩，并探讨与黑子活动周期的关系等，对太阳活动作预报。当前，用行星位置预报太阳活动还处于研究多于应用的阶段。

前述各种太阳活动长期预报方法具有不同的指导思想，时间序列法及第二种方法的基本假设，是未来的太阳黑子数的变化遵从以往太阳黑子数的变化所显示出的统计规律。这类方法比较简便，因而得到广泛的应用。但是，就第 21 周和第 22 周来看，给出的预报普遍偏低，大部分预报值与实测值相差20％以上，但对第 23 周预报有改善。这类方法的优点是既能预报幅度又能预报时间位相。

太阳活动现象先兆和地球物理现象先兆法虽然也是用统计公式，但其物理思想比较明确，先兆法对第 21 周和第 22 周黑子数极大值的预报比较正确，但对第 23 周预报不理想。这类方法一般是在极小期出现后才能作预报，时间提前量较小。

行星位置预报法的主要问题是其物理机制尚需明确。应该肯定，行星（特别是大行星）的位置通过引力机制对太阳会有影响，而且行星的位置适于做预报因子，但是从效果上看，Landscheidt(1995)用这种方法，对第 22 周黑子数极大值及其时间位置所作的预报($R<60$)显然与实际情况相差甚远。行星位置这个外在因素究竟对太阳活动的幅度能有多大的控制作用或影响？这是需要进一步探求的。有人试用模糊数学方法作预报，预报值较其他预报似乎更接近实际值，但其预报提前量也较短。

关于长期预报中的预报量问题，除黑子相对数外，太阳在 2800 MHz 射电波段的辐射流量密度、日面上每天的黑子总面积及其分布，可望成为未来的主要的长期预报量。这些量具有明确的物理意义，是预报使用者关心的量，但这些量的资料积累时间短，不够完整，用经典方法观测比黑子数观测麻烦，改用现代化手段观测则需要相当大的投资。

5.3.1.2 太阳活动的中期预报

中期预报内容以太阳耀斑及黑子数为主。中期预报实质上是要预报新太阳活动区的产生及其活动性，预报已有的日面上的活动区将在什么时候有多大的幅度的活动。因为缺乏对活动区演化的物理过程和规律的了解，中期预报是目前最困难的太阳活动预报。现在的中期预报方法是综合经验预报法，它主要是根据以下几个方面的考虑作出的预报：①长期预报所提示的活动水平和位相；②活动经度的分布特征；③各活动经度的统计性质；④黑子群的类型在时间-经度图上的分布；⑤活动区回转能力及活动能力的估计；⑥活动的周期性，如三个自转周或 80 天左右的周期；⑦行星位置的考虑；⑧日冕增强辐射区的出现等。如果要直接预报地球物理效应，还应该考虑冕洞的存在及回转以及质子事件的东西不对称性等。

对黑子数用模型作中期预报的主要问题是在预报量（如黑子数）变化的关键处，即峰与谷处与实际偏差较多。今后的中期预报工作，在继续积累和总结经验方法的同时，应该在较明确的物理思想指导下研究活动区的产生和演化规律。太阳大尺度磁场的剪切、挤压及太阳大气较差自转的监测及其与活动区的关系的研究，是个有希望的领域。对活动区做适合于预报工作的分类，是中期预报的另一项基础性工作。近期关于太阳大气较差自转的研究，有望用于改进中期预报。总之，需要从经验知识的数值化和活动区演化的物理研究诸方面向客观预报改进。

5.3.1.3　太阳活动的短期预报

短期预报的时间提前量为几十分钟至两三天，预报内容也以耀斑与黑子数和 $F_{10.7}$ 为主。耀斑预报方法大致分为如下三种：

(1)先兆法。在耀斑发生之前，常可在光波波段、射电波段或 X 射线波段观测到该活动区的某些异常现象，这些现象超前于耀斑发生的时间是不同的，因此可利用它们作不同提前量的预报。常用的先兆现象有色球的暗条活动及纤维规整排列。不同层次预热现象——Hα，UV 或 X 射线亮点及射电先兆爆发或短波辐射增强，以及黑子群呈特强活动类型、黑子群有特殊运动或变化、活动区纵磁场中性线的变化等。有经验的预报员利用先兆现象，可以作出相当准确的短期预报。这种预报的水平与预报者的主观经验密切相关，它应朝客观预报的方向改进。

(2)经验公式法。这种方法是使用活动区参量与耀斑产率的统计关系作预报，大量的工作在于定出统计公式。波兰人曾将十几个参量用计算机筛选，对 C 级、M 级和 X 级的 X 射线耀斑作统计预报。

这类预报的时间提前量一般为 1～3 d。其提前量、预报水平都与导出经验公式时所依据的资料和预报时使用的资料有关。因此，每个预报单位应该有自己的预报经验公式，不断改进这些公式，并设法与其他预报单位的公式相联系。只有在统一设备、统一方法的前提下，才能使各预报单位的预报规范化。

(3)物理预报法。用物理方法作太阳活动短期预报，主要是基于对耀斑储能过程的认识而逐渐发展起来的，现在还没有达到应用的水平。有相当多的工作试图通过无力磁场能量和无力因子的研究来作耀斑预报。观测表明，耀斑的位置与活动区速度场视向分量的反变线有关。理论上认为，活动区速度场与磁场的相互作用的观测和研究会有助于对耀斑物理过程的了解。近期发现，由磁场观测所确定的电流核的位置与耀斑亮核的位置相符，因而由磁场的观测所推算出的电流核来预报耀斑，可能是一条耀斑物理预报的途径。虽然物理预报尚不能给出常规方法和投入常规应用，作为一种潜在有力的预报方法正日益受到重视。

黑子数或 $F_{10.7}$(2800 MHz 的流量密度)的短期预报可用神经网络或专家系统方法，但存在着与中期预报相同的问题。

5.3.1.4　太阳活动警报

太阳活动警报主要内容是对爆发性太阳活动的后续事件或已发生事件的延续情况进行预测与描述，所用方法有两种：①利用单预报因子与预报事件的统计关系给出警报；②使用多预报因子，利用人工智能方法给出警报。警报的时间提前量即时效，与所预警的事件有关。

警报能力的提高与对太阳的观测能力的提高有密切的关系，警报对某些用户可能是很重要的服务项目。

5.3.2　行星际天气预报

日地行星际空间是日地系统中的一个基本空间层次，其间的行星际介质——太阳风等离子体和磁场不仅把“镶嵌”其内的太阳活动的丰富信息带到地球附近，还常引起地球空间天气的一系列重要变化。作为连接太阳和地球的一个重要纽带，监测和预报行星际空间天气对近地空间天气的预报、预警具有重要意义。

空间天气预报水平主要取决于空间天气监测能力及对物理规律的认知水平。日地行星际空间区域广阔，各种现象错综复杂。此外，当前的空间探测主要集中在对太阳及近地空间的探测，行星际空间的探测资料则少之又少，对行星际中诸多物理过程的认知也尚处于探索阶段，行星际天气的预报水平和能力也因此显得十分有限，仍处于基于统计的经验预报阶段。随着对行星际空间中相关物理过程和机制的不断认知，相应的物理预报模型也被逐渐引入到行星际天气预报中。

行星际天气预报主要包括背景太阳风状态、行星际扰动以及太阳高能粒子事件预报。

5.3.2.1　背景太阳风状态预报

(1)WSA 模型：Wang 和 Sheeley(1990)通过一带有电流片的势场源面外推模型，得出地球轨道处太阳风速度与日冕磁场扩张率成反相关，进而给出了一个稳态的太阳风单流模型(Wang-Sheeley)。Arge在Wang-Sheeley模型基础上发展建立了Wang-Sheeley-Arge模型(即WSA模型)，于2005年3月加入CCMC(共享协调模式中心)，并被CISM(空间天气集成模型中心)用于计算背景太阳风。该模型是经验模型与物理模型相结合的模型，根据光球层磁场观测可实现对地球附近的太阳风速度和行星际磁场极性提前1～7 d的预报(图5.3)，目前已被SWPC用于太阳风业务预报。

(2)WSA＋ENLIL模型：ENLIL模型采用的是理想MHD方程，数值格式为显式高精度TVDLF格式。AFRL－CISM将WSA模型与ENLIL模型耦合在一起对太阳风状态进行预报(图5.4)。

(3)IPS预报太阳风状态：日本的日地环境实验室(Solar-Terrestrial Environment Laboratory，即STELab)利用计算机断层扫描技术，对其IPS系统中约20个射电源进行分析，从而得到可以预报太阳风密度和速度的太阳风预报模型(图5.5)。其预报结果可在网(http://stesun5.stelab.nagoya-u.ac.jp/forecast/)上实时获得。

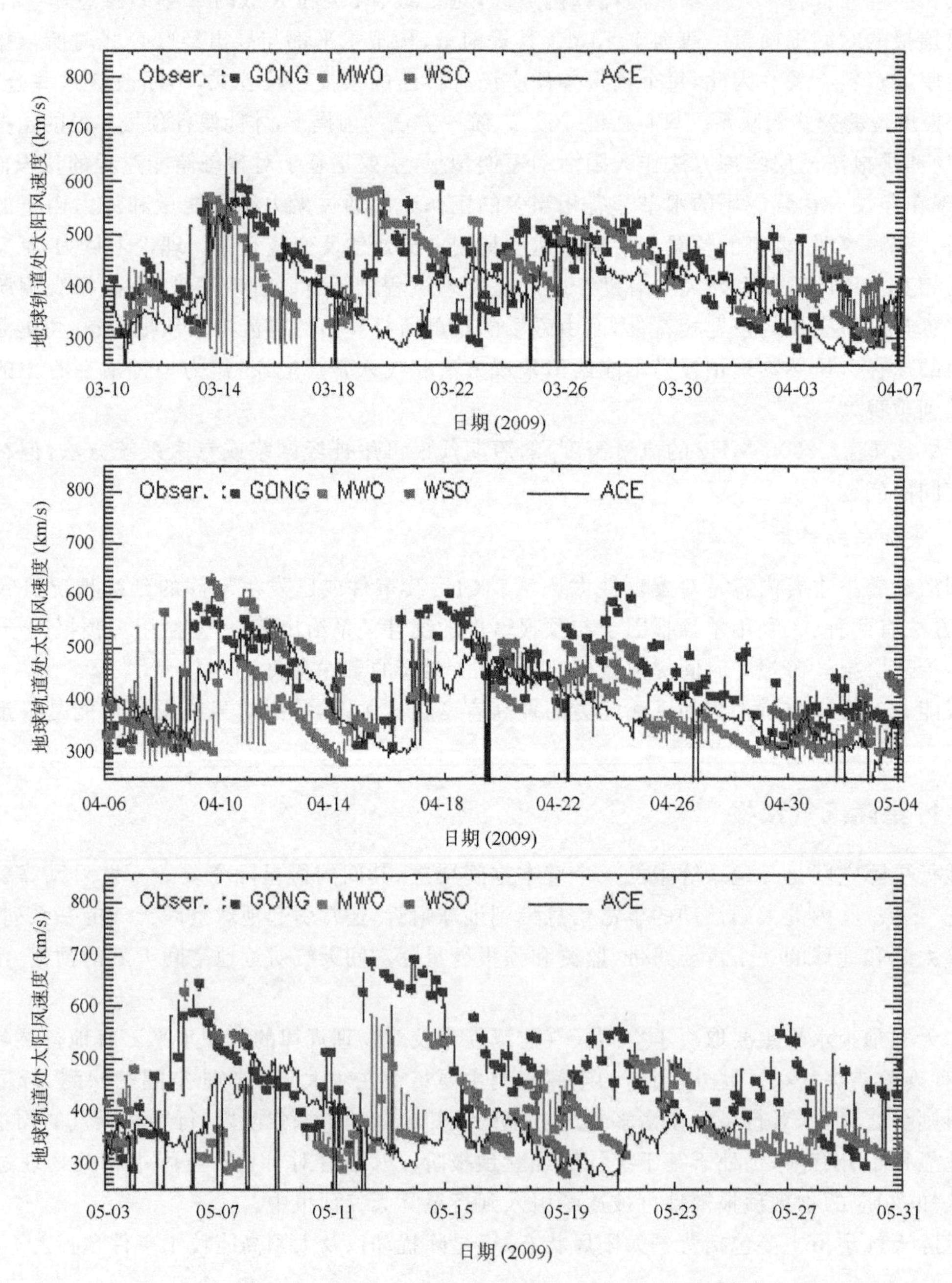

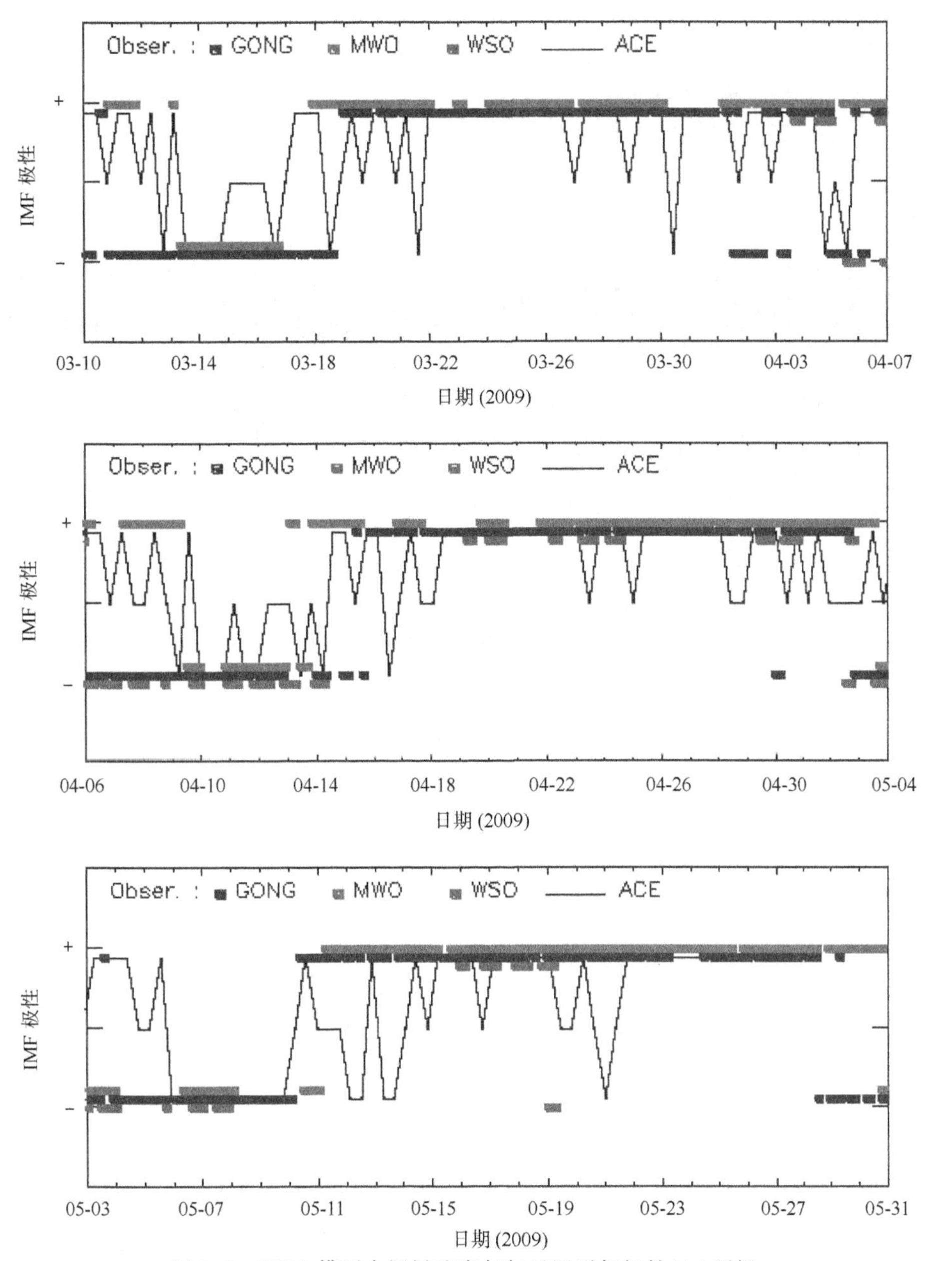

图 5.3　WSA 模型太阳风速度与行星际磁场极性 7 d 预报

(http://www.swpc.noaa.gov/ws/)

5.3.2.2　行星际扰动预报

目前，行星际扰动预报主要包括扰动到达地球的时间预报与扰动演化状态预报。预报方法有三种：经验预报、物理预报和综合预报(物理过程＋统计分析)。

(1)行星际扰动到达地球的时间预报：太阳爆发活动将巨大的动量、能量抛射入行星际空间，快速的行星际抛射物会在其前驱动行星际激波，若这些扰动能到达地球，一般会在 1～5 d 内传播到地球轨道。当激波后的鞘区或者 ICME 内具有持续时间较长的行星际南向磁场时，激波或 ICME 抵达地球将会引起地球磁场的剧烈扰动，给地球空间环境造成严重影响。如果能通过监测太阳上的爆发活动来预报相应行星际扰动到达地球的时间，就能提前 1～5 d 预报地磁扰动。

①ICME 到达地球时间预报：ICME 是引起磁暴等灾害性空间天气事件的主要原因，ICME 到达地球的时间是空间天气预报中的一个重要参数。然而，由于在日地行星际空间缺乏足够的监测资料，精确预测 ICME 到达地球的时间十分困难。目前，ICME 到达地球时间的预报主要依赖于经验预报。

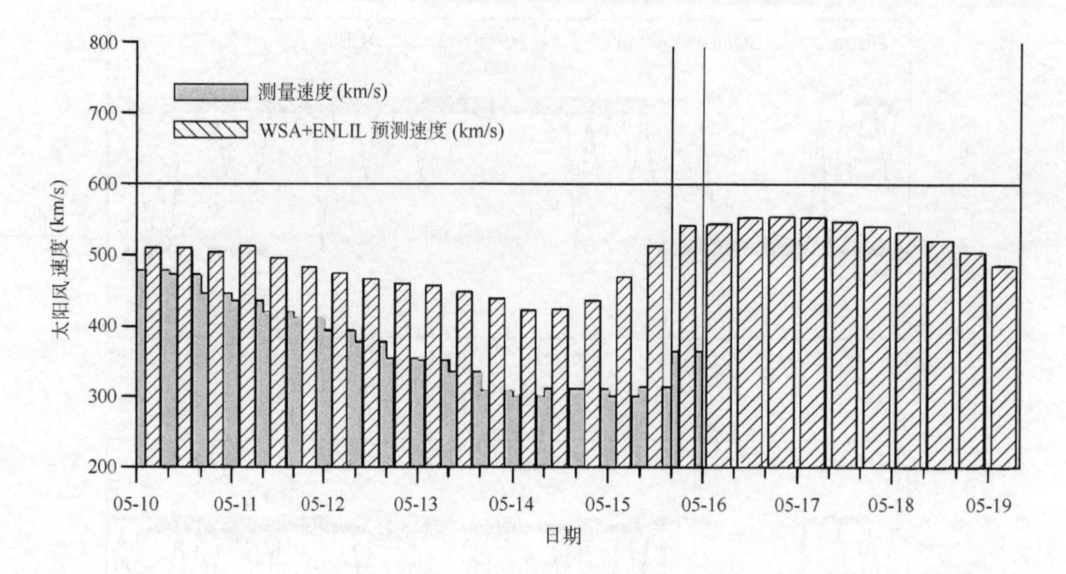

图 5.4　WSA＋ENLIL 模型太阳风速度预报

（引自 Gehmeys 2007）

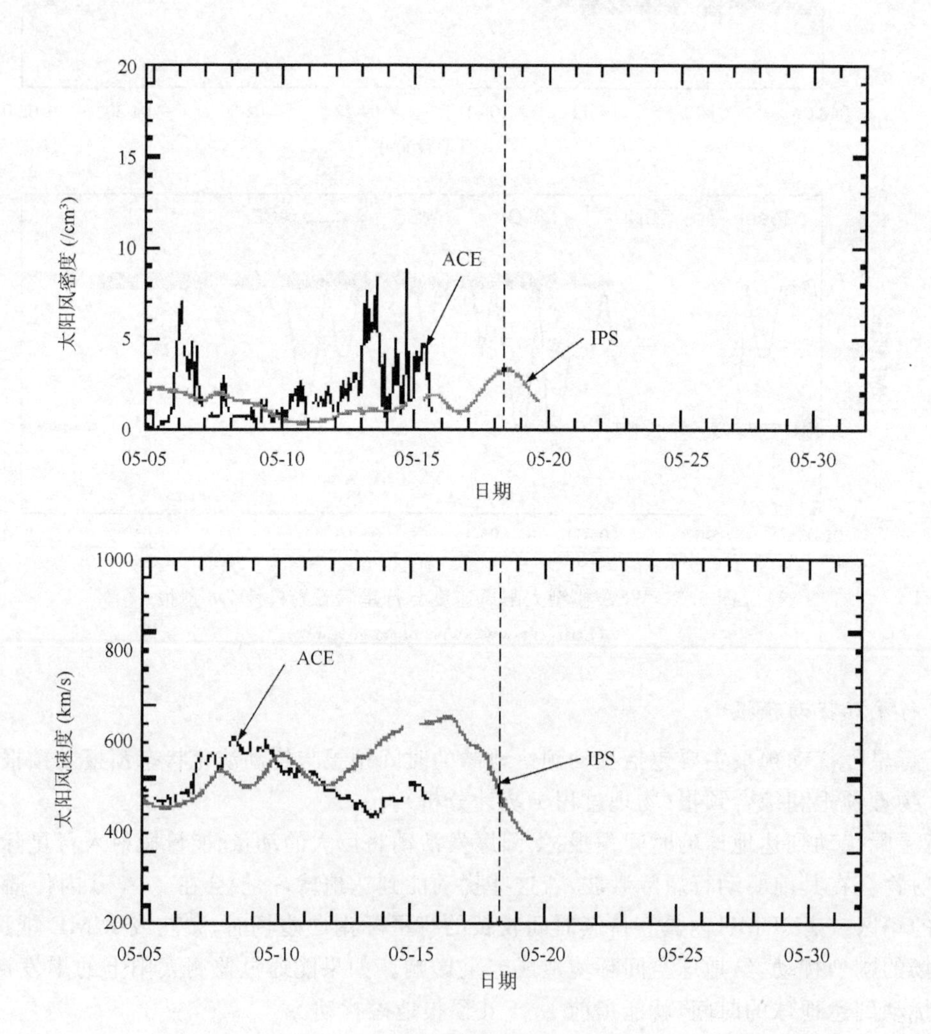

图 5.5　日本 STELab 利用 IPS 预报太阳风密度和速度(2009-05-18 08 UT 发布)

（http://stesun5. stelab. nagoya－u. ac. jp/forecast/）

Gopalswamy等(2000,2001)通过分析从SOHO/LASCO得到的CME运动学特征和在近地空间观测到的ICME的等离子体特征,给出了一种预报ICME到达地球时间的ECA(Empirical CME Arrival)模型。其中,Gopalswamy等(2001)是对Gopalswamy等(2000)的改进,考虑了更加合理的CME加速机制并引入对CME投影速度的修正,从而加速度公式修正为:$a=2.193-0.0054v$。ECA模型对CME初速与太阳风速度接近的事件预报效果较好。Mahrous等(2009)将CME事件按加速和减速进行分类分析,给出了新的经验预报模型,该模型可较好地预报初速度为500~2500 km/s的CME到达地球的时间。

统计表明,ICME到达地球的时间不仅与CME的初速度有关,而且明显受背景太阳风的影响。给出了CME渡越时间的部分经验模式(表5.4)。由于各模式所用的统计样本不同,其所定义的CME渡越时间也不尽相同,因此给出的预报公式也各不相同。

表5.4 CME渡越时间经验模式

事件选取	渡越时间定义	经验模式	模式提出者
23个CME事例(1996—1998年)	从LASCO/C2记录的CME爆发时间到达WIND的时间	$a=1.41-0.0035v$ $S=vt+\frac{1}{2}at^2$	Gopalswamy等(2000)
15个引起$Kp\geqslant7$的CME事例(1997—2000年)	从CME在LASCO/C2中首次出现到Kp达到峰值所经历的时间	$t=27.98+21\,100/v$	Wang等(2002)
25个产生地磁效应的CME事例(1996—2000年)	从CME爆发到Dst达到峰值所经历的时间	$t=96-v/21$	Zhang等(2003)
64个产生地磁效应的CME事例(1996—2002年)	从EIT观测到CME爆发到地磁暴开始所经历的时间	$t=86.9-0.026v$	Srivastava等(2004)

注:v(km/s)为CME在天平面内的投影速度;t(h)为CME渡越时间。

②行星际激波到达地球时间预报:

Ⅰ.经验预报。此类预报方法一般基于一定数量的事件样本,开展激波渡越时间与其在太阳附近的观测特征(初始速度、膨胀速度等)之间的相关性分析,给出渡越时间的经验预报模式。

Manoharan等(2004)对1997—2002年期间的91次激波事件进行统计分析,得到激波渡越时间的经验关系式:

$$t_{\rm shock}=3.9-2\times10^{-3}v_{\rm CME}+3.6\times10^{-7}v_{\rm CME}^2 \tag{5.12}$$

其中$v_{\rm CME}$的单位为km/s;$t_{\rm shock}$的单位为d。此外,Gopalswamy等(2005)根据Gopalswamy等(2001)的方法发展了ESA(empirical shock arrival model)模式,用于预报CME驱动激波的传播速度及其到达地球的时间。

此外,行星际激波可加速粒子,使得在地球附近观测到粒子通量剧增。Vandegriff等(2005)对ACE飞船的EPAM探测到的粒子数据进行训练,利用神经网络方法预报激波的到达时间。此方法被UPOS的实时上游监视系统(Real-time Upstream Monitoring System,即RUMS)用来预报行星际激波的到达时间(http://sd-www.jhuapl.edu/ACE/EPAM/RUMS/index.php)。

Ⅱ.物理预报。到达时间的物理预报模型基于与太阳耀斑伴随的Ⅱ型射电暴预报行星际激波到达时间。认为行星际激波在近太阳的源头是造成Ⅱ型射电暴的日冕激波,从而利用Ⅱ型射电暴频率漂移速度估计初始激波速度。此类模型有激波到达时间(STOA)模型、行星际激波传播(ISPM)模型和三维太阳风运动学(HAFv.2)模型等。

STOA模型基于点源爆炸波的自相似理论,并采用活塞驱动的概念修正了理论模型。模型认为,太阳爆发(耀斑)驱动激波,激波在活塞驱动阶段保持常速运动,随后以爆炸波的形式向外传播。STOA模型的输入参数包括:太阳耀斑日面位置、II型射电暴开始时刻、初始激波速度、X射线耀斑的持续时间和背景太阳风速度。模型可以输出激波到达黄道面内任一点的时间以及到达该点时激波马赫数(Ma)。STOA-2模型是对STOA模型的改进,沿用了STOA模型的理论,但对激波减速时速度与距离的关系进行了改进。这两种模型主要适用于耀斑驱动的激波,且没有考虑激波与背景太阳风的相互作用。

ISPM模型(Smith等 1990)是基于2.5维MHD数值模拟的参数化模型。该模型根据太阳爆发源注入太阳风的总能量和太阳爆发源的位置,通过求解参数化的代数方程组,确定激波到达地球的时间和用来描述激波强度及预报可信度的激波强度指数(SSI)。该模型适用于CME/耀斑驱动的激波以及高速太阳风追赶低速太阳风所产生的共转激波。

HAFv.2模型(Fry等 2001)是目前国际上流行的知名预报模式之一,它是一种半物理、半经验的模型,其计算速度快,可以即时利用太阳光球层及源表面(位于2.5个太阳半径)的观测磁场资料,实时预报激波到达地球的时间。该模型的基本假设是:单个太阳风粒子在离开源表面时只有径向运动,并按照磁冻结理论将太阳磁场带出去,而背景太阳风在源表面处的速度和密度分布由源表面的磁场资料可以根据不同模型给定。该模型可实现行星际空间的短期预报(4 d)和中期预报(28 d),并已开发用于业务预报,如阿拉斯加大学以及SWPC都用HAF模型进行实时空间天气预报(Sun 2006)。

上述三个模型各有优缺点,预报激波到达时间的精度基本相当,目前已作为SWPC的空间天气"Fearless Forecast"模式实时预报。

最近,Feng等(2006)从点源爆炸波在变密度、运动介质中传播的理论解析解出发,借鉴ISPM模型中有关点源爆炸释放能量的经验估计方法,给出一种激波到达时间预报新方法——激波传播模型(SPM)。该模型可提前1~3 d实时预报激波到达时间,与上述三种国际流行的激波到达时间预报模式相比,对于相同的样本事件来说,SPM模型的误差都不大于其他模型。然而,由于爆炸波理论存在自身的局限性,难以描述行星际空间具有驱动基本特征的扰动现象。

Ⅲ. 综合预报。ISF预报方法是魏奉思等(2003)提出的预报激波的一种行之有效的方法,其不仅能预报激波到达地球的时间,而且还能预测由激波引起的磁扰强度。ISF方法是在综合考虑了太阳爆发活动的太阳观测、行星际闪烁观测、地磁扰动观测、扰动传播的动力学过程以及模糊数学概念的基础上建立的一种综合预报方法。ISF是IPS,Solar Storm和Fuzzy的首字母的缩写。

(2)行星际扰动演化状态预报:尽管行星际空间的探测资料相当少,但仍然发展了一些行星际扰动传播和演化的预报模型。这些模型主要是运动学模型和MHD数值模型。

Ⅰ. 运动学模型。HAF模型不仅可以成功预报激波到达地球的时间,还可以很好地再现行星际磁场及扰动在行星际空间传播的大尺度三维结构。HAF模型可以预报输出扰动在行星际空间的传播过程,以及行星际空间任意点处的扰动参数:太阳风速度、粒子密度、行星际磁场。HAFv.2为判断激波到达地球时的强度,输出了太阳风的动力学压强和激波搜索指数SSI。相对于复杂的MHD模型,HAF模型简单且运算速度很快,1 min即可对L_1点处的太阳风速度、密度和磁场矢量做出5 d内的预测,并能极快地提供太阳风流和行星际磁场结构的三维图像。然而,HAF模型不能预测小尺度结构,但由于其能预报大尺度太阳风结构及其演化信息,对空间天气预报相当有用。目前,阿拉斯加大学已将HAF用于短期和中期预报,预报结果在网(http://gse.gi.alaska.edu/recent/)上实时发布。

Ⅱ. MHD数值模型。McComas等(1989)首先使用褶皱情况寻找快速磁云前磁场褶皱的证据,根据褶皱模式预报行星际南向磁场扰动,他们认为,行星际南向磁场从原理上来说,可用CME运动方向和周围行星际磁场取向来进行预报。使用此方法,他们正确预报了26个事件中的13个,表明此方法对实时预报是有限的。Wu等(1997)采纳与Gosling等(1987)相同的概念,利用3-D MHD数值模型来计算行星际南向磁场,其结果证实了McComas等(1989)提出的模式。利用此方法对1978—1982年间的行星际磁场南向进行预报,预报准确率为62/73(约83%)。

SWMF(Space Weather Modeling Framework)集成预报模式是在美国国家科学基金委员会的重点支持下,以Michigan大学主持的空间环境模型中心(CSEM)发展起来的,其中的行星际预报模式(IH model)是基于MHD来模拟从太阳日冕到地球磁层,甚至更远的太阳风,所采用的是国际著名模式BATS-R-US code(http://butch.engin.umich.edu/swmf/)。

SWPC的行星际模型是利用TVDLF格式来求解时变MHD方程(Odstrcil等1999),该数值模式已用于解决一系列行星际物理过程,如高速流与低速流的相互作用、CME在有结构太阳风中的传播、激波引起的日球层电流片褶皱、CME传播引起的行星际磁场褶皱等。该模式集成在美国国家科学基金委员会重点支持的、以Boston大学牵头联合几个大学组成的空间天气集成模型中心(CISM)的空间天气集成模式中。

行星际扰动在日地空间的传播作为太阳风MHD数值模拟的热点问题,已经发展了各种MHD模型来模拟扰动的传播,然而这些模型都面临着如何真实反映扰动传播的三维特性,以及如何将理论模型转化为用于实时预报的业务模型的难题。

5.3.2.3 太阳高能粒子事件预报

太阳能量粒子事件(SEP)的短期预报可估计在今后几小时到几天内事件发生的概率、预期的峰值通量、峰值发生的时间、总流量和事件持续的时间。目前,主要的预报方法是根据太阳黑子群的磁型、射电缓变辐射频谱、光学耀斑频次等先兆、卫星观测的太阳X射线流量与太阳成像等;另一种方法是人工神经网络法。

(1)PROTONS模式和PSS模式:由于受CME预报的限制,目前尚无能力提前1到几天预报SEP。即便SEP已经发生,峰值通量的预报也只能精确到一个量级之内。美国使用的经验预报模式主要有两个:SWPC的预报模式(PROTONS)和美国空军发展的质子预报模式(PSS)。这两个模式的缺陷是用X射线耀斑代表SEP,不能预报激波引起的质子通量增加。

PROTONS模式的输入是实时或准实时的观测,包括:

①GOES:10~80 nm时间积分的太阳X射线。

②GOES:10~80 nm的X射线的峰值通量。

③美国空军太阳光学观测网络观测到的耀斑的日球纬度和经度。

④美国空间射电太阳望远镜网络观测到的太阳射电暴数据。

⑤Ap指数。

⑥SWPC编制的最近的太阳活动水平。

输出包括:SEP发生概率、开始时间和最大通量时间以及峰值通量的大小。

PSS模式仅使用GOES的10~80 nm的X射线流量。

(2)人工神经网络方法:由于对太阳质子事件形成的机理及其在日冕与行星际空间的传播过程尚不清楚,质子事件又是相对稀少的事件,不适合做大量的统计工作,而神经网络方法又具有避免大量人工繁琐的统计工作的优点。通常采用前馈神经网络和BP算法。

用BP模型开展的太阳质子事件模型试验结果表明,用神经网络法作太阳质子事件有或无的警报,总的预报准确率可大于85%,甚至达90%。如果仅讨论有质子事件的警报,则预报准确率为81%,可成功地用于实际警报工作。错误警报的原因主要由于对小活动区产生的较弱的射电爆发相伴的质子事件,以及对大活动区无质子事件的高射电爆发作了偏低或偏高的警报。对质子事件流量峰值的等级或范围预报的预报准确率仅有54%,较大的误差来源于对质子耀斑机制缺乏了解,以及某些警报因子数值化的误差。此外,由于对太阳爆发产生的质子流通过日冕和行星际空间的物理定量关系知之甚少,缺乏地球轨道上不同点对同一次事件的测量,试验对于质子事件的迟至时间的警报并不成功。

5.3.3 磁层天气预报

5.3.3.1 地磁暴的预报时间尺度

(1)地磁活动的中期预报:提前27 d左右的地磁活动预报。在太阳活动的高年,日冕物质抛射爆发频繁发生,导致的地磁扰动出现的频率也较高。由于日冕物质抛射预报的难度很大,由日冕物质抛射导致的地磁扰动预报比较困难,因此,太阳活动高年地磁活动的中期预报非常困难。而在太阳活动的低年,日冕物质抛射事件很少,冕洞发出的高速太阳风进入行星际空间之后,与背景低速太阳风相互作用产生的共转相互作用区可导致磁暴的发生。通常认为,冕洞随太阳做刚性自转,即随太阳自转 27 d 后将回到影响地磁活动的位置,可见冕洞对地磁活动的影响有 27 d 左右的周期。有些冕洞的寿命很长,可以超过半年。在太阳活动的低年,可以利用冕洞的特征进行地磁活动的中期预报。

(2)地磁活动的短期预报:提前 1~3 d 的地磁活动预报。地磁活动的短期预报通常指已知太阳活动的信息,对太阳活动可能在 1~3 d 之后导致的地磁活动进行预报,称为地磁活动的短期预报。可引起磁暴的太阳活动有两类:①冕洞;②日冕物质抛射。当看到日冕中心有冕洞时,可以预测 2~3 d 后可能会出现磁暴。如果太阳上出现日冕物质抛射事件,则需要依据日冕物质抛射的速度和对地性进行地磁暴的短期预报。

(3)地磁活动的警报:提前 1~3 h 的地磁活动预报。在太阳风到达磁层前,利用卫星对其进行探测,依据探测到的太阳风特征,对其可能引起的地磁效应进行预测。由于在日地引力的平衡点 L_1 点有太阳风的探测,该点离地球的距离约为 150 万 km,太阳风从 L_1 点到达磁层需要几十分钟到 1 个多小时。具体时间取决于太阳风的速度。

5.3.3.2 地磁暴的预报方法

(1) 地磁的短期预报:地磁的短期预报有两种预报方法。

地磁活动短期预报方法一:Yurchyshyn 等(2004)通过对历史数据的统计分析,得出 CME 的初始速度 v(km/s)与该 CME 在 L_1 点产生的行星际磁场的南向分量 B_z(nT)之间有下列关系

$$B_z = 9.3 + 0.6\exp(v/400) \tag{5.13}$$

他们认为,Dst 指数与 B_z 之间存在下列关系

$$Dst = -2.846 + 6.5B_z - 0.118B_z^2 - 0.002B_z^3 \tag{5.14}$$

这种方法的缺点是,利用日冕物质抛射的初始速度对其在 L_1 点磁场的南向分量进行的估算存在很大的问题。此外,他们对磁暴的强度进行的预报表达式中,认为磁暴强度只与行星际磁场的南向分量有关,这里忽略了很多其他因素,如太阳风的密度、压力以及磁层的状态等。因此,利用这种方法进行地磁暴的短期预报准确率不会很高,它只能作为预报的一种参考方法。

地磁活动短期预报方法二:在实际观测中我们也注意到,太阳风的速度也是影响磁暴的一个重要参量。因为太阳风电场是太阳风磁场南向分量与太阳风速度的乘积,太阳风动压也与太阳风速度有关,此外,行星际磁场与太阳风速度之间存在一定的关系。因此,Srivastava 等(2004)分析了 1996—2002 年期间 64 个大磁暴($Dst < -100$ nT)事件,他们发现磁暴指数 Dst 和 CME 的初始速度的相关系数为-0.66。因此他们认为,可以直接利用 CME 的速度来进行地磁暴的预报。Gonzalez 等(2004)建立的采用 CME 的初始速度进行地磁暴预报的公式如下:

$$Dst(\text{peak}) = 5.2 \times 10^{-4}(0.22v + 340)^2 \tag{5.15}$$

他们利用式(5.15)对 13 个全晕 CME 事件产生的磁暴进行了预报,预报结果比较理想。存在的问题是,CME 的形态相差很大。此外,仅依据 CME 的速度进行的地磁暴预报,其准确率还需要进行进一步的检验。

(2)地磁暴的警报:磁暴的警报需要依赖 L_1 点实际的太阳风数据。Gonzalez 等提出过一个利用太阳风的数据进行大地磁暴警报的判据,即 L_1 点太阳风的磁场南向连续 3 h 超过 10 nT(以下简称为南向事件),就会引起大磁暴,或者太阳风电场连续 3 h 超过 5 mV/m,就会引起大磁暴。高玉芬等(2000)的研究表明,所有大磁暴的太阳风条件都是南向事件,但南向事件不一定引起大磁暴。

到目前为止,已经有多个利用 L_1 点的太阳风数据进行地磁暴的警报的预报模式。

研究认为,环电流对于 Dst 指数的贡献是最主要的,并且在磁暴主相期间,环电流是不对称的。Dst

指数的变化可理解为赤道环电流中粒子动能的量度，他们之间的关系为：

$$\frac{Dst^*(t)}{B_0} = \frac{2E(t)}{3E_m} \tag{5.16}$$

其中 B_0 和 E_m 分别为地球表面磁场强度和地球表面以上空间中地磁场的总磁能；$E(t)$ 为 t 时刻环电流中带电粒子的总动能；Dst^* 为经过动压修正的 Dst 指数，即从 Dst 指数中扣除磁层顶电流的贡献，方程为：

$$Dst^* = Dst - b\sqrt{p} + c \tag{5.17}$$

其中 p 为太阳风动压；b 为比例常数，表示压强变化与 Dst 变化之间的关系；c 为常数，表示磁层顶电流和环电流在平静时的影响。它的短时变化可以简单的认为由注入项和衰减项两项组合而成，设注入项为 U，衰减时间为 τ，则：

$$\frac{\mathrm{d}}{\mathrm{d}t}E(t) = U(t) - \frac{E(t)}{\tau} \tag{5.18}$$

B_0 和 E_m 可以认为是常数，将式(5.16)代入式(5.18)，得到

$$\frac{\mathrm{d}}{\mathrm{d}t}Dst^*(t) = Q(t) - \frac{Dst^*(t)}{\tau} \tag{5.19}$$

这里 τ 和 $Q(Q=2B_0U/3E_m)$ 分别为环电流的衰减时间和注入项。对环电流的注入过程和衰减过程，已有很多的研究成果。基于一阶微分方程的各个 Dst 预报模式对 τ 和 Q 的计算方法各不相同。

(3) 人工智能算法：人工智能技术应用开始于 20 世纪 50 年代。20 世纪 80 年代以来，随着计算机性能的大幅度提高，人工智能算法才取得重大突破，在模式识别、数据处理及自动化控制等领域中迅速推广。目前，在地磁学科，包括空间物理研究，特别是在空间天气预报中，人工智能算法得到了较广泛的应用。

神经网络是非线性智能算法中很最重要的分支。人工神经网络之所以如此受重视，是因为它是由大量处理单元广泛互联而形成的网络，它是在现代神经生物学和认知科学对人类信息处理研究成果的基础上形成的一门非线性科学，它具有较强的历史记忆及存储、整理能力。在国际上，许多学者(Wu 等 1996；Kugblenu 等 1999)利用神经网络研究对磁暴、Dst 指数等的预报。

神经网络对地磁扰动过程的学习和认识是通过学习输入与输出现象之间的联系来完成的，所以对于很接近灰箱系统的日地扰动过程比较有效。同时，它又表现出一定的智能性，使得能够对它的预报结果做出合理的解释。

早在 1992 年 Lundstedt(1992)提出并将神经网络应用于日地扰动过程的预报，至今这一领域的研究取得了很大的进展，例如：Hemandez 等(1993)用非线性前向传播神经网络模型 2.5 min 分辨率的行星际晨昏电场作为输入，提前 15 min 预报 AL 指数。吴建国等用带反馈的 BP 模型，以时均值太阳风参量作为输入，提前 1 h 预报磁暴指数 Dst，预报与观测之间的相关系数可达 0.91。这些工作主要是对地磁指数本身进行预报，可以称为指数预报。由于预报问题本身的特点，准确地预报未来地磁指数的变化细节，特别是提前量较大(如几小时或更长)的预报是很难实现的。而且预报结果的误差会随预报提前量的增大而显著增加。

为了避免上述矛盾，同时也考虑到地磁扰动预报的实际需求，周晓燕等(1998)采用人工神经网络模型与阈值预报策略相结合的方法，重点对灾害性大磁暴的发生进行预报，网络输入包括 10 个太阳风参量：行星际磁场的 3 个分量和横向分量 B_T，磁场的大小 B 和角 θ 及 $\sin\theta$，太阳风速度、密度和温度。太阳风-磁层耦合的研究已表明，太阳风中对磁暴活动起着控制作用的关键参量是晨昏电场和太阳风动压。而 Akasofu 根据观测提出的半经验能量耦合函数 ε，也能够较好地拟合太阳风向磁层的能量输入。所以，输入的太阳风参量中还包括上述的 3 个组合参量，共计 13 个输入参数。同时，磁层物理研究也表明，磁暴与亚暴之间存在着一定的联系，并且磁暴当时的状态不但与其发展的历史过程有关，而且与亚

暴的产生和发展有关。因此在输入参数中还要加入地磁 AE 和 Dst 指数。以 0 或 1 为输出，当输出达到或接近 1 时，意为 4 h 之后将有一个大磁暴发生或更确切地说，将有一个大磁暴主相的开始。输出为 0 时，即为在非磁暴时段。

所谓阈值预报即是预报未来几小时(如 4 h)之后将会发生一个强度超过某个阈值(如－120 nT)的磁暴。在神经网络输入输出模式的构造中,周晓燕等(1998)先将磁暴按 Dst 极小值的大小分成不同的强度,其分级标准称为阈值。先进行阈值分类,然后用神经网络模拟提前 4 h 预报大磁暴主相发生的时间。另外,王亶文(2000)选用 FF_2BP(向前反馈的 BP) 神经网络以 30 多个急始型大磁暴发生期间的太阳风参数和行星际磁场资料，以及计算出的太阳风动压和电场的资料，与磁暴指数 Dst 组成网络的训练对,发现训练结果与网络模型有关，与所采用的与磁暴有明显关系的参数多少有关。

尽早地对灾害性事件进行预报,不仅是用户的实际要求,也是目前预报方法研究正在探讨的问题。由于太阳风从日地间拉格朗日点传播到达地球磁层顶的时延约为 1 h,因此以该点上的太阳风观测资料作为预报模型的输入,其指数预报结果的提前量无法超过 1 h。因此设想能否通过学习,使神经网络模型对正在来临的太阳风结构有一定的认知能力,从而达到提前预报的目的,这是非常有应用前景的。Chen 等(1997)也提出了类似的思想,即用模型识别技术辨识具有较强的磁效应的太阳风结构,从而进行阈值预报。

最后,采用神经网络模型，先选择适当的输入量,Wu 等(1996)采用的是 Elman 网络,用的资料仅为 B_z,n 和 v。试验多组参量组合:(B_z,v);(B_z,B,v,n,T);(B_z,B,v,n,T,nv^2,B_zv)。结果是采用最后组合为最佳，与 Dst 在物理上相关较好的参量多些为好(王亶文 2000)。

5.3.4 电离层天气预报

5.3.4.1 电离层预报现状

目前,在国际上开展电离层天气预报服务的主要有欧洲、澳大利亚、美国等地区和国家。

(1)欧洲:这一工作是由欧洲 20 个国家合作的 COST251 计划所完成的,由设立在波兰华沙的欧洲电离层发布中心(IDCE)、英国的卢瑟福阿善尔顿实验室、意大利萨拉姆国际理论物理中心等处网站上予以发布空间天气预报。

COST251 给出了欧洲地区(10°W～90°E,30°～70°N)未来 24 h 内 f_oF_2,$M(3000)F_2$ 和 TEC 的短期预报值(整点)。以等值线数字地图的形式直观的给出。作为比较,在事后还给出这一地区 23 个电离层垂测站的实测值。

(2)澳大利亚:依据电离层当前的观测数据,给出下一个小时某一地点的通信频率的区域预报值,它是由澳大利亚空间天气局 IPS (Radio and Space Services) 负责发布,每小时更新一次。IPS 同时还发布根据电离层实测数值所换算得到的当日 T 指数,并给出它与预测的 T 指数的月中值之差。

(3)美国:主要由海洋大气局空间天气预报中心(SWPC)发布电离层的近实时观测值和预报值。西北联合研究公司(Northwest Research Associates Inc.)据此发布等效太阳黑子数(NWRA SSNe)。对电离层通信有重要影响的电离层暴的预报,SWPC 发布暴时电离层经验模式,给出全球范围的电离层 f_oF_2 修正因子。

5.3.4.2 电离层预报进展

欧洲国家在欧盟科学和技术研究领域合作组织的支持下,从 20 世纪 90 年代初开始,十年时间组织了 COST 238 和 COST 251 两个合作计划。从 2000 年开始,又进行了新的 COST 271 计划“高空大气对地面和空间通信的影响”,其目标是继续发展预报电离层逐日逐时变化的方法,特别是顶部电离层的预报,为先进的地空通信系统,包括导航系统和低轨卫星星座系统服务。在美国，主要是在 NOAA,NASA 和空军的支持下,由大学和研究机构进行。其中有犹他大学开发的电离层同化模型 AIM(Assimilation Ionospheric Model)和电离层测量的全球数据同化(Global Assimilation of Ionospheric Measurements,GAIM)模型。

目前,电离层预报主要进展表现在两个方面:一方面是各种电离层模型的改进和完善,包括经验、半经验和物理模型,适用于全球、区域和局地的模型,初步解决了暴时电离层状态的描述和预报。另一方面,是包含电离层天气信息的观测数据的大量获取和实时采集,为电离层天气预报创造了良好的观测基础。随着空间探测技术的发展,特别是全球定位系统 GPS 接收机的广泛应用,给全球电离层观测和建模预报带来了革命性的变化。GPS-TEC 的观测和分析技术能以 30 s 的采样频率给出全球范围内斜向和垂直电离层总电子含量的密集数据。GPS-LEO 掩星观测和分析技术能得出高精度的电离层电子密度垂直剖面。现代计算机和通信技术的迅猛发展,使得大容量数据的实时获取和高精度实时计算成为可能。在此基础上,产生了用于电离层短期预报的人工神经网络法、电离层三维时变层析技术、电离层数据同化技术等。

近十年来,电离层天气预报的发展趋势是:从长期预报向短期预报和实时预报发展;从电离层宁静状态向电离层暴时状态发展;从预报电离层参数(f_oF_2,$M(3000)F_2$,TEC 等)向电离层剖面发展;从电离层(60～1000 km)向电离层/等离子层(60～20 000 km)发展。未来的国际重大研究活动和研究计划(如国际极年(IPY)2007—2008 年、电子地球物理年(EGY)、日地系统的气候和天气(CAWSES)计划等)将进一步促进空间天气数据的获取和建模,电离层天气的建模和预报工作将会得到迅速的发展。

5.3.4.3　电离层几种主要预报方法

(1)f_oF_2 短期预报的自相关函数法:把电离层特征参数 Z 的小时值排列成为一个时间系列的函数,采用线性滤波器的方法,某一时刻 t 的值(预报值)可表示为 n 个测量值的加权平均值。

$$Z(t) = \sum_{j=0}^{n-1} \lambda_j Z_j \tag{5.20}$$

把 $Z(t)$看做是一平稳随机过程,其中加权系数 λ_j 可以通过 $Z(t)$的自相关函数 $\rho(t)$计算得到。它们满足下列线性代数方程:

$$\sum_{j=0}^{n-1} \lambda_j \rho(t_i - t_j) + \mu = \rho(t - t_i) \qquad (i = 0,1,2,\cdots,n-1) \tag{5.21}$$

若已知 $Z(t)$的自相关系数 ρ,则解上述 $n+1$ 个线性代数方程组,可得 λ_j 及 μ。代入式(5.21)可得到 t 时刻的预报值。

自相关函数的优点是利用电离层以往的实测数据进行预报,不需要其他的日地物理数据,并且直至提前 24 h 的预报均有较高的精度。其不足之处是不能及时预报出电离层暴。

(2)f_oF_2 短期预报的多元线性回归法:认为未来时刻 f_oF_2 与中值的偏离不仅与已有的 f_oF_2 观测值有关,而且还与 Ap 指数有关:

$$\Delta f_oF_2(UT + n) = C_0 + C_1 \Delta f_oF_2(UT) + C_2 Ap \tag{5.22}$$

$$\Delta f_oF_2 = \frac{f_oF_2 - f_oF_{2中值}}{f_oF_{2中值}} \tag{5.23}$$

其中 $f_oF_{2中值}$是滑动中值。

利用大量的观测数据进行训练,用通常的多元线性回归法可定出系数 C_i。

(3)人工神经网络法:人工神经网络法的特点是网络的输入-输出映射是非线性的,这与前面两种是线性关系的有所不同,Cander 等和 Tulunay 等采用人工神经网络方法对 f_oF_2 进行了提前一个小时的预报。

(4)暴时电离层经验修正模型:暴时电离层经验修正模型认为,

$$f_oF_{2修正} = C_f \cdot f_oF_{2平均}$$

其中 C_f 为标度因子,它与地磁就 Ap 指数在以往 33 h 内的加权滤波积分有关,同时 C_f 还与观测点所在的地磁纬度和季节有关。

利用43个电离层暴期间全球75个电离层观测站的数据，按地磁纬度和季节进行分组统计，构建了暴时电离层的经验模型，并有一个专门的计算机程序来计算标度因子 C_f。目前，这一程序亦包含在国际参考电离层 IRl2000 之内。

(5)区域电离层的预报——等效太阳黑子数：前面所叙述的方法都是关于单站的短期预报方法，对于如何预报一个区域的电离层，通常有两种途径：①如果已知本区域内足够多的点的预报值，那么，可以选用某种方面来构造这一区域上的数值地图。Edwards、Rush 和 Edwards 提出了有关的拟合方法，Matheron，Davis，Oliver and Webster 提出了 Kriging 插值法。②引入所谓的等效太阳黑子数 SSNe，它的定义是，对于一种以太阳黑子数为输入量的电离层 f_oF_2 模型，与此区域内一组实测的 f_oF_2 相对应的等效太阳黑子数就是能使所有模型计算出的 f_oF_2 和实测值之间的平均偏差为零的那个太阳黑子数。其早期的思想可见 Liu 等(1983)，对应用 CCIR 430 号报告进行电离层预报时导出了一与全球等效太阳黑子数。西北研究合作公司的等效太阳黑子数 NWRA SSNe 就是用中纬度台站一天的 f_oF_2 观测数据为基础，依据全球电离层模型 URSI—88 模型所导出的。澳大利亚 IPS 用类似的原理给出每天的 T 指数。利用 SSNe 或 T 指数，通过相应的电离层模型就可以给出全球的或某一地区任何一点的 f_oF_2。

5.3.4.4 电离层同化模型

Anderson 等把5种物理模型与观测结果(中纬度地区和地磁宁静的4种情况)进行了比较，其结论是从某一种标准电离层的运行尚不能得到可靠的定量预报，要想得到可靠的电离层预报必须要用到数据摄入技术。Sojka 等的研究指出，如果在模型的驱动因子中包含了观测的天气信息，那么，就可以得到很好的电离层特性。这就是电离层同化模型的关键思想。Schünk 等(2004)提出了电离层观测量的全球数据同化(GAIM)模型。它是以电离层-等离子层物理模型和卡尔曼滤波器为基础，对各种各样的实测数据进行同化。这些数据包括卫星本地测量、测高仪电子密度剖面、掩星数据、地基 GPS 总电子含量、层析链所得到二维电离层密度分布、卫星 UV 测量等，它可以提供全球、区域或局地网格点上的具体数值和预报值，主要是从 90 km 至同步高度(35 000 km)上三维电子密度分布的连续重构。GAIM 模型也输出各种参数，包括 N_mF_2，h_mF_2，N_mE 和 h_mE，垂直和斜向 TEC，还能给出电离层驱动因子(中性风和密度、磁层和赤道电场、电子沉降)的全球分布。GAIM 的另一个特点是能给出重构电离层密度的精度估计。

5.3.5 中高层大气预报

中高层大气天气预报是对未来一定时段内中高层大气参量(密度、温度、风场和大气成分等)的结构分布和扰动进行预测和报告。中高层大气层是航空、航天飞行器和高新武器的主要飞行环境。人们逐步认识到，由于对大气参数估算的偏差，将严重影响导弹的命中精度、卫星和飞船的安全发射、在轨寿命及顺利返回。在运载火箭发射中，阵风会改变火箭的姿态和飞行方向，影响正常入轨，风切变会产生剪切力，对火箭造成共振破坏，导致发射失败，大气中的氧原子成分对航天器表面产生化学腐蚀和剥离。所以，在飞行器的设计、性能计算、武器系统研制、靶场实验、卫星和飞船的发射和返回中，都要充分考虑大气参数的平均状态和变化范围。因此中、高层大气空间天气预报是军事空间天气保障的重要手段之一。

5.3.5.1 预报分类

中高层大气天气预报按时间尺度可以分为实时预报、短期预报和中长期预报。其中实时预报主要依赖于中、高层大气的实时监测。而短期预报和中长期预报必须结合观测资料和合适的理论模型。

5.3.5.2 预报方法

目前的中、高层大气天气预报主要是利用大气模式，输入一些已知的大气参数，对未来一定时段内中、高层大气参量(密度、温度、风场和大气成分等)的结构分布和扰动进行预测。

(1)大气模式：大气模式是指大气状态和变化过程的模型，可小至几米，大至全球尺度。大气模式是以数学物理方程组表示的理论模式；或者是以观测资料为基础的统计模式。理论模式通常是对描述某种大气过程的微分方程组加以修改和简化，考察所涉及的各个变量的效应。因为做了一些假定和简化，所以在细节上模式不能与原型完全相符。在大多数大气过程中，有关变量数目很多，它们的相互关系很复杂，因此只能把模式看做是原型的初步近似，尽管如此，模式研究是能找到某一过程主要因子的。统计模式是以大量观测资料为基础，经过数学处理后给出图表、公式或计算机程序、数组。通过它可以查到不同条件下，各大气结构参数的时间和空间分布。大气模式可以分为经验模式、半经验模式和理论模式。这些模式除了用于科学研究外，还可广泛用于航天和国防部门。

(2)经验模式：主要的经验模式有标准大气(Standard atmosphere)：在遵从理想气体定律和流体静力学方程的条件下，假设的一种大气温度、压力、密度的垂直分布。它粗略地代表了中纬度的年平均状态。国际标准化组织(ISO)把美国的1976年标准大气50～80 km部分作为暂定标准。80 km以上还没有国际上承认的标准。应用标准大气的典型例子是气压高度计的校准、飞机性能计算，飞机、火箭设计，编制弹道表，气象图解等。

(3)半经验模式：主要的半经验模式有四种。

①参考大气(Reference atmosphere)模式：以理想气体定律和流体静力学方程为基础，假设的代表地球上各种地理条件和季节条件的一组大气温度、压力、密度的垂直分布。现存的参考大气数目很多，根据各种特殊用途，都编制了各自的平均参数表。其中能够应用到全球的有"空间研究委员会国际参考大气"(CIRA 1972)，其高度范围为25～2000 km。对于均质层而言，参考大气比标准大气更接近实际。

②佩佐尔特模式(Paetzold's Model)：佩佐尔特(Paetzold M. K.)于1962年提出的一种高层大气模式。它与尼古莱模式不同之处在于这种模式没有作扩散平衡的假设。他利用从卫星阻力测量得到的密度剖面和从火箭测量得到的平均分了量计算出温度剖面，并包括高层大气每种热源所对应的温度剖面和密度剖面。

③国际空间委员会国际参考大气(COSPAR International Reference Atmosphere)模式：国际科联(ICSU)空间研究委员会(COSPAR)第四工作组继CIRA1961和CIRA1965之后，于1972年完成了第三个国际参考大气"CIRA1972"。这个模式给出了空间研究最关心的25 km以上高层大气的、适于全球的模式。第一部分给出25～500 km平均大气的单值连续剖面；第二部分给出25～110 km高度范围内温度、压力、密度和风随纬度、高度和月份变化的详细图表；第三部分给出与外层温度500～2200 K相对应的、110～2000 km高度范围内的大气剖面，并给出考虑太阳活动效应、地磁效应、周日变化、半年变化、氦迁移等不同类型变化的解析表达式及计算机计算程序。

④质谱计-非相干散射雷达大气模式(MSIS Model)：它是用于热层大气氮分子密度、温度、成分的一种统计模式。赫丁(Hedin A. E.)等以雅克奇亚(Jacchia L. G.)的温度剖面和沃克(Walker J. C. G.)的密度剖面为基础，用卫星质谱计所测中性气体成分的数密度和非相干散射雷达所测的温度资料编制而成的时间、空间覆盖较宽的统计模式。

(4)理论模式 ：主要的理论模式有两种。

①尼古莱模式(Nicolet's Model)：尼古莱于1961年提出的第一个高层大气静态模式。他以连续性方程、运动方程、能量方程和状态方程为基础，假设大气的主要成分从120 km开始达到扩散平衡，在120 km取固定边界条件，由理论和经验得到一个温度随高度变化的函数关系，作出了这个静态的模式大气。尼古莱模式代表了不用计算机所能完成的高层大气密度的最详细的计算。

②大气环流模式(General circulation model; GCM)：又称显式动力模式，能描写大气三维状况演变的数学计算方案的总体。借助高速计算机，可在给定的外部强迫作用(如太阳辐射强度、海面温度)下，从任意给定的初始场出发，计算出大气状态数月的演变，以进行气候模拟。也可以根据实测的初始场做短、中期的数值预报。它力求逼真地表现大气运动中各种重要物理过程及其相互作用。模式的范围达到全球，水平分辨率100 km左右，垂直分辨率达1 km左右。

中高层大气空间天气预报的发展，依赖于中高层空间探测技术的发展、观测资料积累和理论模型的完善，由于技术和理论上的复杂性，目前业务化的中、高层大气空间天气预报能力只有少数空间大国才具备。

未来中、高层大气空间天气的预报主要是发展高精度和高效率的半经验模式，力求做到实时的、具有全球覆盖的中、高层大气参量预报。这一方面要求不断发展新的探测技术，获取更精确的中、高层大气参数；另一方面，要求不断完善中、高层大气的理论模式。

5.4 美国的空间天气业务预报

5.4.1 空间天气机构和预报能力

美国的空间天气服务主要由 NOAA 下属的 SWPC 和美国空军(USAF)天气局提供，两者紧密合作，分别满足民用和军用的需求。SWPC 利用多种数据资源，包括天基和地基数据来为民间用户和商业用户提供预报、监视、预警、警报、综述和业务性的空间天气产品。SWPC 关于太阳活动、上游太阳风状态以及地球空间环境的信息，主要来源于 NASA 的 ACE 卫星、NOAA 的 GOES 和 POES 卫星，磁力计以及 USAF 的太阳观测网；次要来源包括 SOHO 卫星、STEREO 卫星和许多地基设备。尽管少量的、不稳定的预算投入(每年大约 6 百万～7 百万美元)限制了其能力，但 SWPC 的用户仍呈稳定增长态势，甚至在太阳极小年，太阳活动水平低的时候也是如此。USAF 在空间天气方面则专注于提供实时空间天气环境的状态，以及评估空间天气对国防任务中不同部门的影响。USAF 使用的是 NOAA 的数据，同时结合其自有设备，如国防气象卫星、通信/导航中断预报系统、太阳能光电网、数字电离层探测系统以及 GPS 网。

NASA 是美国国家级空间天气机构的第三个重要成员。虽然 NASA 更偏向于科学而不是业务机构，但 NASA 的科学任务(如 ACE)提供了关键的空间天气信息，NASA“与星同在计划”的研究目标和技术与业务相关。NASA 开发的产品也考虑进行由科研转向业务，包括传感器技术和可转化为业务工具进行预报及状态描述的空间天气物理模式。

其他关键的美国国家级空间天气机构的成员还包括太阳和空间物理研究团体，以及新兴的空间天气商业机构。这部分成员在模式开发方面的努力尤其重要。

虽然预报的重要性对不同的行业会有所区别，但国家级空间天气机构的重要职能之一是提供可靠的长期预报。通过误报率极低的 1～3 d 预报，不同的用户都能采取行动减轻即将到来的太阳扰动造成的损失，将经济影响最小化。目前，SWPC 预报空间天气事件发生概率的水平不尽相同。例如，SWPC 可以提前 1～3 d 预报地磁暴或 X 级耀斑的发生概率，具有中等置信度，但其预报更短(小于 1 d)或长期的电离层扰动的能力还很贫乏，而电离层扰动信息对 GPS 用户极为重要。SWPC 已经明确了一些关键步骤来提高它的预报能力，如使之能够提供高置信度的长期和短期的地磁暴预报及电离层扰动预报。这些步骤包括确保 L_1 点存在有效的太阳风监测器，将科研模式(如日冕物质抛射的传播模式，地球空间辐射环境模式，磁层、电离层、中高层大气耦合系统模式)业务化，以及开发精确的 GPS 预报和修正工具。对 L_1 点的太阳风监测器的需求尤其重要，因为 SWPC 唯一的实时上游太阳风和行星际磁场数据源——ACE 卫星已经超期服役，但目前并没有可取代 ACE 卫星的数据源。

5.4.2 目前美国主要的业务预报模式

空间天气模式是各种空间天气预报方法的计算机代码实现，是当前空间天气业务中重要的客观定量预报手段。美国国家空间天气发展计划非常重视空间天气预报模式的开发和转化工作，极大地推动了各种预报模式在业务中的应用。本节主要介绍在美国空间天气预报中心和美国空军第 55 中队使用的业务化空间天气模式。

5.4.2.1 美国空间天气预报中心的业务模式

(1)质子模式：当观测到太阳活动时，可用质子模式预报太阳质子事件当时的参数和强度。模式输入 GOES 1—8 Å 软 X 射线观测资料和地基太阳电光网的观测资料(包括射电爆发分型：Ⅰ型和Ⅱ型，太阳耀斑位置)。模式预报能量大于 10 MeV 的质子通量的最大强度以及最大强度的延迟和开始时间。

模式的建立利用了粒子传播方程的参数化解，并与太阳和高能粒子的实际观测资料进行拟合。

(2)Wang 和 Sheeley 模式：Wang 和 Sheeley 模式在 SEC 用于提前 3～4 d 预测背景太阳风和行星际磁场(IMF)的极性。现有预报模式是原始 Wang 和 Sheeley 模式的改进版。该模式采用传统方法，依据太阳以前旋转的光球层磁照图，逐日预报 1 AU 处太阳下一转的光球层磁照图。Arge 和 Pizzo 修改了在 SEC 使用的 Wang 和 Sheeley 模式，使之具有可以利用太阳光球层最新磁场资料的优点，尽可能经常更新磁照预报图。

(3)磁层描述模式(MSM)：磁层描述模式是由赖斯大学建立的业务模式。该模式利用地磁指数作为输入资料，业务使用时每 3 h 运行一次，提供回顾的和实时的磁层内层和中层带电粒子通量图。从卫星和地面站发来的资料输入驱动模式，主要输入参数包括 Kp 指数、远离磁层顶距离、极盖位势陷落、极光边缘指数和磁扰暴时间指数。此外，模式还能在减少输入资料的情况下运行，若有必要，单独输入 Kp 指数也能运行。模式的设计能力是确定使空间飞行器带电的能量范围在 100～100 000(100 k)eV 的电子通量。

(4)预测 Kp 指数的 Costello 模式：该模式使用 ACE 实时太阳风资料预测 Kp 指数。现有的预报算法是 Costello 神经网络(CNN)算法(Kirt Costello，PhD Thesis，Rice University，1997)。对于每一 Kp 指数输出，CNN 的输入包括相邻 1 h 的三个平均太阳风参数：速度 v、行星际磁场大小 B_t 和行星际磁场南向分量 B_z(采用 GSM 坐标系)。

5.4.2.2　美国空军第 55 空间天气中队的业务模式

(1)质子预报系统(PPS)：PPS 用于模拟太阳表面爆发高能事件(如与耀斑有关的事件)时被加速的质子，但其不可模拟向地球传播的行星际激波中发生的质子加速。该模式可计算太阳发生重大耀斑事件后，预期到达地球的太阳质子的时间-强度剖面。预测的量包括质子、α 粒子和离子核。预测是根据耀斑在太阳中心坐标系中的位置、太阳 X 射线和无线电输出的强度作出的。在模式建立过程中，利用许多卫星的观测资料，建立了耀斑事件中的太阳输出与高能太阳粒子通量之间的数学关系。模式输入为太阳耀斑发生的时间、位置和强度。耀斑强度用 X 射线和无线电波的辐射强度表示。模式输出包括极盖"相对电离层吸收仪"出现的最大值及其时间、高空辐射剂量级别及其时间、飞船舱外活动(EVA)辐射剂量级别及其时间、质子(密度大于 10/cm^3，能量大于 5，10 和 50 MeV)最大通量及其出现时间以及总能量密度。

(2)太阳风激波到达地球时间(STOA)模式：该模式根据 X 射线和无线电波资料预测太阳风激波到达地球的时间。STOA 是由三维磁静力学模拟导出的物理模式。模式输入是太阳耀斑发生的时间、位置、Ⅱ型无线电爆发速度、太阳风背景速度、以 X 射线辐射表示的耀斑强度和衰变时间。模式 3 h 一次输出包括太阳风激波到达观测者处的时间、激波速度(马赫数)、总传播时间和二维激波锋面图。

(3)磁层描述模式(MSM)：参见美国国家空间天气预报中心业务模式相关部分。

(4)磁层描述和预报模式(MSFM)：该模式基于基本物理原理提供磁层状况的临近预报，有助于实时预防和诊断空间飞行器由于充电和其他空间环境因素引起的故障。该模式还能预报地球静止轨道高度的低能电子通量。

MSFM 预报的近地磁层状况主要为能量在 100 keV 以下的内磁层电子、质子和 O^+ 离子通量。这些信息对在轨运行的卫星很有价值。模式会告诉地面测控人员卫星可能会遇到诸如电子和通信设备受损，卫星表面充电等问题。该模式的价值在于能解释空间环境，确定何种空间环境状况会造成卫星暂时中断工作或故障。一旦问题原因被查明，测控人员就能找出解决问题的办法，继续从卫星获取资料。

(5)磁场模式(MFM)：地球磁场通常用"主"内磁场(对地核电流产生主要贡献的部分)和"外"磁场(主要对电离层和磁层电流产生贡献)之和来模拟。地球磁场主宰近地环境的行星际磁场称为磁层。模式计算订正的地磁坐标(CGM)以及地面上或近地空间某点的若干其他地磁场参数。磁层下面的地磁场是不变的国际地磁参考场(DRG/IGRF)。

(6)电离层活动指数(IACTIN)模式：该模式对某些区域的电离层活动指数进行修正。

(7)热层和电离层相互耦合模式(CTIM):该模式用于实时生成中高纬度电离层F层峰值电子密度(N_mF_2)和电子总含量(*TEC*)的修正图。为了校正包括强磁暴在内的地磁扰动效应,修正图设计成对给定的太阳辐射通量和季节与N_mF_2和*TEC*的气候值成比例。地磁扰动能引起大的区域性的电子密度的增加或减小,其分布依赖于季节和地方时。模式使用来自TIROS/NOAA极轨气象卫星测量的实时极光能量指数(PI)资料。PI是极光能量输入到一个半球的估计值,约每轨(1.5 h)更新一次。PI值由卫星资料计算而得,时间分辨率为45 min。该资料用于驱动物理模式,以更新电离层修正图。

(8)Bent模式:在第55空间天气中队,该模式利用详细的电子密度廓线资料进行电波传播射线跟踪,并用于计算*TEC*为雷达信号进行电离层订正,从而可以对卫星目标进行精确定位,发布威胁警报。该模式能高精度地计算折射所引起的雷达信号延迟和方向变化。建立Bent模式的资料收集于1962—1969年间,包括了太阳活动的最大和最小期。Bent模式输入资料包括世界时、发射/接收器位置、电波使用频率、空间飞行器高度及高度变化率、太阳辐射通量和太阳黑子数。Bent模式输出包括发射器上空的电子总量、垂直电子密度廓线与卫星和跟踪站路径上的电子总量。

(9)改进的极光预报模式(IAPM):该模式能连续监视极光沉降边界的地理位置以及相对于空军设备和系统的位置。国防气象卫星上的静电传感器SSJ/4资料或地磁指数Kp输入电子沉降模式得到极光及其边界图。该模式是交互式的,由人工启动或由一系列预先存贮的命令以宏指令的方式控制。用户可选择矩形网格、三角形网格、绘图网格以及诸如日期和时间等参数。

(10)增强的电离层参数廓线和通信回路分析(ICEPAC)模式:该模式可预测高频(HF)广播系统的性能,对一年四季、不同太阳黑子活动期、一天中不同时间和地理区域的HF广播的计划和运行非常有用。该程序包括预测HF天波系统性能的子程序和分析电离层参数的子程序。

(11)电离层通信分析和预报模式(IONCAP):该模式预测发送和接收端之间最高可用的通信频率(MUF)、最佳通信频率(FOT)和最低可用通信频率(LUF)。它是用于生成军事产品的若干个电离层气候模式之一,其数值系数是太阳活动最大和最小期时地理纬度的函数。

(12)参数化实时电离层描述模式(PRISM):建立该模式的最终目标是提高电子密度廓线、大气密度和极光扰动的描述精度。HF和卫星通信以及雷达导航的运行操作人员、关心卫星轨道预测的运行操作人员已运用空间天气实况和预测信息,更有效地管理着他们的空间资源。逐日的、大量的电离层观测资料能极大地减小模拟误差。实时输入电离层观测资料可改进PRISM的输出。PRISM是由计算物理公司(CPI)为第55空间天气中队开发的。目的是为国防部用户提供精确的实时电离层描述。电离层描述意指给定时刻的全球或区域电离层状况,使用电子密度廓线参数、实际电子密度廓线或二者共同来进行描述。PRISM最通常的应用是利用电离层某些参数的实时测量资料来更新电子密度廓线数据集。基于物理机制的、能模拟电离层各不同区域的专用软件用来生成该数据集。该模式能使用任何时刻的多种不同传感器资料。

(13)宽带模式(WBMOD):宽带模式又称射频电离层闪烁模式,用于计算频率在100 MHz以上地球上任意点与100 km高度以上卫星之间电离层闪烁参数随地球物理参数的变化。这些参数用于保障通信、指挥、控制、导航和监视等军用系统,这些系统依赖于无线电信号穿过电离层时的可靠性和低噪声传播。电离层密度的小尺度不均匀,可引起无线电信号振幅和相位的严重畸变。WBMOD用于评估和预测由这些不均匀引起的无线电波闪烁。该模式的建立基于对国防部核武器局(DNA)宽带卫星通信试验所得资料的分析。由于建立模式时资料覆盖范围有限(高纬度地区一个站,赤道地区两个站),对WBMOD的最近验证表明,该模式在许多地区是不完善的。

(14)Ramsey-Bussey电子总量(RBTEC)模式:该模式基于合理精确的预报参数计算电子密度廓线(EDP)。模式输出用于预测电离层延迟和折射引起的卫星跟踪雷达的测距和方位误差。模式可以预测0～1000 km高度范围内的电子密度。

(15)全球电离层预报模式(IFM):空军的全球电离层三维时变模式在快速计算、用户界面友好和可靠性方面是目前最先进的电离层预报模式。该模式预报全球电离层E层和F层的分子氧和离子氧密度以及离子和电子温度。模式还包括预测F层H^+离子密度的简化算法。模式输入包括全球中性大气密度、温度和风场分布、极光椭圆区电子沉降、磁层和发电机电场强度及磁层顶电子热通量。由于模式在结构上可调，该模式可以接受不同的全球输入形式，因此模式具有利用卫星或地基实时探测资料运行的能力。在目前的模式版本中，输入形式可选择，并能被简单的地球物理指数驱动。

(16)能量释放和辐射对卫星电子设备的效应模式(CRRESELE)：CRRESELE 用于将电子通量模式预报结果映射到用户指定的三维网格中。CRRESELE 分 10 个能量间隔(0.5～6.6 MeV)预报全向电子通量。CRRESELE 使用基于星载高能电子通量计资料建立的通量模式。CRRESELE 实际上是由 8 个不同的电子通量模式组成的。其中 6 个是用地磁资料参数化的。另两个模式一个用于预报平均状况；另一个用于预报电子最大通量。CRRESELE 的输入参数包括磁场模式选择、能量通道(在 0.65～5.75 MeV 电子能量间分 10 级)、地磁活动级别(Ap，AVE 或 MAX)。CRRESELE 的输出是三维格点的所选能量通道和地磁活动级别(包括 AVE 和 MAX)的质子通量(单位为 $cm^2/s/keV$)。CRRESELE 可认为是地球空间的一个科学模式，空军 Phillips 实验室将其发展成了一套工作站软件。

(17)能量释放和辐射对卫星辐射剂量的效应模式(CRRESRAD)：CRRESRAD 估算辐射沉积在单位质量材料上的能量。该模式预测在某一轨道、用户指定的时间间隔内防护铝板不同深度的辐射量。这种预测基于利用星载辐射剂量仪所积累资料建立的各种经验模式。粒子穿透不同厚度防护罩并在其下的硅探测器上累积剂量的最小能量对于质子分为 20，35，50 和 75 MeV 四档，对于电子分为 1，2.5，5 和 10 MeV 四档。地磁活动分为平静(1991 年 3 月磁暴以前)、活跃(1991 年 3 月磁暴以后)或平均(平静和活跃期资料的平均)。模式输入包括磁场模式选择、半球(南半球还是北半球)、通道(低能或高能)和地磁活动(平静、活跃或平均)。模式输出是对所选屏蔽深度和通道三维格点上的剂量率。CRRESRAD 也是地球空间的一个科学模式。

(18)CY88 的国际无线电科学联合会系数(URSI—88)：在国际无线电科学联合会领导下的一个工作组建立一套数字描述电离层 F_2 层全球变化的新系数。全球电离层参数月平均特性图是 25 年来在电离层建模和电波传播预测方法方面工作的结晶。根据 1966 年 Jones 和 Gallet 的工作，采用了国际无线电通信咨询委员会(CCIR)一套数值系数来表示 F_2 层月平均临界频率，在给定世界时 F_2 层的临界频率(f_oF_2)是能计算出来的。这些系数是通过全球 150 个电离层观测站 1954—1958 年观测资料的球谐函数分析确定的。1970 年，CCIR 采用了一套至今还在使用的由相同数据集导出的系数，能更好地表示 f_oF_2 的太阳活动周变化。

(19)ITS—78 电离层模式：这是一个最广泛使用的电离层数值预报模式。该模式用于生成诸如最大可用频率(MUF)、最佳通信频率(FOT)和最低可用频率(LUF)等信道运行参数。该模式及其计算机程序是由地球科学服务部无线电科学研究所发展的。该模式基于 Jones 和 Gallet(1960)发展，后来由 Jones 改进了电离层特性表征系数。模式的重要特征是电离层 D 层、E 层、偶发 E 层和 F_2 层的特性表征系数。

(20)轨道应用模块(ORBIT-APP)：该模块提供轨道声称和各种预报程序的接口。需要轨道生成的若干模块共享该接口。该模块对 LOKANGL 和 SGP4 或比特生产和预报程序提供接口。其他使用轨道生成模块的模型有 CRRESRAD，CRRESPRO 和 CRRESELE 等。轨道应用模块的输入包括轨道根数和预报轨道的开始和结束时间。输入窗口分为三区：发布者/轨道根数类型区、轨道根数输入区和辅助资料输入区。该模块允许 LOKANGL 或 SGP4 轨道发布码生成轨道。此外，发布者可以各种方式定义轨道根数。

(21)参数化电离层描述模式(PIM)：该模式是参数化实时电离层描述模式(PRISM)运行的基础。PRISM 使用地基和天基探测资料来调节参数化模式，给出近实时的电离层描述。PIM 模式是一个运行比较快的全球电离层模式，其输入是若干物理电离层模式的输出。

第6章 空间天气灾害

本章介绍了影响人类生活的主要空间天气灾害，介绍了这几类空间天气灾害的类型和特点及其可能影响到国民经济和国防安全的领域，通过发生的一些典型事例说明了这些灾害的严重危害，并提出初步的防护建议。

由于不曾有人被太阳风“吹倒”，人们似乎感受不到空间天气灾害对人类活动的影响，但随着空间技术的发展，人类活动越来越依赖于空间高技术系统，一旦太阳发起“脾气”来，对人类活动的影响就是不容忽视的，有的甚至是灾难性的。

随着人类对空间开发与利用规模的加剧和程度加深，空间日益成为维护国家安全的“战略高地”，空间产业逐渐成为促进国民经济持续发展的重要“支柱”。人类的日常生活越来越依赖于无线通信、卫星通信、卫星电视、卫星导航定位等卫星高技术系统，而这些技术系统在空间天气灾害面前又显得非常脆弱。一次卫星失效就可能造成大范围的通信中断，电视转播中断、金融交易停止、信用卡结算中断，甚至计算机网络中断……空间天气灾害已经影响到人类活动的方方面面，如航天器、航天员及航空活动、通信、导航定位、军事活动、地质勘探、长距离管网系统、气象以及生物等。灾害性空间天气会给人类活动带来巨大损失，例如：1989 年 3 月发生的历史上罕见的灾害性空间天气，造成卫星提前陨落、无线电通信中断、轮船和飞机的导航系统失灵、美国核电站变压器烧毁、加拿大北部电网烧毁等，引起国际社会的震惊。此后，几乎每年都有重大的空间天气灾害事件发生，如 1998 年 5 月美国的银河 4 号通信卫星失效，造成美国 80%的寻呼业务损失；2003 年 10 月 28 日的太阳风暴使得正常的通信受到干扰，飞机改变航线，卫星失灵，电力公司为他们的电厂安全提心吊胆等。美国国家地球物理数据中心统计了 1971—1986 年间 39 颗地球静止或准静止轨道卫星的在轨异常，发现由空间带电粒子辐射引起的卫星故障占故障总数的 70%。美国空间天气预报中心(SWPC，原空间环境中心 SEC)从 1965 年起，对 300 多个卫星异常或故障进行分析与评价，指出其中近 1/3 是由变化的空间天气所造成的。根据我国 6 颗地球静止轨道卫星的在轨故障原因统计，空间天气影响引起的故障数占总故障数的 40%。我国小卫星在轨发生的问题有 50%是由空间天气引起的，单粒子翻转和锁定是造成卫星故障的主要空间天气因素，最严重的由于锁定引起部分模块功能完全丧失。国内外实践表明，8%～10%的空间天气异常会导致卫星设备的工作异常，空间天气对航天器的影响不容忽视，已构成影响我国卫星寿命的主要因素之一。此外，地球平均气温的变化，臭氧含量变化，以及人类健康和心血管疾病等，与空间天气变化的关系也日益受到科学家们的关注。

6.1 灾害性空间天气

与日常所说的天气一样，空间天气也有好、差和恶劣之分。所谓好的空间天气，指太阳、行星际空间、磁层、电离层、高层大气处于平静的状态，有利于运载火箭发射和卫星正常运行；所谓差的天气，是指上述区域具有不同程度的扰动；而恶劣的空间天气，就是各种“空间暴”，如强的日冕物质抛射、大耀斑、高速太阳风、磁暴、亚暴、电离层突然骚扰等。恶劣的空间天气将对人类技术系统造成严重影响。

6.1.1　基本概念

剧烈变化的空间天气状态对人类技术系统的影响非常严重，一般称其为灾害性空间天气，可使卫星提前失效乃至陨落，通信中断，导航、跟踪失误，电力系统损坏，并危害人类健康。太阳活动的突然增强和地球空间能量的积蓄与释放，是灾害性空间天气发生的主要因素。其中，广为熟悉的太阳风暴和地球空间暴是最为典型的灾害性空间天气事件。

6.1.2　主要类型

空间天气状态的变化可以分为周期性变化和非周期性变化，平静变化和激烈变化。灾害性空间天气指的是激烈变化的空间天气状态。空间天气在瞬间或者短时间内远远偏离正常状态的带电粒子和电磁场的强烈扰动定义为空间暴，按照空间暴产生的区域主要分为原初暴即太阳暴和次生暴即地球空间暴（包括磁暴、亚暴和电离层暴等）。

（1）太阳暴：太阳活动高峰阶段（如太阳黑子较多的年份），太阳表面产生的剧烈爆发活动称为太阳暴。太阳暴在爆发时释放大量带电粒子所形成的高速等离子体粒子流将严重影响地球的空间环境，破坏臭氧层，干扰无线通信，影响地球生物，对人体健康也有一定的危害。

（2）地球空间暴：由于太阳爆发或者地球空间自身存储能量的剧烈释放，使得地球空间的场和粒子处于剧烈的扰动状态，称为地球空间暴。地球空间暴包括磁层亚暴（伴随着地球极区极光突然增强的磁层能量释放过程）、磁暴（全球尺度地球磁场的剧烈扰动）、磁层粒子暴（磁层粒子的突然增强）、电离层暴（电离层等离子体浓度突然的增强或减少）和热层暴（高空大气密度和温度突然的扰动）等（刘振兴等 2005），这些是最主要的灾害性空间天气，也是产生航天器故障、威胁航天员安全、导致通信中断和影响导航与定位精度的主要原因。

6.1.3　影响领域

6.1.3.1　国民经济

空间天气是国家的重要基础设施安全运行的保障，国家经济生活的方方面面（如通信、广播、导航、航空航天、气象预报业务以及长距离油气管线、输电网和金融服务等）重要国家基础设施的绝大多数都可能受到空间天气的影响（图 1.1）。

（1）通信系统：电离层是大气层中 80～1000 km 的近地空间区域，任何以电磁波方式传输信号的通信系统，都会受到电离层天气变化的影响，这些影响包括吸收、折射、延迟和闪烁（图 6.1）。在 1 MHz 以上的频段，在较低的 D 层会出现吸收现象，而较高的 E、F 层则会产生很多其他影响，诸如折射、信号延迟、信号相位提前、脉冲拓宽和极化向量的法拉第旋转等效应在 2 GHz 的频段以下较为显著。1 MHz 以下的广播系统会反射来自 D 层的信号，这对该层高度的系统运作比较重要。

远距离地面通信长期以高频段（HF）通信为主，当发生空间天气事件时，高频无线电信号会显著衰减，甚至可能导致通信中断。卫星通信主要使用超高频（UHF）和甚高频（VHF）信号，这两个频段的电磁波在穿透电离层时，电离层闪烁会使信号的振幅、相位和到达角都发生随机起伏，影响通信质量，严重时可导致通信中断。特别是在 20°纬度带附近和高纬度区域，电离层闪烁的危害随时可能表现出来。对于电离层天气监测和预报的需求，已经和现代化的通信手段一样成为日常生活的一部分。

在磁暴和电离层暴期间，电离层的结构受到严重的破坏，层次不清，呈混乱状态。E 层和 F 层的最大电子浓度变化很大，此时，靠 E 层和 F 层作为反射层的短波无线电通信受到严重干扰，信号不稳定。不仅地面通信受到影响，而且还影响到透过电离层的卫星与地面通信、极区航空高频通信，甚至长距离电话通信、广播信号也可能受电离层扰动的影响。

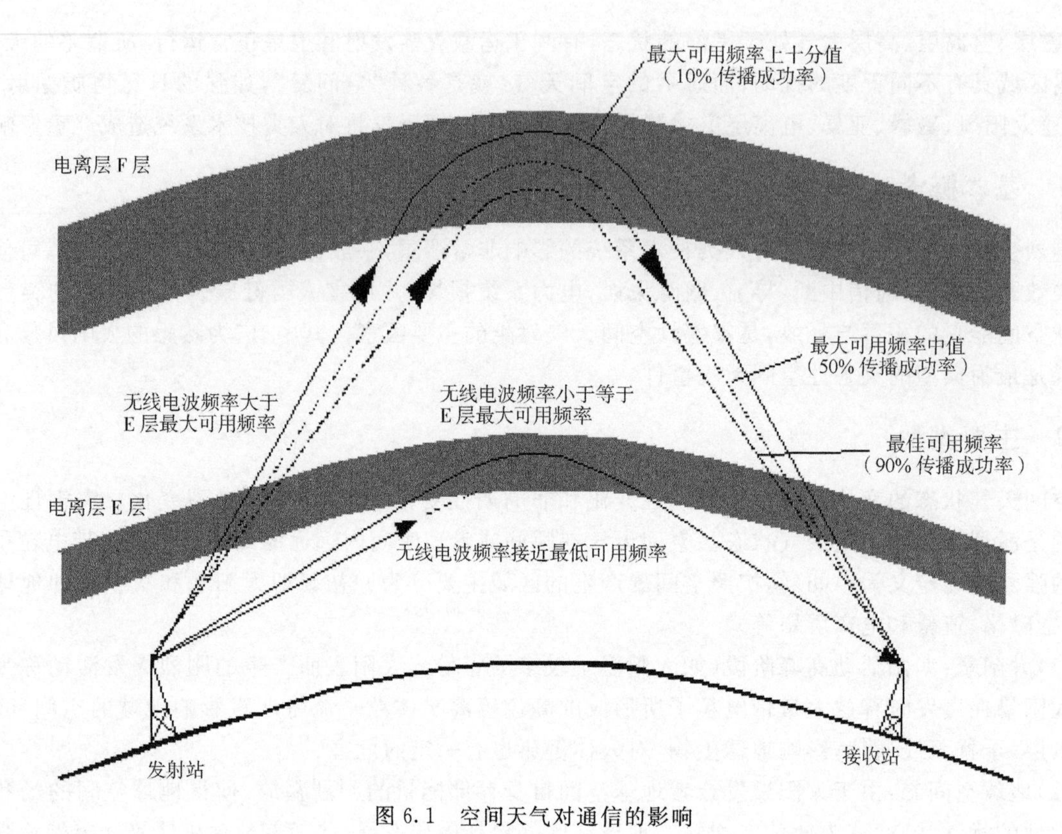

图 6.1　空间天气对通信的影响

（http://www.radtelnetwork.com.au/propagation/HFpropagation_files/img010.gif）

空间天气预报可以提高雷达系统运作，提供更可靠的无线电通信，由于电离层的扰动可以使雷达系统工作陷入混乱，所以对雷达何时会失灵进行警报和现报，对于雷达遥感工作、航天器及海上航行的安全都具有重要意义。

(2)导航及定位系统：导航及定位系统也是利用无线电波进行工作的，因此也会受到电离层天气的影响。在电离层天气发生扰动时，利用 LORAN 和 OMEGA 系统定位可产生几千米的误差。电离层的日常变化严重影响单频 GPS 接收机的精度，而电离层闪烁则会影响所有类型 GPS 接收机的工作，特别是在 20°纬度带附近，在某些固定的时段经常无法进行高精度外业测量，GPS 系统失灵的事件高频次地发生。此外，导航卫星受到质子事件的影响，其使用寿命也会减少。

(3)航空航天安全：太阳爆发的高能粒子辐射会危及宇航员、高空飞行员及乘客的安全。高能粒子穿透人体细胞，使组成细胞的分子电离，毁坏细胞的正常功能，严重的会损坏 DNA。太阳质子事件还会对高空飞行飞机上的乘客产生辐射危害，尤其是跨极区飞行。此外，太阳高能粒子事件爆发时，极区通信也会受到影响。如今，美国的跨极区航线均主动接受空间天气业务部门的服务，在恶劣空间天气期间，通常采用改变航线的办法使飞行过程中通信受到的影响减少，乘客受到的辐射减少。

即使在没有灾害性空间天气事件发生时，低轨卫星在穿越南大西洋异常区时也会遭受到强烈的粒子辐射，因此，卫星在此区域发生的异常事件非常多。

在地磁暴期间，地球周围的带电粒子数量和能量增加。当航天器穿过这些高能环境时，会发生表面充电、内部击穿放电和航天器与空间击穿放电，以及深层充电等严重威胁航天器安全的现象；太阳高能粒子的轰击还会导致单粒子事件，改变计算机的软件指令，甚至导致微芯片的物理损坏；灾害性空间天气事件期间，地球高层大气会被加热并膨胀，从而显著增加对航天器的拖曳力，导致航天器轨道下降和寿命缩短；在强磁暴期间，同步轨道卫星会经常穿越地磁场反转的区域，对于使用磁定位的卫星来说，姿态控制可能出现方向性错误。

(4)地质勘探：磁层和电离层电流的变化引起地磁扰动，地磁变化伴随着地球电场变化。极光电集流产生的磁扰动会传播到中低纬度地区。这些效应会影响地球表面观测到的地球电磁干扰。

地磁活动对地质勘探的影响表现在正反两个方面。绝大多数勘探必须在地磁场宁静时进行，这样才能得到真实的磁场图像。但有一些勘查倾向于在地磁暴期间工作，这时的地下电流与正常时的差异会帮助勘测者找到石油或矿物。

(5)电力、石油等长距离管网系统：灾害性空间天气事件期间，地磁场的强烈变化会感应一个高达20 V/km的地球表面电位，从而诱发地磁感应电流。在长距离输电线路上产生的直流感生电流，会使变压器产生所谓的“半波饱和”，产生很大的热量，使变压器受损，甚至烧毁。快速扰动的地磁场可在石油、天然气等长距离管道内产生明显的感生电流。这时，管道中的流量表可产生不正确的流量信息，管道的侵蚀率也会明显增加，并可能导致很大的经济损失。

(6)生物：越来越多的证据表明，地磁场的变化会影响生物系统。研究指出，人体生物系统可响应地磁场的扰动。国际无线电联盟(URSI)特别为此创立了一个新的主题——“生物和医药中的电磁学”。最为显著的事例是地磁暴期间信鸽导航能力显著降低，在地磁暴期间举行的信鸽比赛中，只有很少的信鸽从释放点返回家中，导致巨大的经济损失。

(7)其他国民经济领域：随着人类对空间依赖性的增强，空间天气对国民经济产生越来越广泛的影响。除上述高技术系统对空间天气的直接需求外，天气预报、电视信号传输、搜寻和营救、新闻与娱乐、远距离通话、上网冲浪、享受银行和金融服务等与日常生活息息相关的活动，也越来越依赖于卫星。

保险公司对多数商用卫星承保，尤其是对卫星能否安全进入轨道承保，也经常对入轨后的运行状态承保。灾害性空间天气可能会导致卫星停止工作，使保险公司蒙受损失，如果保险公司能够准确获得空间天气信息，更好地评估风险，在航天发射以及在轨运行卫星的安全承保过程中，计算保险费率时，对空间天气影响加以考虑，就可以得到更大的收益。因此，对空间天气信息的迫切需求也意味着巨大的商业利益前景。

6.1.3.2　国家安全

随着现代科技的发展，各种依赖空间天气状况的高技术武器装备陆续投入使用，这在大幅度提高作战效能的同时，也增强了武器装备对空间天气的依赖，使得空间天气业务成为服务国防建设的新亮点。灾害性空间天气常造成通信中断、卫星工作异常以及导弹预警系统失效等，这不但增加了各种信息化设备对现实战场的感知困难，而且也严重影响了整体作战效能的发挥。灾害性空间天气对军事的影响主要表现在以下几个方面。

(1)军事通信：在二次世界大战期间，人们开始注意到用于军事目的的雷达有时会受到意外因素的影响，后来人们逐渐认识到空间天气对通信的影响。

①低频以下波段通信：甚低频和极低频电磁信号对海水具有较好的穿透能力，长期以来是对潜艇通信的主要频段。美国海军潜艇装备的MSR5050接收机，就是靠接收甚低频和极低频信号进行通信。然而遇有电离层突然骚扰时，低电离层电子浓度的剧烈变化会改变依赖于低电离层和地面的、以制导波方式传播的低频、甚低频和极低频通信。

②中高频波段通信：中高频波段是军用电台、超视距雷达以及战斗机导航等武器装备常用波段。在发生灾害性空间天气时，常常引起电离层电子浓度的剧烈变化，从而导致中频和高频通信异常，甚至中断。

③微波波段通信：微波波段通信是星地通信以及卫星导航定位的主要频段。遇有电离层闪烁现象时，常导致地面接收机接收到的电波信号深度衰落与畸变。当衰落幅度超过接收系统的冗余度和动态范围时，就会造成卫星通信障碍和误码率的增加；相位衰落起伏较大时，由于接收机相位跟踪环路带宽的限制，可能会导致周跳出现和以相位测量为基础的定位系统出现误差，严重时也可能使接收机失锁。

(2)在轨卫星：军事卫星运行轨道主要集中在低轨、中轨以及高轨轨道，处于地球电离层和磁层空间中，容易受到发生于该区域各种灾害性空间天气的影响。

低轨轨道运行的侦察卫星，距地表几百千米，高层大气密度、成分、温度和压力的变化会直接影响其轨道定位、轨道衰变率和在轨寿命等。另外，低高度大气中分子氧和原子氧会与卫星表面材料发生相互作用，使得长期工作的侦察卫星表面材料发生性质改变。

中轨和高轨军事卫星运行于地球磁层中，易受到其中复杂等离子体环境的影响，遇有灾害性空间天气现象发生时，常导致卫星表面充电、深层充电和电池阵电弧泄露等。此外，日冕物质抛射或冕洞高速流引发磁暴时，会使得地球辐射带中的高能电子通量发生剧烈变化，从而对反复穿越辐射带的军事卫星带来损伤，严重时可能导致卫星失效。

(3)导弹预警：弹道导弹的飞行阶段分为主动段、自由段和再入段。在主动段，导弹靠固体或液体火箭发动机推动，发出很强的可见光和红外辐射，致使地球同步轨道上的卫星能够在几秒钟内发现导弹；在自由段，导弹飞行时间长，目标本身的辐射较弱，这时主要利用陆基远程预警雷达、低轨道预警卫星以及机载红外传感器等来识别跟踪导弹；在再入段，弹头与大气高速相互作用且温度很高，此时预警多采用地基雷达。对弹道导弹的预警，主要是从复杂的空间电磁辐射背景中识别出导弹信息。当空间电磁环境背景发生强烈变化时，就会使导弹信息淹没在电磁辐射背景中，增加了对空间导弹预警的难度。当前，美军已经收集了大量各种型号的导弹红外和光学特征，并建立了庞大的数据库，以便更有效地识别来袭导弹。

6.2 空间天气灾害

恶劣的地球天气导致的气象灾害会给人类社会带来巨大危害，引起了人们的广泛关注，而恶劣的空间天气给人类社会造成的灾害同样不容小觑。

6.2.1 基本概念

空间天气灾害是指由于空间天气因素造成天基或地基技术系统功能下降或者报废、宇航员等人员身体健康受到损害，从而导致国民经济蒙受损失、国家安全受到威胁。

空间天气灾害与人们常说的气象灾害(主要指飓风、暴雨和严重干旱对人类社会所带来的危害)虽然在表现形式上明显不同，但后果同样是严重的。

6.2.2 主要类型

空间天气灾害主要涉及高能带电粒子对航天器的危害，太阳爆发性活动对导航、通信和定位的严重影响，地磁场急剧变化(磁暴)对输电系统和地下管网的破坏，高层大气密度对航天器轨道寿命的影响等。这些灾害可引起卫星运行、通信、导航以及电站输送网络的崩溃。

6.3 空间天气灾害事例分析

在漫长的人类历史长河中，空间天气灾害其实早有发生。有记载的最早的空间天气灾害出现在电报业。1848 年 11 月 17 日，极光的出现影响了意大利佛罗伦萨与比萨之间的电报通信。1859 年 8 月 28 日到 9 月 2 日出现的极光造成加拿大、美国和法国的一些城市的电报业务以及电报站间的通信都受到严重阻碍或中断。1872 年 2 月 4 日，出现历史上所知最大范围的极光之一，德国的电报业务以及英格兰、法国、澳大利亚、意大利等国之间的通信受到影响。而由于科学技术水平的限制，人类真正认识到空间天气灾害只是近一个世纪的事情。尤其是人类进入航天时代后，才逐渐意识到灾害性空间天气所带来的巨大危害。

6.3.1 航天安全

国内外航天实践表明，人类在开发和利用空间的过程中遭遇到空间天气的巨大威胁，而灾害性空间天气是卫星在轨故障的主要原因之一，雄居各种故障因素的首位。美国空间天气预报环境中心(SWPC，原 SEC)指出，卫星异常或故障近 1/3 是由空间天气引起的；美国地球同步轨道卫星 TDRS—1 在 1983－1993 年期间就确定了 4468 次单粒子事件；在美国国家地球物理数据中心(NGDC)收集的五千多条记录中，有一半诊断为空间天气事件引起的故障；我国卫星在轨发生的问题有 50%是由空间天气引起的，风云一号 B 气象卫星因多次单粒子翻转事件导致姿态控制故障而过早失效。

(1)灾害性空间天气事件导致国外卫星故障的典型事例：

①1989 年 3 月的太阳风暴导致美国 GOES—7 卫星的太阳能电池损失了一半的能源，从而卫星寿命减少一半；日本通信卫星 CS—3B 异常，搭载在飞船的备用命令电路损坏；NASA 卫星 SMM 在整个磁扰期间下降了 3 km，从而缩短了寿命，最终于 1989 年 12 月 2 日在坠落地球大气的过程中焚毁。

② 1994 年 1 月 20—21 日的太阳风暴引起两个加拿大通信卫星发生故障。

③1997 年 1 月 6—11 日的太阳爆发事件，使美国 AT&T 公司的一颗价值 2 亿美元、设计使用寿命为 12 年的同步轨道通信卫星(Telstar 401)失效，而它仅服务了 3 年，致使 AT&T 公司的业务损失高达 7.12 亿美元。由于这次事件发生在太阳活动极小年时期，且具有强烈的空间天气效应，造成了严重的影响，因而受到人们的广泛关注与分析研究。

④1998 年 4 月底至 5 月，发生了多次太阳爆发事件。在此期间，多颗飞行器发生异常或者失效，包括 5 月 1 日德国科学卫星 Equator—S 中央处理器失效，5 月 6 日 Polar 飞船 6 h 数据的损失和 5 月 19 日银河Ⅳ号失效。最显著的是银河Ⅳ号通信卫星的失效，它造成美国 80%的寻呼业务的损失，无数的通信中断，并使金融交易陷入混乱。

⑤2000 年 7 月 14 日的太阳风暴("巴士底事件")对人造卫星来说，则是一场灾难，很多卫星一时无法工作。GOES—8 和 GOES—10 卫星的能量大于 2 MeV 的电子传感器发生故障，丢失两天的数据；ACE 卫星的太阳风速度探测仪等发生临时故障，丢失两天的数据；NEAR 卫星的 X 射线/γ 射线谱仪被迫关闭两天；SOHO，YOHKOH 和 TRACE 卫星的成像仪被高能粒子污染；SOHO 卫星的太阳能电池板受到严重退化，大约相当于一年的正常退化，某些探测仪器也被迫关闭两天；WIND 卫星的输出功率降低了 25%(自 29 W 降至 22 W)，轨道也出现了大幅度下降，丢失了两天的观测数据；AKEBONO 卫星的控制系统失灵；受影响最严重的是日本的 ASCA 卫星，大气密度的增加造成了卫星轨道下降和定位故障，太阳能电池板不能正常工作，工作人员努力拯救了 2 个月后宣布失败，最终卫星丢失；国际空间站轨道下降 15 km。

⑥2002 年 4 月的大耀斑及伴随的日冕物质抛射事件，致使日本火星探测卫星 Nozomi 的电路系统发生故障，无法向地球传送遥测的数据，科学观测被迫暂时中断，并使它的主发动机无法使用。耀斑伴随的能量粒子同时影响了部分科学卫星的正常观测。

⑦2003 年 10—11 月的"万圣节风暴"致使欧美的 GOES，ACE，SOHO 和 WIND 等重要科学研究卫星受到不同程度损害，日本"回声"卫星失控；Kodama 卫星进入安全模式，直到 11 月 7 日才恢复正常工作；Chandra 卫星以及 SIRTF 卫星观测中断；Polar 卫星 TIDE 仪器自动重启，高压电源被损坏，24 h 后才恢复正常；NASA 的火星探测卫星 Odyssey 飞船上的 MARIE 观测设备被粒子辐射彻底毁坏，这是首次发现地球以外空间设施因空间灾害天气而报废。

(2)我国的卫星故障 40%源于灾害性空间天气，典型的卫星故障事件如下：

①1990 年 9 月我国发射了极轨气象卫星——风云一号 B 星，在上天运行仅仅两个月后，11 月初就遭遇了太阳耀斑发射的高能粒子流，发生了单粒子事件，造成姿态控制计算机程序混乱，无法控制卫星姿态，导致卫星在空间翻转。好在这次事件后计算机程序得到了及时的纠正，卫星恢复了正常运行。但在 1991 年 2 月 14 日卫星的计算机再一次出现单粒子事件，卫星姿态再次出现异常，这次故障未能及时发现。当发现卫星姿态异常时，卫星上携带的气体已喷完，姿态完全失控，无法拍摄到云图，本来卫星的设计寿命是要运行一年，但是不到半年卫星就无法工作了。

②1994 年我国发射了"实践"四号卫星，卫星轨道的近地点是 200 km，远地点达到 36 000 km，穿过了地球内辐射带并到达了外辐射带，空间粒子环境恶劣。卫星的主要目的就是探测空间的高能和低能的带电粒子对航天器的影响。"实践"四号卫星观测到了大量单粒子事件，大概是每兆比特数据发生 3.4 次单粒子事件翻转。"实践"四号卫星在运行过程快到一个月的时候，观测到了单粒子锁定事件，通过地面遥控指令解除了单粒子锁定事件，使仪器恢复了正常工作。

③“神舟”一号飞船预定在1999年11月18日发射，而这个时候是流星暴最强的时候，不利于飞船的发射，空间天气学家建议最好把发射时间推迟48 h。最终指挥部采纳了建议，把“神舟”一号发射时间推迟到了11月20日。事实证明，根据收集到的流星暴的观测数据来看与空间天气学家预报的结果是完全一致的，这是我国航天史上第一次由于空间环境而改变发射计划。

④我国的“神舟”五号载人飞船于2003年10月15日发射，而在10月底至11月初，太阳爆发了多个X级大耀斑，其中28日19:06的耀斑达到了X17.2级，在CME造成的磁暴以及电离层暴影响下，“神舟”五号留轨舱运行高度明显降低，不得不采取措施提升飞船轨道，以避免提前坠毁。

此外，太阳爆发产生的高能粒子辐射通量可达到正常情况的上百倍，会危及航天员的生命安全。虽然这类事故尚未发生，然而地面实验室的模拟表明，太阳耀斑发射的高能粒子流将会对进行太空行走的航天员造成伤害，即使对在航天器中的航天员，也会造成相当严重的危害。如1989年10月19日，美国亚特兰蒂斯号(ATLANTIS)航天飞机在发射伽利略号飞船时，航天员眼睛感觉到有极明亮的刺眼的闪光，甚至在他们退至飞船屏蔽的最内部，眼睛仍感觉持续的刺眼闪烁，直到质子事件逐渐消失。航天员眼睛所感觉到的这种闪光是由于能量粒子穿过视网神经造成的，如果在此期间在舱外活动，航天员将受到致命的辐射吸收剂量。再如2003年的“万圣节风暴”期间，国际空间站的宇航员被迫启动辐射防护舱。

6.3.2 航空安全

在高纬度和极区附近高空飞行的飞机，由于那里没有辐射带的保护(地球辐射带的纬度范围只有±70°)，也会受到太阳爆发产生的高能粒子的轰击，会对航空乘客、空勤人员以及航空电子设备产生潜在危害(范全林等 2005)。如1989年9月29日的高能太阳质子事件中，在巴黎与华盛顿之间飞行的协和式超音速飞机上的辐射监测器，在它运行过程中第一次超过了预警水平；协和航空公司的高空飞行旅客，在此次事件中受到的辐射剂量相当于进行一次胸部X光检查所受到的辐射剂量，超过了警戒线。再如在2000年7月14日的高能粒子事件期间，飞行在12 000 m高度上的航班所受的辐射剂量可能已经超过1 mSv的限值。

2003年的“万圣节风暴”迫使美国空中交通指挥部门调整了一些横渡大西洋的航线。据《纽约时报》报道，美国联邦航空局已经提醒飞机乘客注意辐射的增加。该机构称，在35°N以北25 000 ft高度以上飞行的人，每小时平均接受的辐射总量相当于地表两天的水平。这场前所未遇的强烈太阳风暴也影响到了德国的航空运输。出于安全的考虑，德国航空交通控制局从29日起开始限制其领空的飞机数量，一些航班还因此晚点。德国航空交通控制局的发言人阿克赛尔·拉布称，太阳风暴对地球上人们的健康来说并没有什么损害，而空中的飞行员们则必须采取措施，防止自己受到太阳风暴带来的强烈光线的伤害。太阳风暴大大影响了地面与飞行员之间的无线电通信，甚至在导航系统的雷达屏幕上，一些飞机也消失了几秒钟。

6.3.3 通信、导航、定位故障

任何以电磁波方式传输信号的通信系统，都会受到电离层天气变化的影响，这些影响包括吸收、折射、延迟和闪烁。导航及定位系统也是利用无线电波进行工作的，因此也会受到电离层天气的影响。在电离层天气发生扰动时，利用LORAN和OMEGA系统定位可产生几千米的误差。电离层的日常变化严重影响单频GPS接收机的精度，而电离层闪烁则会影响所有类型GPS接收机的工作，特别是在20°纬度带附近，某些固定的时段经常无法进行高精度外业测量，GPS系统失灵的事件高频次地发生。国外通信、导航与定位受灾害性空间天气事件影响的事件有(左平兵等 2007)：

①1989年3月6—19日的灾害性空间天气，使得美国和澳大利亚报道无数民用或者军用无线电通信中断，轮船、飞机的导航系统失灵。

②1989—1990年美军在巴拿马的军事行动期间，时常遇到严重的电离层闪烁影响，多次导致指挥自动化系统中断事件。

③1994年1月，在一次空间天气事件期间，通信卫星不再指向地球，广播、电话等不能正常工作，加拿大和美国部分地区所有的电视画面消失。

④1998年4月底至5月的灾害性空间天气事件致使银河Ⅳ号通信卫星失效，影响到美国4500万通信客户(约占美国通信客户总数的80%)，无数的通信中断，并使金融交易陷入混乱。

⑤2000年7月14日发生的“巴士底事件”，是几十年来发生的最大的太阳耀斑和日冕物质抛射事件之一，引起了超强地磁暴，地球同步轨道高能粒子流量非常大，地球电离层受到强烈干扰，短波通信中断。

⑥2001年4月1日发生美军侦察飞机撞毁中国海军航空兵歼八战机事件，并导致飞行员落海失踪。在随后几天里，海、空军联合出动，在茫茫大海中展开了地毯式的搜救工作。然而，正当搜救飞行员的工作紧张进行时，有关军事部门的搜救通信联络和侦测工作“突然受阻、中断”达2 h左右，同时中国军方长期监测的电台目标也几乎全部丢失，这极大地阻碍了对当时复杂形势的判断。事后经专家分析得知，在4月1—13日期间共发生了9起强烈的太阳耀斑爆发事件，并在中国境内造成7起突然电离层骚扰，其中4月3日发生了25年来最强的太阳X射线爆发，使得电磁波的反射媒质—电离层中的电子浓度在短时间内急剧增加，增强了低电离层对电磁波的吸收，导致军事通信系统失效，并且给搜救工作的通信联络造成困难。

⑦2003年10月下旬至11月上旬一系列大的太阳爆发事件造成恶劣的空间天气，给业务卫星、通信、导航、地面电力设施造成破坏，导致各种严重的社会经济损失。据报道，这次空间灾害性天气中，全球短波通信中断，超视距雷达、民航通信出现故障，伊拉克战场美英联军通信受到影响。

⑧2005年5月15日观测到一次强烈的磁暴活动，美国NOAA空间环境中心根据13日的大耀斑观测预报了这次地磁活动。据Space Daily报道，这次强磁暴活动引发了电力输送及移动通信中断。

太阳活动造成短波通信的中断和扰动是比较常见的现象，我国从20世纪40年代开始进行电离层观测，多次观测到了电离层骚扰和电离层暴。

2000年6月6日太阳连续爆发了X1.1和X2.3级耀斑，伴随耀斑爆发的CME于6月9日凌晨到达地球，引起了全球范围的磁暴。我国各电离层观测站数据表明，短波最高可用频率比正常情况下降了50%以上，有些站因严重的电离层吸收，电离层垂直探测仪测不到回波，从满洲里至新乡的短波通信电路中断。同时电离层骚扰导致卫星通信信号忽大忽小，严重影响通信质量。事件持续了17 h，直到6月9日22时才基本减弱。6月7日太阳再次爆发X1.2级耀斑，6月11日5时开始至22时满洲里、长春、北京等北方地区上空电离层先后再次受到了骚扰，但与9日相比对通信等影响程度小得多。

2006年12月13日10:40前后，太阳爆发X3.4级耀斑。这次耀斑爆发我国正处于上午，所以对我国的短波无线电信号传播造成了严重影响，短波通信、广播、探测等电子信息系统发生大面积中断或受到较长时间的严重干扰。广州、海南、重庆等电波观测站的短波探测信号从10:20左右起发生全波段中断，直至11:15以后才逐步出现信号，13:30以后基本恢复正常。

在这多次电离层扰动对短波通信的影响记录中，最惨痛的记忆来自于2001年4月1日发生的中美撞机事件之后的10多天。在撞机事件发生后，太阳有多次耀斑爆发，严重影响了我国军民对英雄王伟的搜救工作，可以说是导致王伟壮烈牺牲的帮凶。自4月1日09:07左右中美战机相撞至4月13日，共发生多起太阳爆发事件，在我国境内造成了严重的电离层扰动(表6.1)，对我军寻找失踪飞行员工作的通信联络造成严重威胁。其中4月3日中午、4月10日下午和4月12日全天的电离层扰动对通信系统的威胁非常严重。

6.3.4 长距离管网系统故障

磁暴发生时，穿过电网回路的磁通量发生了急剧变化，在电网回路上产生了强大的感应电流。特别值得注意的是，磁暴在电网上产生的感应电流是大强度直流电，而电网传输的是交流电，这在短时间内就会造成输电网的失衡，某些输变电设备的局部产生高热而烧毁。空间天气对电力系统的损坏事故众多，最典型的事件是1989年3月13日的大磁暴(图6.2)。13日凌晨，在蒙特利尔魁北克电力公司控制

表 6.1　2001 年 4 月 1—13 日太阳事件、电离层暴一览表

序号	北京时间	太阳事件类型	电离层扰动类型	通信影响	持续时间
1	4 月 3 日 05:51	X20 级耀斑	突发电离层骚扰	短波通信吸收加大	5 h
2	4 月 3 日 11:57	X1.2 级耀斑	突发电离层骚扰	短波通信中断，非常严重卫星信号干扰	2 h 多
3	4 月 7 日 03:21	X5.6 级耀斑爆发	夜间，我国无骚扰	我国无影响	
4	4 月 9 日 23:34	M7.9 级耀斑爆发	夜间，我国无骚扰	我国无影响	
5	4 月 10 日 13:26	X2.3 级耀斑爆发	突然电离层骚扰	短波通信中断，非常严重	1 h
6	4 月 12 日全天	前几日的 CME	电离层暴	短波通信严重扰动，卫星信号干扰	24 h
7	4 月 12 日 18:26	X2.0 级耀斑爆发	突然电离层骚扰	西部地区短波通信中断	1 h

注：引自：《空间天气灾害》。

室里，技术人员像往常一样监视着显示电网运行状态的图板，该电网为整个魁北克省 600 万居民供电。凌晨 02:44，图板上的一个指示灯开始闪烁，指示电网北端发生了故障。面对突发事故，技术人员大为震惊。紧接着，全省断电事故接连发生，不到 90 s，整个电网完全崩溃。显示图板像圣诞树一样闪烁不停，而整个魁北克省则漆黑一片。这次停电事故使电力公司损失了 1000 万美元，而用户损失则达几千万，甚至数亿美元。尽管大部分地区在 9 h 内恢复了供电，但仍有一些地方黑暗持续了数日。与此同时，美国新泽西州德拉威尔河上的一座核发电站的巨型变压器也被烧毁，北美其他电力系统也受到影响，瑞典南部和中部 5 条 130 kV 输电线路跳闸，东京电力公司变压器被毁。美国国家海洋与大气局空间环境中心原副主任荣·茨威格说："如果能提前——哪怕是一个小时——预报太阳风暴的到来并加以警告，受太阳风暴影响造成的损害就能减低到尽可能的小。"

图 6.2　美国 PJM 电网被毁坏变压器图片

1989 年 3 月 13 日一次大型的磁暴所导致的感生电流摧毁了这台变压器

(http://www.igpp.ucla.edu/public/ekassie/images/power_int.jpg)

自有记录以来，电力系统与空间天气相关的其他事件包括：1940 年 3 月 24 日，磁暴对北美电力和通信系统造成大范围影响；1958 年 2 月 10—11 日磁暴，明尼苏达北部州立电力公司电力线上出现强大无功电流，安大略继电器断开，多伦多短时电力中断；1972 年 8 月 4 日磁暴，美国、加拿大电力系统广泛受到影响，包括变压器跳闸、电容器组件断开，无功功率增加和电压下降；2003 年 10 月 30 日的强太阳风暴引发的地磁暴导致瑞典马尔默市南部的一个电力系统遭到破坏，有 5 万居民用电供应中断。我国电网与空间天气的记录包括：2001 年 3 月到 2002 年 10 月，我国阳城－淮阴输电系统中的上河变电站主变压器多次发生持续 1～2 h 的噪声异常；广东岭澳核电站遭受到磁暴袭击事件，2004 年 7 月 27 日和

11月8日监测到二次非直流输电引起的数值为20多安的中性点直流电流；黑龙江电网，赤峰—董家输电系统、北安—孙吴—黑河输电系统等都发现变压器不明原因噪声异常。国内某电网2004年16次原因不明的故障8次(50%)与空间天气事件有对应关系。2004年11月的事件，在澳大利亚东部的天然气管线中观测到了磁暴引起的电压扰动。2005年5和9月的大磁暴发生期间，我国的江苏上河变电站、武南变电站和广东岭澳核电厂等都发现或检测到了变压器中性点的GIC(地磁感应电流)，其中广东岭澳5月15日近30 A，9月16日接近20 A。中国气象局国家空间天气监测预警中心在2005年5月14日期间通过新闻联播及时发布了磁暴预报，部分电力部门看到预报信息后及时采取了措施，并记录了磁暴期间电力系统出现的异常信息，为研究磁暴对电力系统的影响提供了宝贵的资料。

磁暴期间产生的感生电流对地下的油气管道也有直接影响。油气管道都埋在地下、放在海底或暴露在潮湿的空气中。为防止对管道的腐蚀，都会采取阴极保护措施，即让管道与周围土壤保持一定负电压。磁暴期间在地下产生的过高的感应电压和电流会超过地下油、气、水等管道的电压保护范围，失去保护作用，但这种影响不像对电力系统的效应那样快，只有多次磁扰动的积累作用才会产生明显的效应。因此，长期以来这个问题没有引起人们的重视，但这种效应所造成的经济损失是相当大的。地磁暴产生的感生电流不但会对地下的油气管道产生影响，而且会影响地表油气管道的安全。已经测量到，强磁暴时，每千米的输油管线上有6 V的感生电压，在1000 km长的输油管道上，会有6000 V的感生电压，阿拉斯加输油管道上有1000 A的电流流过。如此强大的感生电流，当然会影响流量计的正常计数，并加速管道的腐蚀。1957年磁暴期间，人们在加拿大纽芬兰与爱尔兰之间的海底电缆上测到了3000 V的感生电压；1989年3月的空间天气灾害事件期间，澳大利亚输油管道受损，大西洋和太平洋海底电缆出现高压脉冲。

6.4 空间天气灾害防御

避免和减轻空间天气灾害最有效的措施就是准确的进行空间天气灾害预报。在空间天气灾害到来之前，做好必要的准备，减轻灾害性空间天气造成的损失。在空间天气灾害发生时，应该采取以下措施：

(1)通信系统通过调整通信频率或改善通信方式来避免通信质量下降或者中断。

(2)把实时的空间天气数据加入导航与定位系统的计算中，可以有效地减少导航和定位的误差。

(3)不进行高精度的电磁勘探工作。

(4)电力系统应该避免满负荷运行，应随时监控异常电流的产生。

(5)选择在空间天气较为平静期间发射航天器，以确保航天器的发射成功。对于已在轨道上的卫星，根据灾害性空间天气事件发生的时间，要通过地面控制系统严密监视卫星的状况，排除灾害性空间天气事件的干扰。

(6)避免在灾害性空间天气频发期间进行载人航天活动，宇航员尽量躲在舱内避免恶劣的空间天气对身体健康的影响，如需出舱，必须根据空间天气的监测和预报信息选择出舱时间。

(7)飞机应该避免飞越极区，高空战机适当降低飞行高度。

(8)在灾害性空间天气事件发生时，尽量减少信鸽活动及比赛，以免造成信鸽丢失。

(9)在灾害性空间天气事件频发期间，尽量不进行野外探险活动，特别是依赖指南针和无线通信的活动应该取消。

参考文献

陈威名. 2006. ITS30-LITN 观测电离层不规则体闪烁现象. 国立中央大学(中国台湾)硕士论文.

都亨,叶宗海等. 1996. 低轨道航天器空间环境手册. 北京:国防工业出版社.

范全林,冯学尚. 2005. 空间天气与航空安全. 气象水文,**2**:56-58.

方成,丁明德,陈鹏飞. 2008. 太阳活动区物理. 南京:南京大学出版社.

高玉芬,张秀玲. 行星际南向磁场事件与强磁暴. 空间科学学报,2000,**20**(2):136-143.

胡雄. 1998. 太阳质子事件警报. 空间科学学报,**18**(4):323-328.

焦维新. 2002. 空间探测. 北京:北京大学出版社.

李国主. 2007. 中国中低纬电离层闪烁监测、分析与应用研究. 中国科学院研究生院博士学位论文.

刘连光. 2008. 磁暴对中国电网的影响. 电网与水力发电进展,**24**(5):1-8.

刘瑞源,吴建,张北辰. 2004. 电离层天气预报进展. 电波科学学报,**19**(增刊):35-40.

刘振兴,等. 2005. 太空物理学. 哈尔滨:哈尔滨工业大学出版社.

马淑英,梁百先,等. 1986. 电离层闪烁研究. 中国地球物理学会地磁与高空物理研究进展方向座谈会.

涂传诒,等. 1988. 日地空间物理学. 北京:科学出版社.

汪毓明. 2003. 行星际磁云及其相关事件的综合研究. 中国科学技术大学博士论文.

王敏. 2008. 电离层行进式扰动的 GPS 台网监测研究. 中国科学院研究生院博士学位论文.

王亶文. 2000. 非线性方法在地磁学科研究中的应用. 国际地震动态.

王家龙. 1987. 太阳黑子周极小年的统计性质——兼论第 22 周起始极小是否已经出现. 天体物理学报,**7**(2):158-160.

王劲松,焦维新,等. 2009. 空间天气灾害. 北京:气象出版社.

魏奉思,徐亚,冯学尚. 2003. 利用“ISF”方法于地磁扰动事件的预报试验. 中国科学 E 辑,**33**(5):447-451.

魏奉思,等. 2001. 空间天气学十问答. 科学时报,1—3 月基金与科普专栏连载文章.

徐文耀. 2003. 地磁学. 北京:地震出版社.

徐文耀. 2009. 地球电磁现象物理学. 合肥:中国科学技术大学出版社.

中国科学院空间科学与应用研究中心. 2000. 宇航空间环境手册. 北京:中国科学技术出版社.

甑卫民,吴健,等. 1998. 电离层不均匀性对 GPS 系统的误差影响分析. 电波科学学报,**13**(2):123-126.

中国地震局地球物理研究所. 2003. 磁暴报告. **25**(4):4-8.

周晓燕,潘辛平,扬一平. 1998. 利用人工神经网络预报大磁暴. 空间科学学报,**18**(3):228-234.

朱文明. 2002. 原子氧环境及其试验研究. 航天器环境工程,**19**(4).

Adeniyi J O. 1986. Magnetic storm effects on the morphology of the equatorial F2-layer. *J. Atmos. Terr. Phys.*,**48**:695-702.

Anderson D N,et al. 1998. Intercomparison of physical models and observations of the ionosphere[J]. *J. Geophys. Res.*,**103**:2179-2192.

Austen J R,Franke S J,Liu C H,et al. 1986. Application of computerized tomography technique to ionospheric research. Oulu,Finland,Proc. Part I,25,A. Tauriainen,Ed.,University of Oulu. 25-32.

Bame S J. 1972. Spacecraft observations of the solar wind composition. //Sonett C P,Coleman Jr. P J,Wilcox J M,eds. Solar Wind. P. 535,NASA Publ. SP-308.

Belcher J W,et al. 1993. Solar wind conditions in the outer heliosphere and the distance to the termination shock. *J. Geophys. Res.*,**98**:15177-15183.

Berger T E,et al. 2007. Contrast Analysis of Solar Faculae and Magnetic Bright Points. *Astrophys. J.*,**661**:1272-1288.

Booker H G and Wells H W. 1938. Scattering of radio waves by the F-region of the ionosphere. *J. Geophys. Res.*,**43**,249.

Buonsanto M J. 1999. Ionospheric storms—A review,Space Science Review,**88**:563-601.

Burlaga L F,Klein L W,Sheeley Jr N R,Michels D J,et al. 1982. A magnetic cloud and a coronal mass ejection. *Geophys. Res. Lett.*,**9**:1317.

Burlaga L F,MacDonald F B,Ness N F,et al. 1991. Cosmic rays modulation: Voyager 2 observations:1987—1988. *J. Geophys. Res.*,96,3789.

Burns A G, Solomon S C, Wang W, et al. 2007. The ionospheric and thermospheric response to CMEs: Challenges and successes. *J. Atmospheric Solar-Terrestrial Physics*, **69**:77-85.

Cander Lj R, Milosavljevic M, Stankovic S and To-masevic S. 1998. Ionospheric forecasting technique by artificial neural network[J]. *Electron, Lett.*, **34**(6):1573-1574.

Chen A Q, Chen P F, Fang C. 2006. On the CME Velocity Distribution. *Astron. Astrophys.*, **56**:1153-1158.

Chen P F, et al. 2002. Evidence of EIT & Moreton Waves in Numerical Simulations. *Ap J*, **572**:L99-L102.

Chen P F. 2008. Initiation of propagation of coronal mass ejections. *J. Astrophys. & Astron.*, **29**: 179-186.

Chen J, Cargill P J and Palmadesso P J. 1997. Predicting solar wind structures and their geoeffectiveness. *J. Geophys. Res.*, **102**(A7):14 701-14 720.

Chen P F, Fang C, Shibata K. 2005. A Full View of EIT Waves. *Ap J*, **622**:1202-1210.

Chimonas G, Hines C O. 1970. Atmospheric gravity waves launched by auroral currents. *Planet. Space Sci.*, **18**:565-582.

Choe J Y, et al. 1974. The compressed geomagnetic field as a function of dipole title. *Planet. Space Sci.*, **22**:595.

Cirtain J W, et al. 2007. Evidence for Alfvén Waves in Solar X-ray Jets. *Science*, 7 December:1580-1582.

Comas M C, et al. 1989. A test of magnetic field draping induced Bz perturbations ahead of fast coronal mass ejecta. *J. Geophys. Res.*, **94**:1465-1471.

Costello, Kirt A. 1997. Moving the Rice MSFM into a Real-Time Forecast Mode Using Solar Wind Driven Forecast Models, Ph. D. dissertation, Rice University, Houston, TX.

Cravens T E. 1997. Physics of Solar System Plamas. Cambridge: Cambridge University Press.

Danilov A D, Lastovi J ka. 2001. Effects of geomagnetic storms on the ionosphere and atmosphere. *International J. Geomagnetism and Aeronomy*, **2**(3):209-224.

Davies K. 1989. Ionospheric Radio, Vol. 31 of IEEE Electromagnetic Waves Series, Peter Peregrinus Ltd, United Kingdom.

Davis J C. 1986. Statistics and data analysis in geology, edited by John Wiley[M]. New York.

Edwards Jr. W R, Rush C M, Miller D M. 1975. Studies on the development of an authomated objective ionospheric mapping technique[M]. *Air Force Surveys in Geophysics*, 302.

Elsasser W M. 1946. Induction effects in terrestrial magnetism. 1. Theory[J]. *Phys Rev.*, **69**:106-116.

Feng X S, Zhao X H. 2006. A new prediction method for the arrival time of interplanetary shocks. *Solar Physics*, **238**: 167-186.

Forbes T G. 2000. A Review on the Genesis of CMEs. *J. Geophys. Res.*, **105**(A10):23 153-23 166.

Francis S H. 1974. A theory of medium-scale travelling ionospheric disturbances. *J. Geophys. Res.*, **79**:5245-5260.

Fry C D, Sun W, Deehr C S, et al. 2001. Improvements to the HAF solar wind model for space weather predictions. *J. Geophys. Res.*, **106**(A10):20 985-21 001.

Gehmeyr M. 2007. Forecasting the solar wind in the inner heliosphere. *Presentations. Solar Extreme Events.*

George K. Parks. 2003. Physics Of Space Plasmas: An Introduction. 247.

Giraud A, Petit M. 1978. Ionospheric techniques and phenomena, D. Reidel Publishing Company, Dordrecht, Netherlands.

Gonzalez W D, et al. 2004. Prediction of peak-Dst from halo CME/magnetic cloud-speed observations. *Journal of Atmospheric and Solar-Terrestrial Physics*, **66**:161-165.

Goodman J M, Aarons J. 1990. Ionospheric effects on Modern electronic systems. *Proc. IEEE*, **78**(3):512-528.

Gopalswamy N, et al. 2005. An empirical model to predict the 1-AU arrival of interplanetary shocks. *Adv. Space Res.*, **36**:2289-2294.

Gopalswamy N, Lara A, Lepping R P, et al. 2000. Interplanetary acceleration of coronal mass ejections. *Geophys. Res. Lett.*, **27**:145-148.

Gopalswamy N, Lara A, Yashiro S, et al. 2001. Predicting the 1-AU arrival times of coronal mass ejections. *J. Geophys. Res.*, **106**(A12):29 207-29 217.

Gopalswamy N, Torsti J. 2000. Introduction to special section on Solar Coronal Mass Ejections and Energetic Particles. *J. Geophys. Res.*, **110**:A12S00.

Gopalswamy N, Lara A, Yashiro S, et al. 2003. Coronal mass ejection activity during solar cycle 23. Solar Variability as an Input to the Earth's Environment. //Noordwijk W A. eds. ESA SP-535. *ESA Publications Division*, 403-414.

Gordon W E. 1958. Incoherent scattering of radio waves by free electrons with applications to space exploration by radar. *Proceedings of the Institute of Radio Engineering*, **46**(11): 1842-1829.

Gosling J T, et al. 1976. Solar wind stream evolution at large heliocentric distances—Experimental demonstration and the test of a model. *J. Geophys. Res.*, **81**: 2111-2122.

Gosling J T, McComas D J. 1987. Field line draping about fast coronal mass ejecta: A source of strong out-of-the-ecliptic interplanetary magnetic fields. *Geophys. Res. Lett.*, **14**: 355-358.

Hernandez J V, Tajima T and Horton W. 1993. Neural net forecasting for geomagnetic activity. *Geophys. Res. Lett.*, **20** (23): 2707-2710.

Hines C O. 1960. Internal atmospheric gravity waves at ionospheric heights. *Can. J. Phys.*, **38**: 1441-1481.

Hocke K and Schlegel K. 1996. A review of atmospheric gravity waves and traveling ionospheric disturbances: 1982—1995. *Ann. Geophys.*, **14**: 917-940.

Hooke W H. 1968. Ionospheric irregularities produced by internal atmospheric gravity waves. *J. Atmos. Terr. Phys.*, **30**: 795.

Hundhausen A J. 1977. Coronal Holes and High Speed Streams. Colorado Associated Univ. Press, Boulder, CO.

Hyosub K. 2005. I-T Coupling Effects on the Low-Latitude Ionosphere. TIMED SWG Meeting, San Antonio, TX, Apr.

Iyemori T, Araki T, Kamei T. 1992. Mid-latitude Geomagnetic Indices ASY and SYM (provisional) No. 1 1989. Data Analysis Center for Geomag. and Space Magnetism, Kyoto Univ., Kyoto.

Jokipii J R. 1971. Propagation of cosmic rays in the solar wind. *Rev. Geophys.*, **9**: 27.

Jones W B, et al. 1962. *Telecommun. J.*, **27**: 260-4.

Kelley M C. 1989. The Earth's Ionosphere. Academic Press, San Diego, CA.

Kivelson M G, Russell C T. 1995. Introduction to Space Physics. Cambridge University Press, Cambridge.

Kugblenu K, Taguchi S and Okuzawa T. 1999. Prediction of the geomagnetic storm associated Dst index using an artificial neural network algorithm. *Earth Planets Space*, **51**: 307-313.

Liang P H. 1947. F_2 Ionization and Geomagnetic Latitudes. *Nature*, 160, 642-643, doi: 10.1038/160642a0

Liu H, Lühr H, Henize V, et al. 2005. Global distribution of the thermospheric total mass density derived from CHAMP. *J. Geophy. Res.*, **110**: A04301, doi: 10.1029/2004JA010741.

Liu L, Zhao B, Wan W, et al. 2009. Seasonal variations of the ionospheric electron densities retrieved from Constellation Observing System for Meteorology, Ionosphere, and Climate mission radio occultation measurements. *J. Geophy. Res.*, **114**: A02032, doi: 10.1029/2008JA013819.

Liu L, Wan W, Ning B, et al. 2002. Low latitude ionospheric effects near longitude 120°E during the great geomagnetic storm of July 2000. *Science in China* (Series A), 45(Supp.): 148-155.

Liu L, Wan W, Lee C C, et al. 2004. The low latitude ionospheric effects of the April 2000 magnetic storm near the longitude 120°E. *Earth Planets Space*, **56**: 607-612.

Liu Ruiyuan, et al. 1983. A New Solar index which leads to improved f_oF_2 predictions using the CCIR Atlas[J]. *Telecommunication Journal*, 50-VIII.

Lu J Y, et al. 2001. Numerical solution of the time-dependent kinetic equation for anisotropic pitch-angle scattering. *Astrophys. J.*, **550**: 34-51.

Lu J Y, et al. 2002. The Transport of chargeparticles in a flowing medium. *Astrophys. J.*, **576**: 574-586.

Lundstedt H. 1992. Neural networks and predictions of solar-terrestrial effects. *Planetary and Space Science*, **40**: 457-464.

Lundstedt H. 1992. Neural network and prediction of solarterrestrial effects[J]. *Planet Space Sci.*, **40**(4): 457-464.

MacComas D J, et al. 1989. A test of magnetic field draping induced Bz perturbations ahead of fast coronal mass ejecta. *J. Geophys. Res.*, **94**(A2): 1465-1471.

MacDougall J W, Grant I F, Shen X. 1993. The Canadian Advanced Digital Ionosonde: Design and Results, UAG-104 Ionosondes and Ionosonde Networks Proceedings of Session G6 at the XXIVth General Assembly of the International Union of Radio Science(URSI), August 25-September 2.

Mahrous A, El-Nawawy M, Hammam M, et al. 2009. Empirical model of the transit time of interplanetary coronal mass ejections. *Solar System Research*, **43**Issue2: 128-135.

Manoharan P K, Gopalswamy N, Yashiro S, et al. 2004. Influence of coronal mass ejection interaction on propagation of interplanetary shocks. *J. Geophys. Res.*, **109**, A06109, DOI: 10.1029/2003JA010300.

Matheron G. 1971. The theory of regionalized variables and its application[M]. Les cahiers du Centre de Morphologie Mathematiques de Fontainebleau 5, Paris.

McClure J P, Hanson W B, Hoffman J H. 1977. Plasma bubbles and irregularities in the equatorial ionosphere. *J. Geophys. Res.*, **82**: 2650-2656.

Mead G D, Beard D B. 1964. Shape of the geomagnetic field solar wind boundary[J]. *J. Geophys. Res.*, **69**: 1169-1179.

Mendillo M. 2006. Storms in the ionosphere: Patterns and processes for total electron content. *Reviews of Geophysics*, **44**, RG4001, doi: 10.1029/2005RG000193.

Moldwin M. 2008. An introduction to space weather. Combidge: Cambridge University Press.

Neugebauer M, Snyder C W. 1966. Mariner 2 observations of the solar wind, 1. Average properties. *J. Geophys. Res.*, **71**: 4469.

Odstrcil D, Pizzo V J. 1999. Three-dimensional propagation of CMEs in a structured solar wind flow: 1. CME launched within the streamer belt. *J. Geophys. Res.*, **104**: 483.

Oliver M A and Webster R. 1990. Kriging: A method of interpolation for geographical information systems[J]. *Int. J. Geographical. Information Systems*, **4**(3): 313-332.

Packirisamy S. 1995. *Journal of Materials Science*, **30**: 308-32.

Parker E N. 1953. Instability of thermal fields. *Ap J*, **117**: 431-436.

Parker E N. 1958. Dynamics of the Interplanetary Gas and Magnetic Fields. *Ap J*, **128**: 664-676.

Parker E N. 1963. Interplanetary Dynamical Processes. Interscience/Wiley, New York.

Parks G K. 2003. Physics of Space Plasmas: An introduction, second Edition. Westiew Press, USA, 247.

Phillips K H, et al. 1995. Ulysses solar wind plasma observations from pole to pole. *Geophys. Res. Lett.*, **22**: 3301.

Pneuman G W. 1980. Reconnection Driven Coronal Transients. *IAU Symp.*, **91**: 317-321.

Pontieu, B D, et al. 2007. Chromospheric Alfvénic Waves Strong Enough to Power the Solar Wind. Science, 7 December: 1574-1577.

Prölss G W. 1995. Ionospheric F-region storms, in Handbook of Atmospheric Electrodynamics **2**(edited by R. Volland), 1995, CRC Press, Boca Raton, 195-248.

Pu Z Y, et al. 1999. Ballooning instability in the presence of a plasma flow: A synthesis of tail reconnection and current disruption models for the initiation of substorms. *J. Geophys. Res.*, **104**: 10235-10248.

Pu Z Y, et al. 2001. A global synthesis model of dipolarization at substorm expansion onset. *Journal of Atmospheric and Solar-Terrestrial Physics.*, **63**: 671-681.

Reames D V. 1999. Particle Acceleration at the Sun and in the Heliosphere. *Space Sci. Rev.*, **90**: 413-491.

Rush C M and Edwards Jr W R. 1976. An authomated mapping technique for representing the hourly behavior of the ionosphere[J]. *Radio Science*, **11**: 931-937.

Sandel B R, et al. 2003. Extreme Ultraviolet Imager Observations of the Structure and Dynamics of the Plasmasphere. *Space Sci. Rev.*, **109**(1-4): 25-46.

Schunk R W, Scherliess L, Sojka J J. 2003. Recent approaches to modeling ionospheric weather[J]. *Adv. Space Res.*, **31**(4): 819-828.

Schunk R W, et al. 2004. Global assimilation of ionospheric measurements (GAIM). *Radio Sci.*, **39**: RS1S02.

Sharma A S, Kamide Y, Lakhina G S. 2003. Disturbances in Geospace: The storm-substorm relationship. *Geophs. Monogr. Ser.*, **143**, American Geophysical Union, Washington, USA.

Sheldon R B, Hamilton D C. 1993. Ion Transport and Loss in the Earth's Quiet Ring Current, 1. Data and Standard Model. *J. Geophys. Res.*, **98**: 13A91.

Smith E J, Barns A. 1983. Spatial dependences in the distant solar wind: Pioneers 10 and 11. P. 521 in NASA Conf. Publication NASA CP 2280, Solar Wind 5.

Smith Z, Dryer M. 1990. MHD study of temporal and spatial evolution of simulated interplanetary shocks in the ecliptic plane within 1AU. *Sol. Phys.*, **129**:387-405.

Sojka J, Thompson D C, Schunk R W, Buhett T W and Makela J J. 2001. Assimilation Ionospheric Model: Development and testing with Combined Ionospheric Campain Caribbean measurements[J]. *Radio Science*, **36**(2):247-259.

Solanki S K, Fligge M. 2002. How much of the solar irradiance variations is caused by the magnetic field at the solar surface? *Adv. Space Res.*, **29**:1933-1940.

Srivastava N, Venkatakrishnan P. 2004. Solar and interplanetary sources of major geomagnetic storms during 1996—2002. *J. Geophys. Res.*, **109**:A10103.

Sugiura M. 1964. Hourly values of equatorial Dst for IGY, Pages 945-948, in Annals of the International Geophysical Year, **35**, Pergamon Press, Oxford.

Sutton E K, Forbes J M, Nerem R S. 2005. Global thermospheric neutral density and wind response to the severe 2003 geomagnetic storms from CHAMP accelerometer data. *J. Geophys. Res.*, **110**, A09S40, doi: 10.1029/2004JA010985.

Sutton E K, Nerem R S, Forbes J M. 2007. Density and Winds in the Thermosphere Deduced from Accelerometer Data. *Journal of Spacecraft and Rockets*, **44**(6):1210-1219.

Tsurutani B T, et al. 2006. Corotating solar wind streams and recurrent geomagnetic activity: A review. *J. Geophys. Res.*, **111**(A7):A07S01.

Tsyganenko N. 1995. Modeling the Earth's Magnetospheric Magnetic Field Confined Within a Realistic Magnetopause. *J. Geophys. Res.*, **100**, doi:10.1029/94JA03193.

Tu C Y, et al. 2005. Solar Wind Origin in Coronal Funnels. *Science*, **308**:519-523.

Tu C Y, et al. 2008. Space weather explorer—The Kuafu mission. *Adv. Space Res.*, **41**:190-209.

Tulunay E, Topalli I, Kumluca A and Tulunay Y A. 1998. A neural network based modd with intrinsic inputs to forecast ionospheric critical frequency f_oF_2 one hour in advance[M]. 3rd COST 251 Workshop proceedings. *El Arenosillo, Spain*, COsT251TD(99)003:47-54.

Vandegriff J, Wagstaff K, Ho G, et al. 2005. Forecasting space weather: Predicting interplanetary shocks using neural networks. *Adv. Space Res.*, **36**:2323-2327.

Vergara J, et al. 2004. Radiation Protection Dosimetry, **110**(1-4):363-370.

Vourlidas A, Subramanian P, Dere K P, et al. 2000. Large-Angle Spectrometric Coronagraph measurements of the energetics of CMEs. *Ap J*, **534**:456-467.

Wang Y M, Ye P Z, Wang S, et al. 2002. A statistical study on the geoe ectiveness of Earth-directed coronal mass ejections from March 1997 to December 2000. *J. Geophys. Res.*, **107**(A11):1340-1348.

Wang Y M, et al. 1998. Observations of correlated white-light and extreme-ultraviolet jets from polar coronal holes. *Ap J*, **508**:899-907.

Wang, Y M, Sheeley Jr. N. R. 1990. Solar wind speed and coronal flux-tube expansion. *Ap J*, **355**:726-732.

Wilcox J, Ness N. 1965. Quasi-Stationary Corotating Structure in the interplanetary medium. *J. Geosphys. Res.*, **70**:1233.

Wolfe J H. 1972. The large scale structure of the solar wind. //Sonett C P, Coleman Jr. P J., Wilcox J M. eds. Solar Wind, P. 170, NASA Publication, SP-308.

Wu C C, Dryer M. 1997. Three-dimensional MHD simulation of interplanetary magnetic field changes at 1AU caused by a simulated disturbance and a tilted heliospheric curent/plasma sheet. *Solar Physics*, **173**:391-408.

Wu J G, Lundstedt H. 1996. Prediction of geomagnetic storms from solar wind data using Elman recurrent neural networks. *Geophysical Research Letters*, **23**:319-322.

Wu Q, Gablehouse R D, Solomon S C, et al. 2004. A New Fabry-Perot Interferometer for Upper Atmosphere. //Nardell C A, Lucey P G, Yee J H, et al. eds. Instruments, Science, and Methods for Geospace and Planetary Remote Sensing, Proc. of SPIE (SPIE, Bellingham, WA, 2004), **5660**:doi:10.1117/12.573084.

Yurchyshyn V, et al. 2004. Correlation between speeds of coronal mass ejections and the intensity of geomagnetic storms. *Space Weather*, **2**(S02001), doi:1029/2003SW000020.

Zhang J, Dere K P, Howard R A, et al. 2003. Identication of solar sources of major geomagnetic storms between 1996 and 2000. *Astrophys. J.*, **582**:520-533.

Zhang S P, Shepherd G G. 2000. Neutral winds in the lower thermosphere observed by WINDII during the April 4-5th, 1993 storm. *Geophys. Res. Lett.*, **27**(13): 1855-1858.

Zhang X X, et al. 2005. Proton temperatures in the ring current from ENA images and in situ measurements. *Geophys. Res. Lett.*, **32**: L16101, doi: 10.1029/2005GL023481.

Zirin H. 1988. Astrophysics of the Sun. Cambridge: Cambridge University Press.

附录1

国内空间天气地基监测仪器情况简表

探测目标	仪器名称	仪器所在地	仪器所属单位
太阳活动区磁场	60 cm多通道太阳望远镜	北京	中国科学院国家天文台
太阳磁场	60 cm多通道太阳望远镜	北京	中国科学院国家天文台
太阳活动区磁场	35 cm太阳磁场望远镜	北京	中国科学院国家天文台
太阳色球	20 cm全日面Hα望远镜	北京	中国科学院国家天文台
太阳色球	14 cm全日面Hα望远镜	北京	中国科学院国家天文台
太阳磁场	10 cm全日面磁场望远镜	北京	中国科学院国家天文台
$F_{10.7}$射电流量	$F_{10.7}$射电流量望远镜	北京	中国科学院国家天文台
太阳射电爆发	宽带射电频谱仪	北京	中国科学院国家天文台
太阳射电流量	米波综合孔径射电望远镜	北京	中国科学院国家天文台
太阳色球	全日面色球望远镜	昆明	中国科学院云南天文台
太阳黑子	太阳黑子望远镜	昆明	中国科学院云南天文台
太阳色球	色球精细结构望远镜	昆明	中国科学院云南天文台
太阳射电爆发	太阳射电频谱仪	昆明	中国科学院云南天文台
太阳黑子	太阳黑子望远镜	南京	中国科学院紫金山天文台
太阳射电爆发	太阳射电频谱仪	南京	中国科学院紫金山天文台
太阳光球色球	太阳精细结构望远镜	南京	中国科学院紫金山天文台
地磁强度	磁力计	北京	中国科学院地质与地球物理研究所
地磁变化	磁变仪	北京	中国科学院地质与地球物理研究所
地磁强度	磁力计	三亚	中国科学院地质与地球物理研究所
地磁强度	磁力计	漠河	中国科学院地质与地球物理研究所
地磁强度	磁通门磁强计	南极中山站	中国科学院地质与地球物理研究所
地磁脉动	地磁脉动仪	南极中山站	中国科学院地质与地球物理研究所
地磁变化	磁力计、磁变仪	遍布国内的37个台站	中国地震局
地面宇宙线强度	宇宙线超中子堆探测器	北京	中国科学院空间科学与应用研究中心
地面宇宙线强度	宇宙线闪烁体望远镜	广州	中国科学院空间科学与应用研究中心
地面宇宙线强度	中子望远镜	羊八井	中国科学院高能物理研究所
地面宇宙线强度	中子μ子复合望远镜	拉萨	中国科学院高能物理研究所
宇宙线噪声	宇宙线噪声接收机	南极中山站	国家海洋局中国极地研究中心
电离层参数	电离层垂直测高仪	厦门	中国气象局

探测目标	仪器名称	仪器所在地	仪器所属单位
GPS-TEC	GPS 接收机	遍布国内的上百个台站	中国气象局
GPS-TEC	GPS 接收机	福州、厦门、广州、南宁	中国科学院空间科学与应用研究中心
电离层参数	电离层垂直测高仪	海南	中国科学院空间科学与应用研究中心
GPS-TEC	三点 GPS 观测系统	海南	中国科学院空间科学与应用研究中心
电离层闪烁	单频 GPS 闪烁监测仪	海南	中国科学院空间科学与应用研究中心
电离层闪烁	电离层闪烁监测仪	北京	中国科学院空间科学与应用研究中心
电离层 TEC	电离层垂直测高仪	漠河、北京、三亚、武汉	中国科学院地质与地球物理研究所
电离层 TEC	高频多普勒接收机	漠河、北京、三亚、武汉	中国科学院地质与地球物理研究所
电离层 TEC	GPS 接收机	漠河、北京、三亚、武汉	中国科学院地质与地球物理研究所
电离层闪烁	信标闪烁接收机	武汉、三亚、北极黄河站	中国科学院地质与地球物理研究所
电离层参数	高频多普勒接收机	北京	北京大学
GPS-TEC	GPS 接收机	北京	北京大学
电离层参数	电离层垂直测高仪	观测网	中国电波传播研究所
电离层闪烁	电离层闪烁监测仪	观测网	中国电波传播研究所
电离层参数	电离层垂直测高仪	南极中山站	国家海洋局中国极地研究中心
极光强度	全天空电视摄像机	南极中山站	国家海洋局中国极地研究中心
极光谱线强度	扫描光度计	南极中山站	国家海洋局中国极地研究中心
中高层大气	双波长高空探测激光雷达	武汉	中国科学院武汉物理与数学研究所
中高层大气	Mie-Rayleigh-Na 荧光极光雷达	合肥	中国科学技术大学
中高层大气	VHF/ST 雷达	香河	中国科学院大气物理研究所
中高层大气	平流层激光雷达	北京	中国科学院大气物理研究所
中高层大气	太阳紫外光谱仪	北京	中国科学院大气物理研究所
中高层大气	太阳可见/近红外光谱仪	北京	中国科学院大气物理研究所

注:陈东和陈赵峰对本表有主要贡献。

附录 2
名词缩略语

ACR(Anomalous Cosmic Ray)异常宇宙线
AE(Auroral Electrojet) 极光电急流
AGW(acoustic-gravity wave) 声重波
AI(Artificial Intelligence)人工智能技术
AIM(Assimilation Ionospheric Model)电离层同化模型
AQD(Abnormal Quiet Days)异常磁静日
AU(Astronomical Unit) 天文单位 1 AU = 149 597 870.691 km
CADI(Canadian Advanced Digital Ionosonde) 加拿大现代电离层数字测高仪
CAWSES(Climate and Weather of the Sun - Earth System) 日地系统空间气候与天气计划
CCD(Charge Coupled Device)光电耦合器件
CCMC(Community Coordinated Modeling Center) 共享协调模式中心
CHAMP(Challenging Minisatellite Payload) 挑战小卫星有效载荷
CIR(Corotating Interaction Region)共转相互作用区
CISM(Center for Integrated Space Weather Modeling)空间天气集成模型中心
CME(Coronal Mass Ejection) 日冕物质抛射
CMOS(Complementary Metal-Oxide-Semiconductor) 互补型金属氧化物半导体
COSMIC(Constellation Observing System for Meteorology,Ionosphere and Climate) 气象、电离层和气候观测系统
COSPAR(Committee on Space Research)空间研究委员会
CP(Common Programs)通用模式
CR(Cosmic Ray)宇宙线
CRRES(Combined Release and Radiation Effects Satellite)能量释放和辐射对卫星的影响(模式)
CRRESELE(Combined Radiation and Release Effects Satellite electron flux model)能量释放和辐射对卫星电子设备的效应模式
CRRESRAD(The Combined Radiation and Release Effects Satellite space radiation dose model)能量释放和辐射对卫星辐剂量的效应模式
CSEM(Center for Space Environment Modeling)空间环境模型中心
CTIM(Coupled Thermosphere Ionosphere Model)热层和电离层相互耦合模式
DASI(Distributed Arrays of Small Instruments)小型仪器分布式阵列
DDS(Direct Digital Synthesizer)直接数字式频率合成器
DMSP(Defense Meteorological Satellite Program)国防气象卫星计划
DNA(Defense Nuclear Agency)国防部核武器局

EDP(electron density profile)电子密度廓线
EGY(Electronic Geophysical Year)电子地球物理年
EIT(Extreme Ultraviolet Imaging Telescope)极紫外成像望远镜
ENVISAT(Environmental Satellite) 欧洲环境卫星
ESA(European Space Agency) 欧洲空间局
ESP(Earth Surface Potential)地球表面电位
EURECA(European Retrievable Carrier) 欧洲可回收运载器
EUV(Extreme Ultraviolet) 极紫外
FAA(Federal Aviation Administration)美国联邦航空局
FAGS(Federation of Astronomical and Geophysical Data Analysis Services) 天文与地球物理数据分析服务联盟
FCA(full correlation analysis)全相关分析技术算法
FOT(Frequency of Optimum Traffic)最佳通信频率
FPI(Fabry-Perot Interferometer) Fabry-Perot 干涉仪
GAIM(Global Assimilation of Ionospheric Measurements)电离层测量的全球数据同化模型
GCM(General Circulation Models)总大气环流模式
GCR(Galactic Cosmic Ray)银河宇宙线
GEO(Geostationary Earth Orbit)地球同步轨道
GIC(Geomagnetically Induced Current)地磁感应电流
GOES(Geostationary Operational Environmental Satellites) 地球静止轨道环境业务卫星
GPS(Global Positioning System) 全球定位系统
GSWM(Global-Scale Wave Model)全球尺度的波模式
GUVI(Global Ultraviolet Imager) 全球紫外成像仪
HAF(Hakamada-Akasofu-Fry solar wind model)三维太阳风运动学模型
HAL(High Altitude Lightning)高空闪电
HF(High Frequency)高频
HIS(Hybrid Intelligent System)混合智能系统
HVSA(high-voltage solar arrays)高电压太阳阵
IACTIN(Ionospheric Activity Index)电离层活动指数
IAGA(International Association of Geomagnetism and Ameronomy)国际地磁与高空物理协会
IAU(International Astronomical Union) 国际天文联合会
ICAO(International Civil Aviation Organization) 国际民航组织
ICEPAC(Ionospheric Communications Enhanced Profile Analysis & Circuit)增强的电离层参数廓线和通信回路分析(模式)
ICME(Interplanetary Coronal Mass Ejection) 行星际日冕物质抛射
ICRP(International Commission on Radiological Protection) 国家辐射防护委员会
ICSU(International Council for Science)国际科联
IFM(Ionosphere Forecast Model)电离层预报模式
IGRF(International Geomagnetic Reference Field) 国际参考地磁场
IGY(International Geophysical Year) 国际地球物理年
ILWS(International Living With a Star) 国际与星同在计划
IMAGE(Imager for Magnetopause-to-Aurora Global Exploration) 对磁层顶到整个极光区成像探测
IMF(Interplanetary Magnetic Field) 行星际磁场
IONCAP(Ionospheric Communications Analysis Prediction)电离层通信分析和预报模式

IPS(Ionosphere Prediction Service)(澳大利亚)电离层预报机构(曾用名,但 IPS 仍作为新机构名称一部分)
IPS(Interplanetary Scintillation) 行星际闪烁
IPY(International Polar Year)国际极地年
ISES(International Space Environment Service) 国际空间环境服务机构
ISPM(Interplanetary Shock Propagation Model)行星际激波传播模型
ISTP(International Solar Terrestrial Physics) 国际日地物理计划
ITS(Ionospheric tomography system) 电离层层析系统
ITU(International Telecommunication Union) 国际电信联盟
IUGG(International Union of Geodesy and Geophysics) 国际大地测量和地球物理联合会
JJ(Jeou-Jang)"九章"空间天气虚拟星座
LASCO(Large Angle and Spectrometric Coronagraph)广角分光日冕仪
LDEF(Long Duration Exposure Facility)长期曝露装置
LEO(Low Earth Orbit)近地轨道
LET(linear energy transfer)线性能量传递
LITN(Low Latitude Ionospheric Tomographic Network)低纬度电离层层析监测链网
LPF(Low Pass Filter)低通滤波器
LUF(Lowest Usable Frequency)最低可用通信频率
MEO(Medium Earth Orbit) 中地球轨道
MF(medium frequency)中频
MFM(Magnetic Field Models)磁场模式
MLBP(Multi-Layer Back Propagation)前馈多层后向传播网
MLS(Microwave Limb Sounder)微波探测器
MOS(Metal-Oxide-Semiconductor) 金属氧化膜半导体
MOSFET(MetalOxide Semicoductor Field Effect Transistor) 金属氧化物半导体场效应管
MSFM(Magnetospheric Specification and Forecast Model)磁层描述和预报模式
MSM(Magnetospheric Specification Model)磁层描述模式
MUF(Maximum Usable Frequency)最高可用的通信频率
NASA(National Aeronautics and Space Administration) 美国航空航天局
NBP(Narrow Band Power)窄带功率
NCAR(National Center of Atmospheric Research)美国国家大气研究中心
NCEP(National Centers for Environmental Prediction) 美国国家环境预报中心
NCRP(National Council on Radiation Protection & Measurements)美国国家辐射防护与测量委员会
NECD(Near-Earth Current Disruption)近地电流中断模型
NENL(Near-Earth Neutral Line)近地中性线模型
NGDC(National Geophysical Data Center)美国国家地球物理数据中心
NNSS(Naval Navigation Satellite System)美国海军导航卫星系统
NOAA(National Oceanic and Atmospheric Administration) 美国国家海洋大气局
NWS(National Weather Service) 美国国家天气局
PCA(Polar Cap Absorption) 极盖吸收
pfu(Particle Flux Unit) 粒子流量单位
PIM(Parameterized Ionospheric Model)参数化电离层描述模式
POES(Polar Operational Environmental Satellites)极轨业务环境卫星
PPS(proton prediction system)质子预报系统

PRISM(Parameterized Real-Time Ionospheric Specification Model)参数化实时电离层描述模式
RBF(Radial Basis Function)径向基函数
RWC(Regional Warning Center) 区域预警中心
R-T instability(Rayleigh-Taylor instability)瑞利-泰勒不稳定性
SA(Smart Antenna)智能天线
SCA(spatial correlation analysis)空间相关分析
SCNA(Sudden Cosmic Noise Absorption)宇宙噪声突然吸收
SCR(Solar Cosmic Rays)太阳宇宙线
SEA(Sudden Enhancement of Atmospherics)突然天电增强
SEB(Single Event Burnout)单粒子烧毁
SEC(Space Environment Center) 空间环境中心(现更名为"空间天气预报中心"(SWPC))
SEC(Sun-Earth Connection Program) 日地连接计划
SEE(Single Event Effect)单粒子事件
SEFI(Single Event Functional Interrupt)单粒子中断效应
SEL(Single Event Latchup)单粒子锁定事件
SEM(Space Environment Monitor)空间环境监测器
SEP(Solar Energetic Particles)太阳高能粒子
SESS(Space Environment Sensor Suite)空间环境探测包
SEU(Single Event Upset)单粒子翻转
SFD(Sudden Frequency Deviation)突然频率偏移
Sfu(Solar Flux Unit) 太阳流量单位 1 sfu=10^{-22} W/(m^2 · Hz)
SID(Sudden Ionospheric Disturbances)突然电离层骚扰
SITEC(Sudden Increase in Total Electron Content)电离层电子浓度总含量突然增强
SOHO(Solar and Heliospheric Observatory)太阳和日球层观测台
SOM(Self-Organizing Map)自组织图网
SP(Special Programs)特殊模式
SPA(Sudden Phase Anomaly)突然相位异常
SPM(Shock Propagation Model)激波传播模型
ssc(Storm Sudden Commencement)磁暴急始
ST(Solar Terminator)日夜交替线
STELab(Solar-Terrestrial Environment Laboratory)日地环境实验室
STEP(Solar-Terrestrial Energy Program) 日地能量计划
STEREO(Solar Terrestrial Relations Observatory) 日地关系观测台
STOA(Shock Time of Arrival)激波到达时间模型
SWF(Short Wave Fadeout) 短波衰减
SWMF(Space Weather Modeling Framework)空间天气建模框架
SWPC(Space Weather Prediction Center) 空间天气预报中心
SXI(Solar X-ray Imager)太阳 X 射线成像仪
TAD(traveling atmospheric disturbance)大气行扰
TC—1 探测一号
TEC(Total Electron Content)电离层电子总含量
TGCM(Thermospheric General Circulation Model)热层总环流模式
TID(Traveling Ionospheric Disturbance)电离层行扰
TIEGCM(Thermosphere Ionosphere Electrodynamic General Circulation Model)热层电离层电动力学

总环流模式

TIMED(Thermosphere Ionosphere Mesosphere Energetics and Dynamics) 热层、电离层、中间层能量与动力学(卫星)

TIME-GCM(Thermosphere Ionosphere Mesosphere Electrodynamic General Circulation Model)热层电离层中间层电动力学总环流模式

TLS(Troposphere and Lower Stratosphere)对流层和低平流层

TWINS(Two Wide-angle Imaging Neutral-atom Spectrometers) 双广角成像中性原子分光计

UARS(Upper Atmosphere Research Satellite) 高层大气研究卫星

UHF(UltraHigh Frequency)超高频

URSI(Union Radio-Scientifique Internationale) 国际无线电科学联盟

VHF(Very High Frequency)甚高频

WBP(Wide Band Power)宽带功率

WMO(World Meteorological Organization) 世界气象组织

WTS(Westward Traveling Surge)西行浪涌

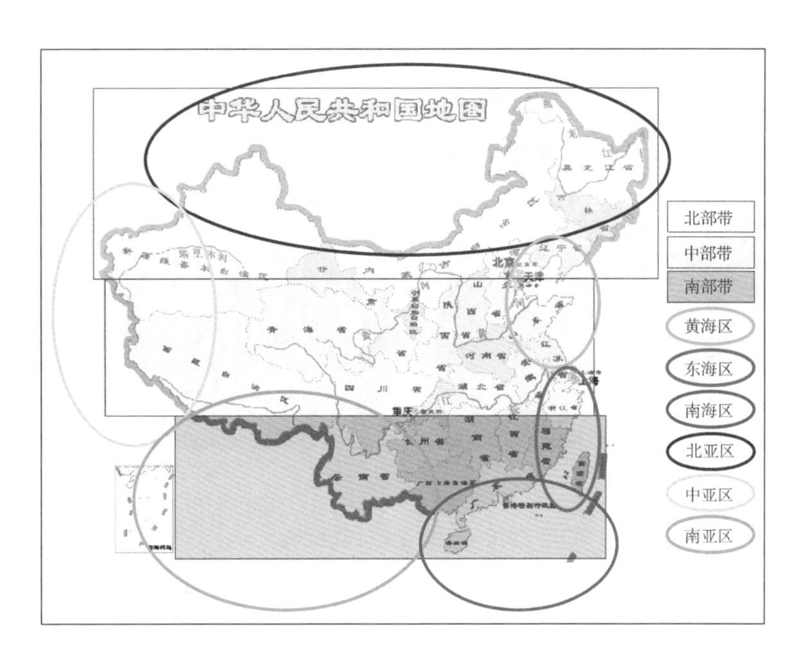

图 1.3　空间天气业务“三带六区”布局示意图

（引自空间天气业务发展规划（2008－2020））

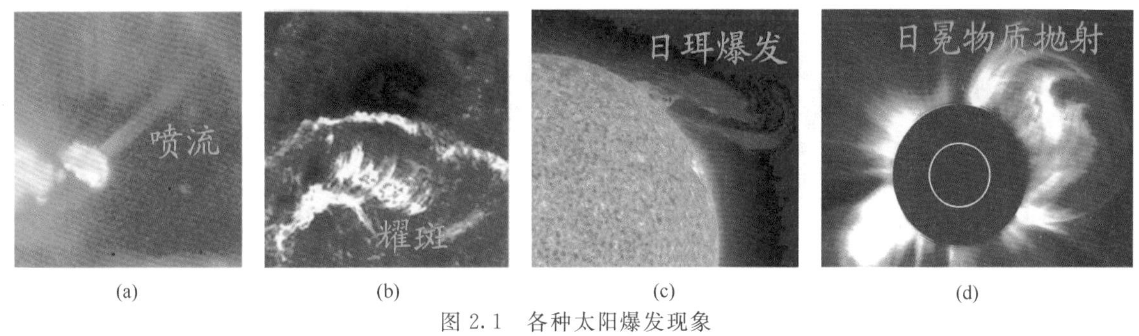

(a)　(b)　(c)　(d)

图 2.1　各种太阳爆发现象

(b)增亮的耀斑上方的黑色区域为太阳黑子；(d)的白圈标示日面边缘

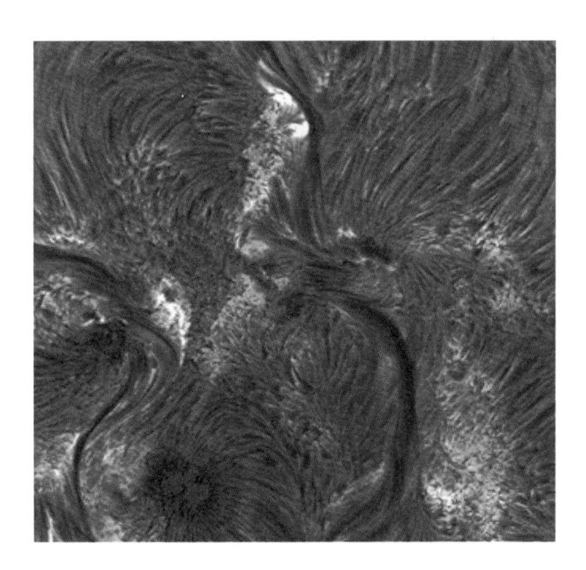

图 2.5　Hα 谱线单色像观测到的色球谱斑(亮结构)

图中的黑斑状结构为黑子，而粗而黑的条状结构为暗条(http://dot.astro.uu.nl)

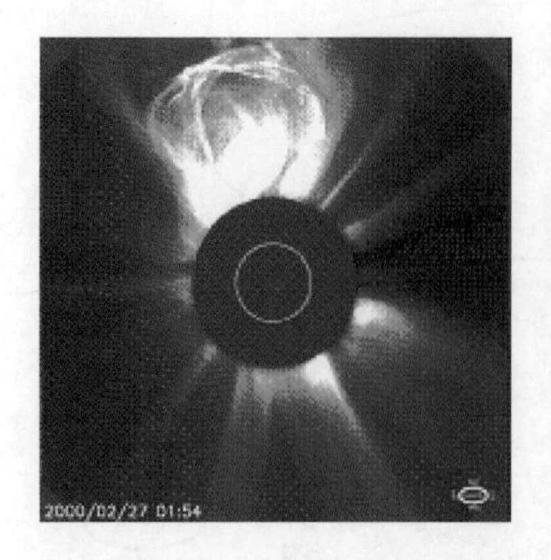

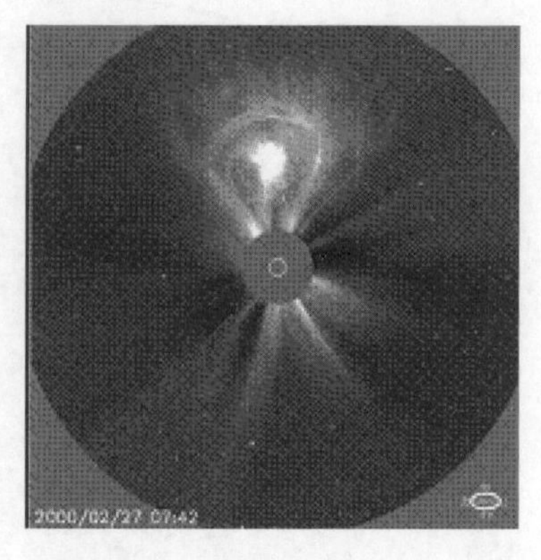

图 2.6　SOHO 卫星 LASCO 日冕仪观测到的典型日冕物质抛射(取自 SOHO 网站)
图中白圆圈标示日面边缘

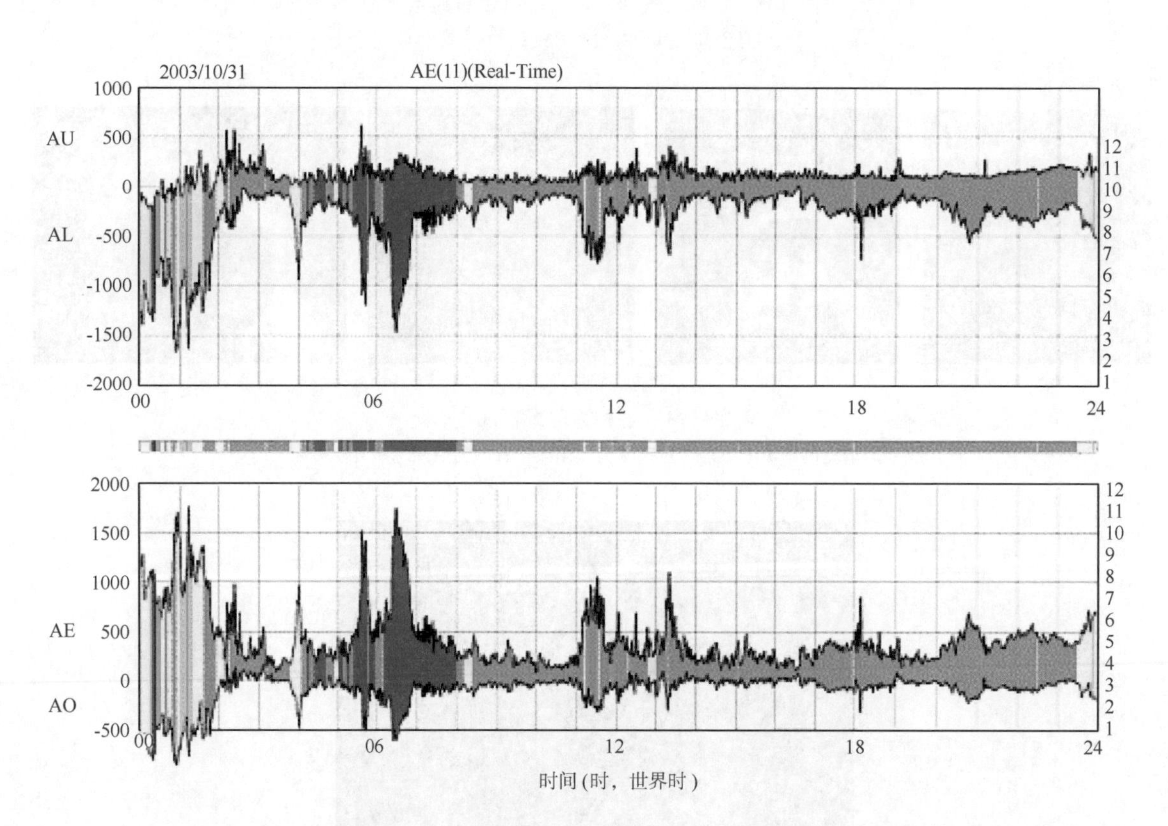

图 2.28　2003 年 10 月 31 日磁暴期间的 AE 指数(图片由东京世界地磁资料中心提供)
(纵坐标单位:nT)

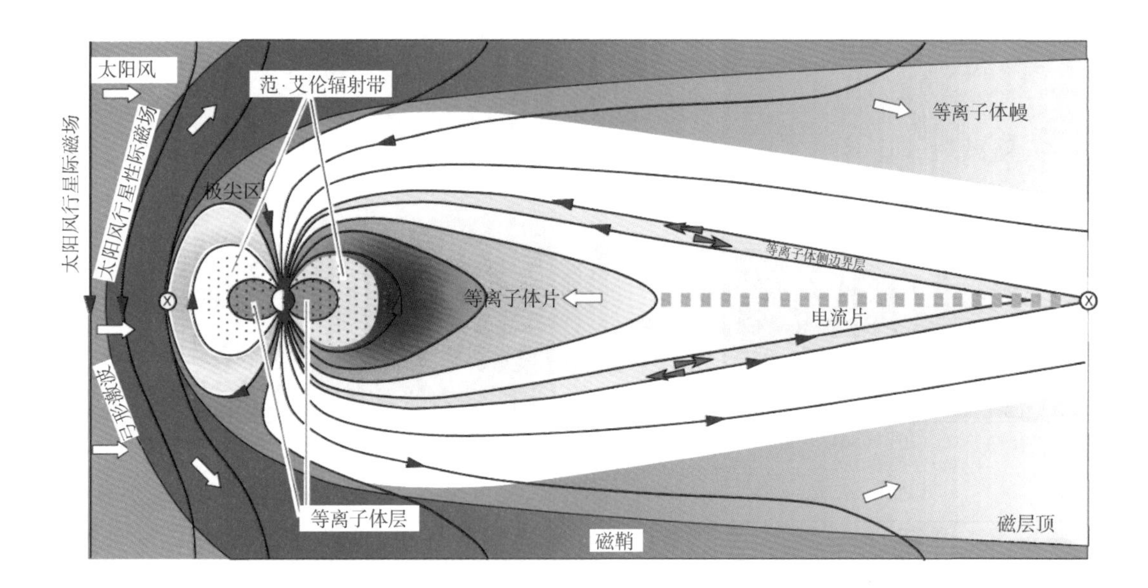

图 2.29　磁层的基本结构(源于 http://space.rice.edu/IMAGE/livefrom/sunearth.html)

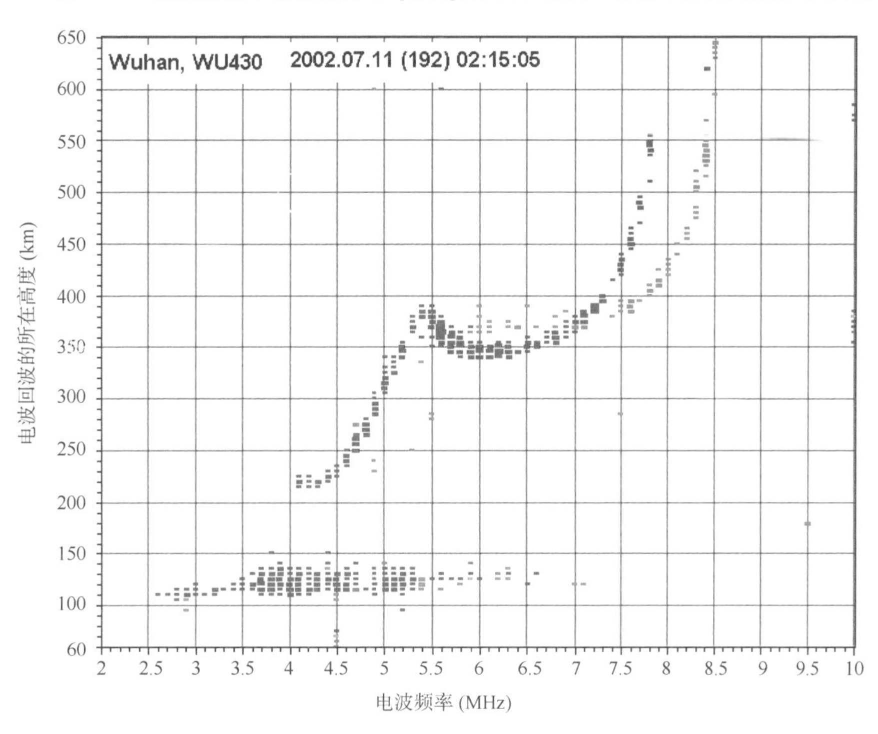

图 2.32　武汉地区垂直测高仪频高图实例

(本图片由中国科学院地质与地球物理研究所提供)

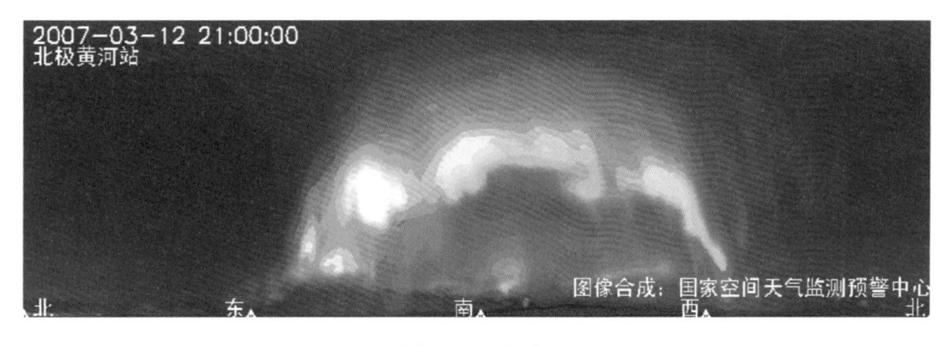

图 2.36　极光

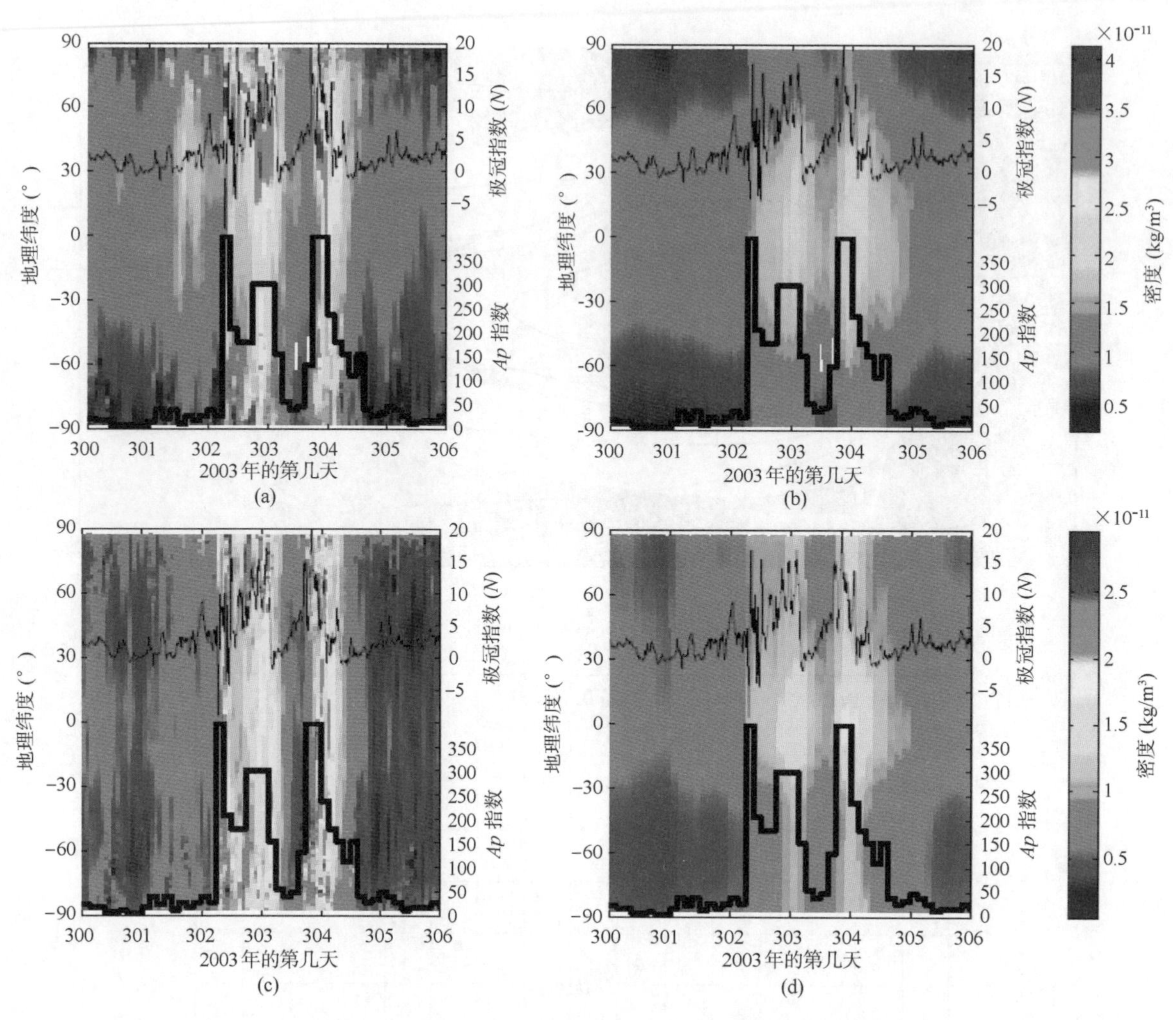

图 2.40　2003 年利用 CHAMP 卫星加速度计反演的大气密度(a,c),以及用 NRL-MSISe00 计算的大气密度(b,d),
(a)和(b)为白天的情况;(c)和(d)为夜间的情况(引自 Sutton 等 2005)

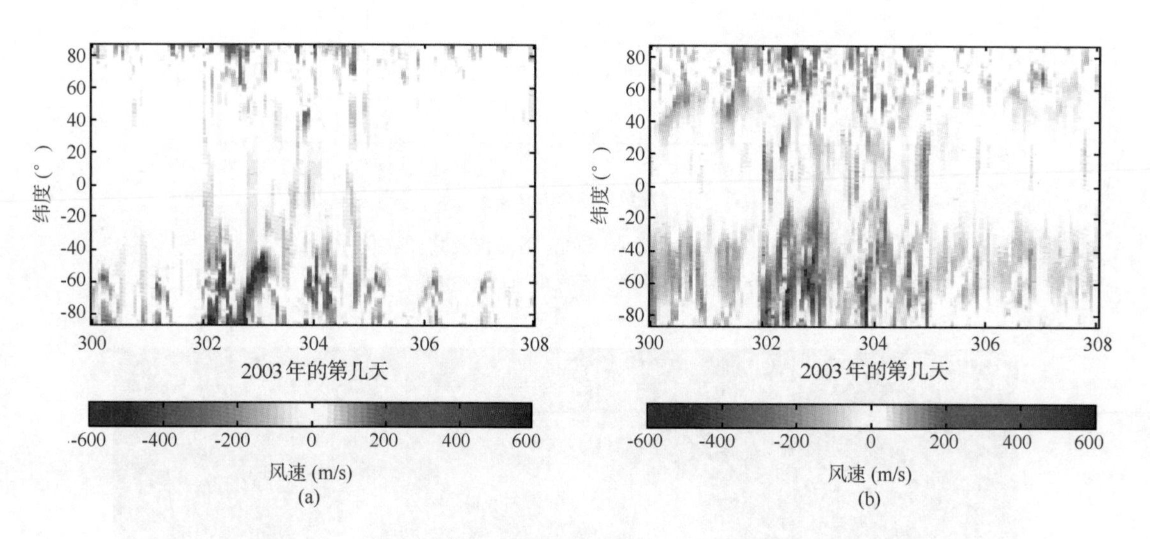

图 2.41　2003 年利用 CHAMP 卫星加速度计计算的大气风场
(a)为白天的情况;(b)为夜间的情况(Sutton 等 2007)

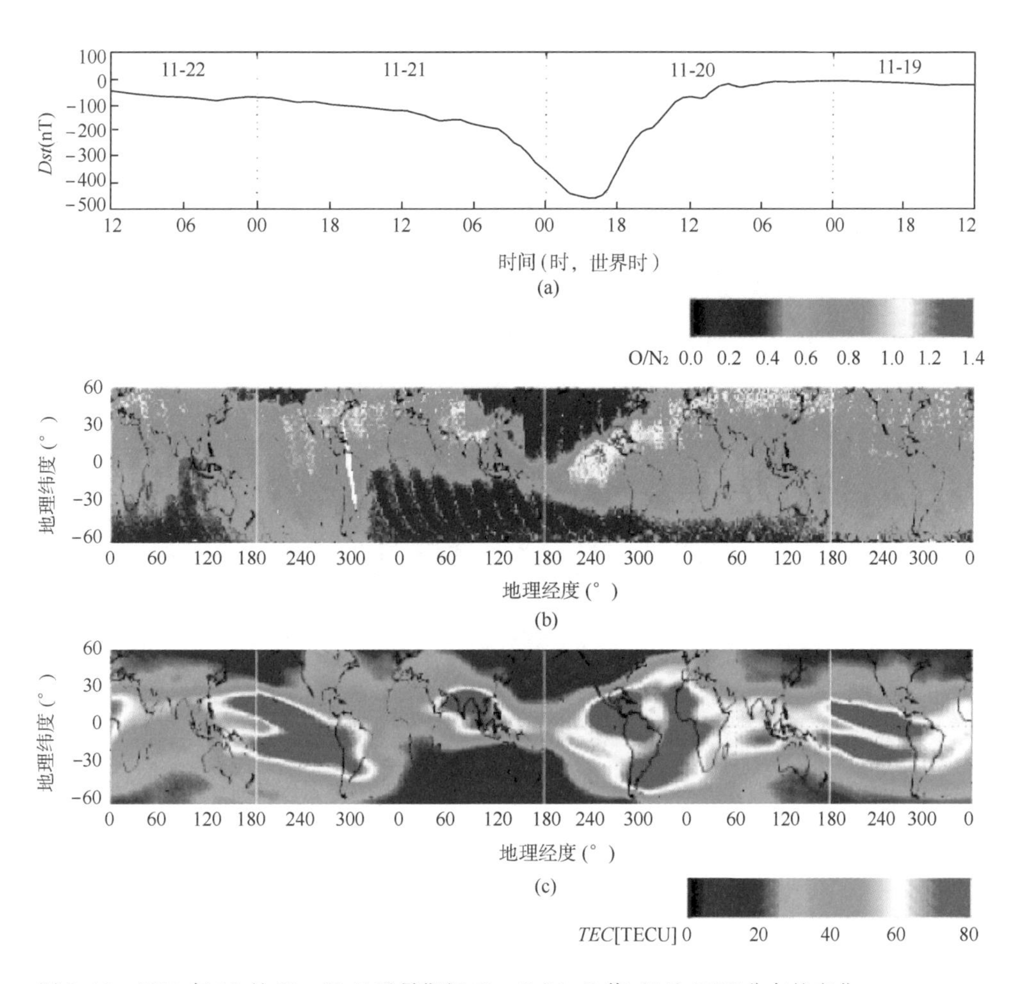

图 2.42　2003 年 11 月 20—21 日磁暴期间 *Dst*，O/N_2 比值，以及 *TEC* 分布的变化(Hyosub 2005)

(a)为 2003 年 11 月 20 日 *Dst* 指数变化；(b)为卫星上的全球紫外成像仪观测到的氮氧比；

(c)由 GPS 卫星信号计算出的电离层电子总含量

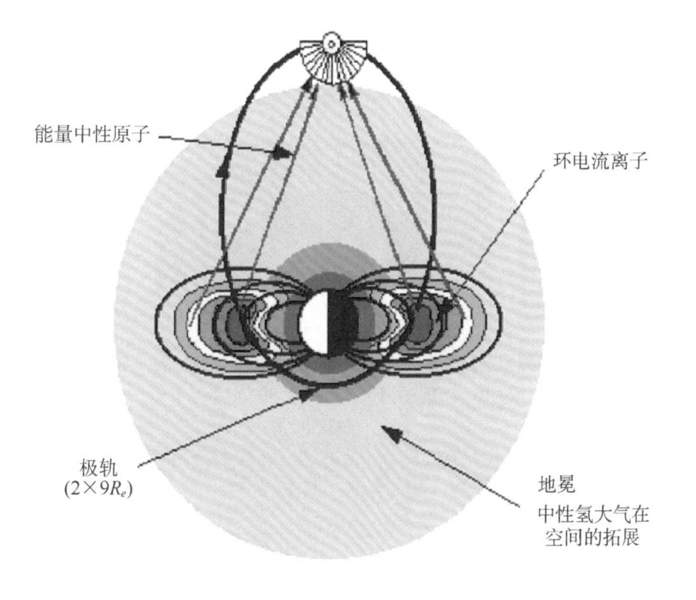

图 4.2　全球能量中性原子高高度成像探测示意图(引自 Sheldon 等 1993)

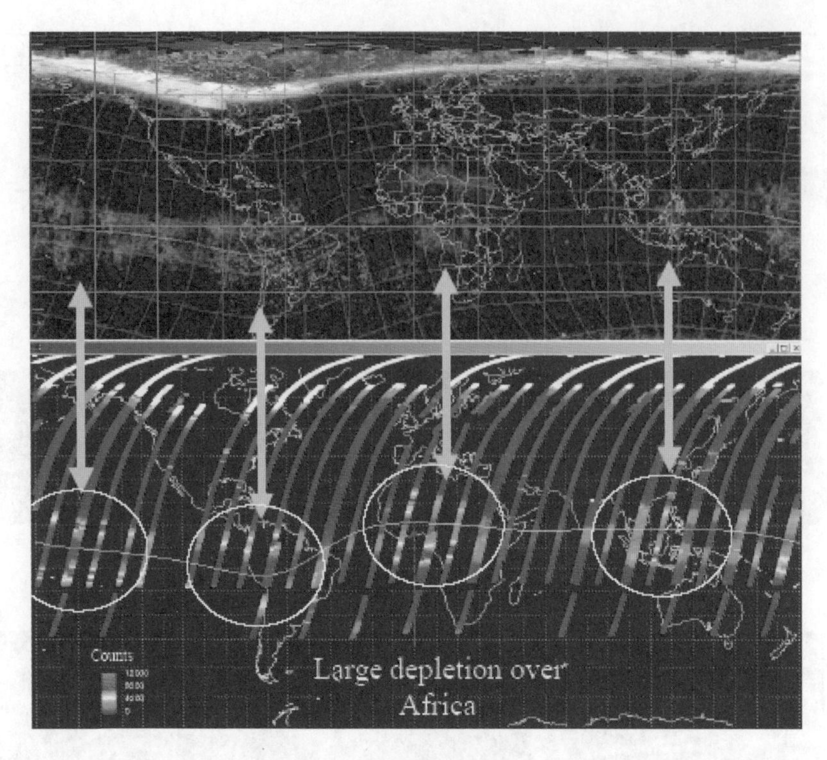

图 4.9　TIMED 卫星 GUVI 拍摄的图片(上图)和 COSMIC 卫星(下图)测量的高层大气气辉对比

两台仪器拍摄所使用的光谱通道不相同

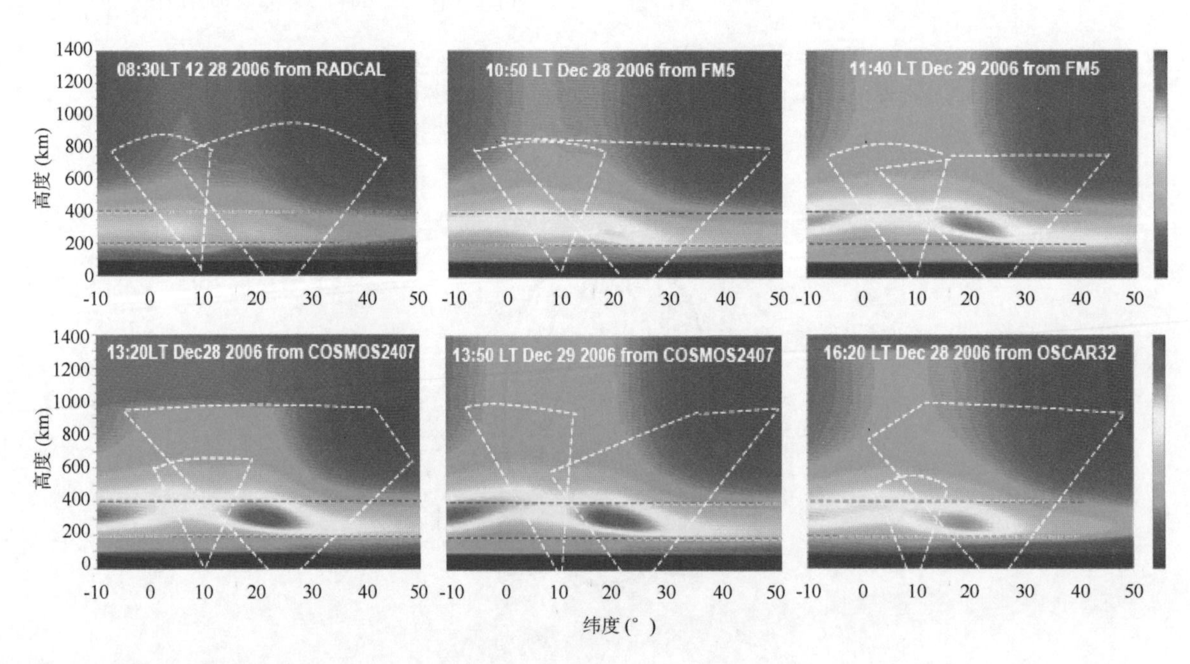

图 4.15　2006 年 12 月 28 和 29 日电离层层析反演结果(图片引自陈威名硕士论文)

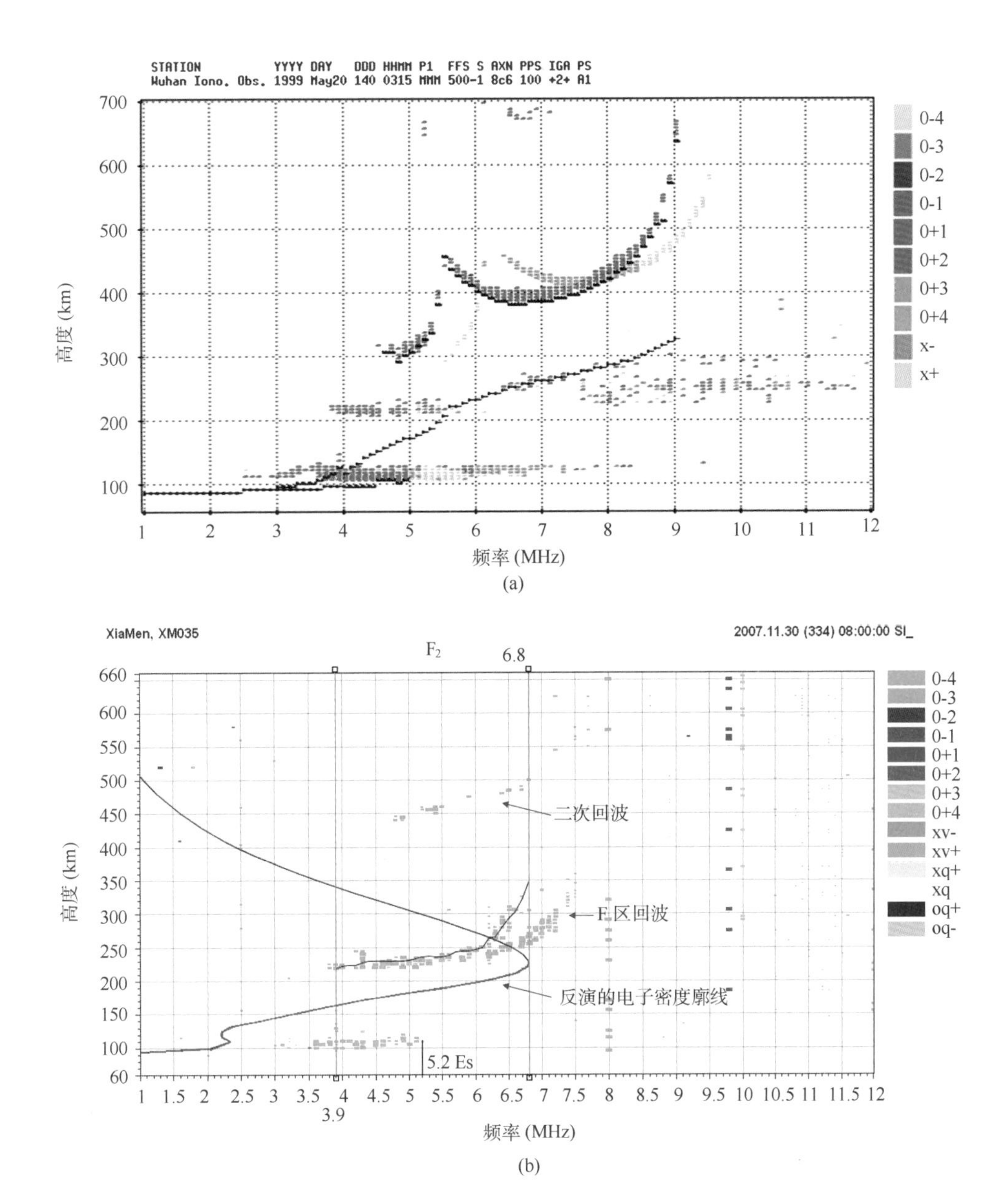

图 4.32　武汉电离层观测站(a)和厦门电离层观测站(b)获得的电离层频-高图

(图 a 由刘立波提供)

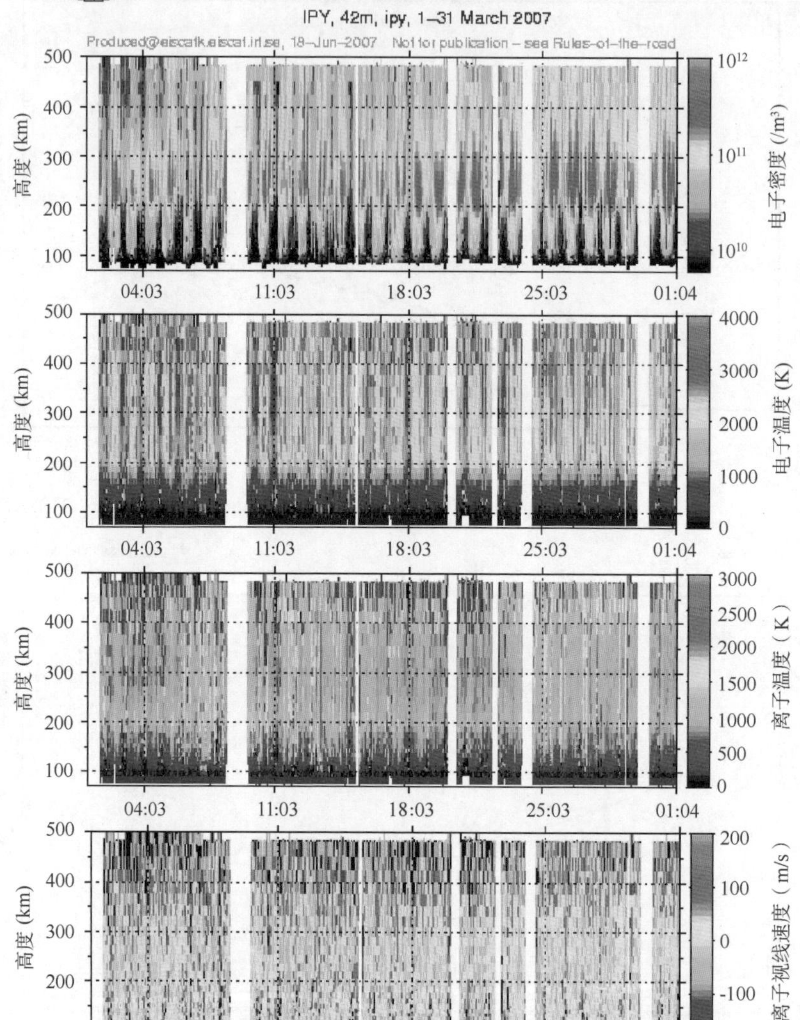

图 4.39 EISCAT 雷达 2007 年 3 月份的观测结果

(http://www.eiscat.se/groups/IPY/summary_plots/)